高等院校理工科类大学物理系列教材

大学物理

（上册）

主编 》 罗春霞 许晗

华中科技大学出版社
http://www.hustp.com
中国·武汉

内 容 简 介

本书是根据教育部高等学校非物理类专业物理基础课程教学指导分委员会制定的《理工科非物理类专业大学物理课程教学基本要求》编写而成的。书中包括了基本要求中的所有核心内容，可供不同专业选用。

全书分为上、下两册：上册包括力学和电磁学，下册包括振动与波动、光学、热学、近代物理学等。

本书既可作为高等学校理工科非物理类专业的教材，也可供文科的相关专业选用，还可供物理爱好者阅读。

图书在版编目(CIP)数据

大学物理. 上册/罗春霞，许晗主编. —武汉：华中科技大学出版社，2021.11
ISBN 978-7-5680-7608-1

Ⅰ.①大…　Ⅱ.①罗…　②许…　Ⅲ.①物理学-高等学校-教材　Ⅳ.①O4

中国版本图书馆 CIP 数据核字(2021)第 209429 号

大学物理(上册)　　罗春霞　许　晗　主编
Daxue Wuli(Shangce)

策划编辑：张　毅
责任编辑：郭星星
封面设计：孢　子
责任监印：朱　玢
出版发行：华中科技大学出版社(中国·武汉)　　电话：(027)81321913
武汉市东湖新技术开发区华工科技园　　邮编：430223
录　　排：武汉市洪山区佳年华文印部
印　　刷：武汉市洪林印务有限公司
开　　本：787mm×1092mm　1/16
印　　张：12
字　　数：307 千字
版　　次：2021 年 11 月第 1 版第 1 次印刷
定　　价：40.00 元

前言

本书根据教育部高等学校非物理类专业物理基础课程教学指导分委员会发布的《理工科非物理类专业大学物理课程教学基本要求》，借鉴众多优秀大学物理教材，结合编者多年教学改革与实践经验编写而成。

物理学是一门以实验为基础的自然学科，是高等学校理工科各专业一门重要的通识性必修基础课。大学物理所教授的基本理论和基础方法是构成学生科学素养的重要组成部分，是科学研究工作者和科学技术人员必备的基本技能和知识。同时，大学物理课程在培养学生科学的世界观和方法论、增强学生分析问题和解决问题的能力、培养学生的探索精神和创新意识等方面，具有其他课程不能替代的重要作用。

在教育部的指导和支持下，许多高校正在以培养应用型人才为宗旨转型发展，转型发展的结果必然是大学物理这类基础理论课的学时减少。为了适应少学时下的大学物理教学，本书做了一些尝试，力求用简单明了的语言论述各章理论知识，准确把握物理概念、物理模型、物理思想，同时加强数学方法在物理学中的应用。本教材特别适合大学物理课程教学学时较少（如 96 学时、80 学时）的高校使用，既适用于本科也适用于专科。

由于编者水平有限，书中难免存在不妥和错漏之处，敬请广大读者和同仁批评指正。

编　者

2021 年 9 月于武汉

目录

第1篇　力　学

第2篇 电 磁 学

第1篇　力　　学

第1章 质点运动学

在力学中先研究运动的描述，即物体的位置如何随时间变化，这叫运动学。然后进一步研究运动的规律，即在怎样的条件下发生怎样的运动，这叫动力学。质点动力学的基本规律是牛顿三大定律。

1-1 参考系 坐标系 质点

一、参考系和坐标系

宇宙间一切物体都在永恒不停地运动着，江水奔流，车辆行驶，人造卫星环绕地球转动……，就连看起来静止不动的高山峻岭、高楼大厦也在昼夜不停地随地球、太阳系和银河系运动。

运动的轮船上一个静止的物体，对于坐在轮船上的人来说是静止的，而对于岸上的观察者来说是运动的。在匀速运动的车厢内观察一个竖直上抛的物体，看到物体在做直线运动，而在地面上观察到它在做抛物线运动。由此可见，要描述一个物体的运动，必须指明是相对于哪一个物体而言的。这个被选作参考的物体称为**参考系**，亦称参照系。参考系不同，对物体运动所做出的描述就不同，这就叫运动描述的相对性。参考系的选择是任意的。通常当研究地球的运动时，以太阳为参考系；当研究地面上物体的运动时，一般以地球为参考系。

为了定量地表示一个物体在各个时刻相对于参考系的位置，还需要建立一个**坐标系**。坐标系固定在作为参考系的物体上，运动物体的位置就由它在坐标系中的坐标值决定。根据问题的需要，可以选取直角坐标系、自然坐标系、极坐标系、柱坐标系和球坐标系。一般常用的是直角坐标系，究竟应当选用哪种坐标系，坐标原点设在何处，坐标轴的取向如何，应以问题的处理最简化为准。

二、质点

实际物体都有一定的大小和形状，而且一般来说，物体运动时可以既有移动又有旋转和变形，运动情况很复杂。例如，地球除了绕自身的轴线自转外，还绕太阳公转；从枪口射出的子弹，它在空中向前飞行的同时，还做复杂的转动；有些双原子分子，除了分子的平动、转动外，分子内各个原子也在振动。这些事实说明，物体上各点的运动情况是不同的，要想对物体的实际运动做出全面的描述是困难的。但是，如果我们只研究某一物体的整体平移运动规律，可以忽略那些与整体运动关系不大的次要运动，把物体上各点的运动都看成是完全一样的。这样就不需要考虑物体的大小和形状，物体的运动可以用一个点的运动来代表。这种把物体看成没有大小和形状，只具有物体全部质量的几何点称为**质点**。

质点是一种理想化模型，是对实际物体的一种科学抽象和简化。这样的科学抽象，可以使问题的研究大大简化而不影响所得到的主要结论。能否把物体看作质点，取决于物体的具体情况。例如，当我们研究地球的公转时，可以把地球看作质点。但是，在研究地球的自转时，地球上各点的运动情况大不相同，就必须考虑其大小和形状，因而不能再把地球当作质点处理。

当然，在很多问题当中物体的大小和形状不能忽略，这时就不能把整个物体看成质点，但是质点的概念仍然十分有用，因为可以把整个物体看成是由许许多多的体积元组成的，每个体积元都小到可看作质点来处理，则整个物体就可以看成由若干质点组成的系统，通过分析这些质点的运动，便可弄清整个物体的运动。所以研究质点运动是研究物体(如刚体)复杂运动的基础。

三、时间和空间

描述一个物体的运动，就要确定每一瞬间该物体所处的位置，这就涉及距离和时间的测定。对于我们生活所在的空间和一瞬即逝的时间，我们都有直观的概念，并习惯于将自己与空间坐标联系起来，而将时间坐标与某一件事件联系起来。这种习惯的认识是不严密的，特别是在我们把变化的时间视作与空间坐标无关的量来考虑的时候。这个概念是非相对论经典力学的基础，正如牛顿在《自然哲学之数学原理》一书中所说：绝对的纯粹的数学的时间，就其本性来说，均匀地流逝而与任何外在的事物无关；绝对空间就其本性来说与任何外在事物无关，始终保持着相同和不动。这种关于时间和空间的认识，称为绝对时空观。绝对时空观认为时间和空间是两个独立的观念，彼此之间没有联系，分别具有绝对性。绝对时空观认为时间与空间的度量与惯性参照系的运动状态无关。时间和空间的绝对性是经典力学或牛顿力学的基础。以后我们将介绍，当相对运动的速度接近光速时，时间和空间的测量将依赖于相对运动的速度。只是由于牛顿力学涉及物体的运动速度远远小于光速，因此在牛顿力学的范围内，时间和空间的测量可以看作与参考系的选取无关，是绝对的。

1-2　位置矢量　运动方程

一、位置矢量

质点在空间的位置可以用一个矢量来表示。这个矢量由固定在参考系上的坐标原点引向质点所在位置，以符号 $\boldsymbol{r}$ 来表示，叫作质点的**位置矢量**，简称位矢。如图1-1所示，在直角坐标系中，$\boldsymbol{r}$ 为质点 P 的位置矢量，$\boldsymbol{i}$，$\boldsymbol{j}$，$\boldsymbol{k}$ 分别表示沿 Ox，Oy，Oz 轴正方向的单位矢量，那么位置矢量(位矢)$\boldsymbol{r}$ 可写成

$$\boldsymbol{r}=x\boldsymbol{i}+y\boldsymbol{j}+z\boldsymbol{k} \tag{1-1}$$

位矢大小：

$$r=|\boldsymbol{r}|=\sqrt{x^2+y^2+z^2} \tag{1-2}$$

位矢方向可由方向余弦确定：

$$\cos\alpha=\frac{x}{r},\quad \cos\beta=\frac{y}{r},\quad \cos\gamma=\frac{z}{r}$$

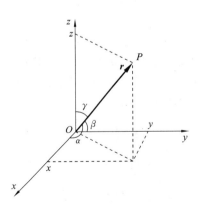

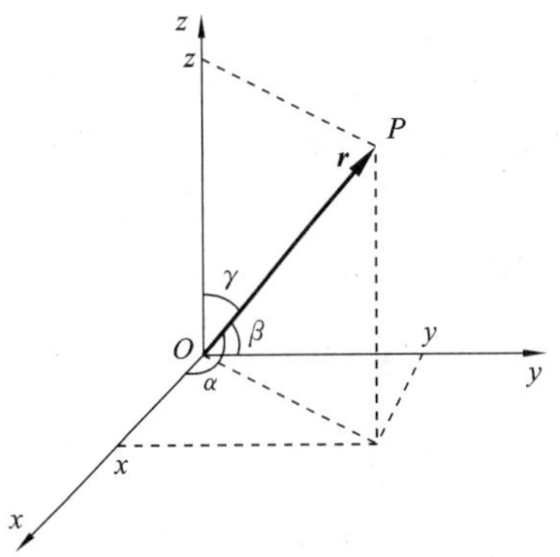

图1-1　直角坐标系

式中，α，β，γ分别是$\boldsymbol{r}$与Ox轴、Oy轴、Oz轴之间的夹角。

二、运动方程和轨迹方程

当质点运动时，它相对于坐标原点O的位矢$\boldsymbol{r}$是随时间而变化的，因此，$\boldsymbol{r}$是时间的函数，在直角坐标系中质点的位置坐标与时间的函数关系，称为直角坐标系的**运动方程**，即

$$\boldsymbol{r}=x(t)\boldsymbol{i}+y(t)\boldsymbol{j}+z(t)\boldsymbol{k} \tag{1-3}$$

也可写成

$$x=x(t),\quad y=y(t),\quad z=z(t) \tag{1-4}$$

式中，$x=x(t)$，$y=y(t)$，$z=z(t)$分别是$\boldsymbol{r}$在Ox轴、Oy轴、Oz轴的分量表达式。

式(1-4)又称为参数方程，从式(1-4)中消掉时间t，得出x、y、z之间的方程，这就是质点运动的**轨迹方程**。例如，平面上运动质点的运动方程为$x=t$，$y=t^2$，则其轨迹方程为$y=x^2$(抛物线)。

1-3 速度和加速度

一、位移矢量

运动着的质点，其位置在轨道上连续变化，设t时刻位于A点，它的位置矢量是$\boldsymbol{r}_1$，经过Δt时间后，于$t+\Delta t$时刻到达B点，相应的位置矢量是$\boldsymbol{r}_2$，如图1-2所示。

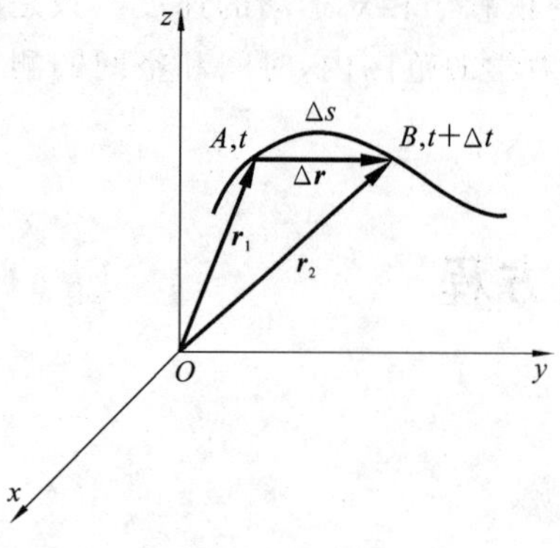

图1-2 位移矢量

则Δt时间内位移矢量变化为

$$\Delta\boldsymbol{r}=\boldsymbol{r}_2-\boldsymbol{r}_1 \tag{1-5}$$

式中，$\Delta\boldsymbol{r}$为该时间间隔内质点的**位移矢量**，简称**位移**。它反映了在时间Δt内质点位矢的变化。

在直角坐标系下，位移可写成

$$\Delta\boldsymbol{r}=\boldsymbol{r}_2-\boldsymbol{r}_1=(x_2-x_1)\boldsymbol{i}+(y_2-y_1)\boldsymbol{j}+(z_2-z_1)\boldsymbol{k} \tag{1-6}$$

大小为

$$|\Delta\boldsymbol{r}|=\sqrt{(x_2-x_1)^2+(y_2-y_1)^2+(z_2-z_1)^2}$$

应当注意，位移是描述质点位置变化的物理量，它只反映出一段时间质点始末位置的变化，并非质点所经历的路程。如图1-2所示，质点从A点运动到B点所经过的曲线路径Δs(弧长)的长度大于位移的长度$|\Delta\boldsymbol{r}|$。只有当$\Delta t\to0$的极限情况下，即B点无限接近于A点时，位移的大小$|\mathrm{d}\boldsymbol{r}|=\mathrm{d}s$。

二、速度

1. 平均速度

由上述讨论可知，质点在Δt时间内，其位移为$\Delta\boldsymbol{r}$，则$\dfrac{\Delta\boldsymbol{r}}{\Delta t}$表示它在该时间内位移的平均变化率，即平均速度$\bar{\boldsymbol{v}}$。

$$\bar{\boldsymbol{v}}=\frac{\Delta \boldsymbol{r}}{\Delta t} \tag{1-7}$$

在直角坐标系下，平均速度的计算公式为

$$\bar{\boldsymbol{v}}=\frac{\Delta \boldsymbol{r}}{\Delta t}=\frac{\Delta x}{\Delta t}\boldsymbol{i}+\frac{\Delta y}{\Delta t}\boldsymbol{j}+\frac{\Delta z}{\Delta t}\boldsymbol{k}=\bar{v}_x\boldsymbol{i}+\bar{v}_y\boldsymbol{j}+\bar{v}_z\boldsymbol{k} \tag{1-8}$$

平均速度也是矢量，其中 $\bar{v}_x$，$\bar{v}_y$，$\bar{v}_z$ 分别是平均速度 $\bar{\boldsymbol{v}}$ 在 Ox 轴、Oy 轴、Oz 轴上的分量。

2. 瞬时速度

质点的平均速度只能粗略地反映一段时间内的运动情况，而不能描述质点运动的细节以及质点在某时刻（或某位置）的真实运动状态。当 $\Delta t \to 0$ 时，平均速度的极限值叫作瞬时速度，简称速度，用 $\boldsymbol{v}$ 表示，即

$$\boldsymbol{v}=\lim_{\Delta t\to 0}\bar{\boldsymbol{v}}=\lim_{\Delta t\to 0}\frac{\Delta \boldsymbol{r}}{\Delta t}=\frac{\mathrm{d}\boldsymbol{r}}{\mathrm{d}t}$$

$$\boldsymbol{v}=\frac{\mathrm{d}\boldsymbol{r}}{\mathrm{d}t} \tag{1-9}$$

上式表明，质点的速度等于位矢对时间的一阶导数，即位矢随时间的变化率。

在直角坐标系下，瞬时速度的计算公式为

$$\boldsymbol{v}=v_x\boldsymbol{i}+v_y\boldsymbol{j}+v_z\boldsymbol{k}=\frac{\mathrm{d}x}{\mathrm{d}t}\boldsymbol{i}+\frac{\mathrm{d}y}{\mathrm{d}t}\boldsymbol{j}+\frac{\mathrm{d}z}{\mathrm{d}t}\boldsymbol{k} \tag{1-10}$$

式中，v_x，v_y，v_z 分别为瞬时速度 $\boldsymbol{v}$ 在 Ox 轴、Oy 轴和 Oz 轴上的分量。

$\boldsymbol{v}$ 的大小为

$$|\boldsymbol{v}|=\left|\frac{\mathrm{d}\boldsymbol{r}}{\mathrm{d}t}\right|=\sqrt{\left(\frac{\mathrm{d}x}{\mathrm{d}t}\right)^2+\left(\frac{\mathrm{d}y}{\mathrm{d}t}\right)^2+\left(\frac{\mathrm{d}z}{\mathrm{d}t}\right)^2}=\sqrt{v_x^2+v_y^2+v_z^2}$$

速度的方向沿所在位置的切线。在国际单位制中，速度的单位是 $\mathrm{m\cdot s^{-1}}$（米·秒$^{-1}$）。

3. 平均速率与瞬时速率

若质点在 Δt 时间内走过的路程为 Δs（弧长），则定义 $\bar{v}=\frac{\Delta s}{\Delta t}$ 为平均速率。为了精确描述质点任一时刻运动的快慢，我们定义 $v=\lim\limits_{\Delta t\to 0}\bar{v}=\lim\limits_{\Delta t\to 0}\frac{\Delta s}{\Delta t}=\frac{\mathrm{d}s}{\mathrm{d}t}$ 为 t 时刻质点的瞬时速率，简称速率。当 $\Delta t\to 0$ 时，$\Delta \boldsymbol{r}=\mathrm{d}\boldsymbol{r}$，$\Delta s=\mathrm{d}s$，且 $|\mathrm{d}\boldsymbol{r}|=\mathrm{d}s$，于是有

$$v=\frac{\mathrm{d}s}{\mathrm{d}t}=\frac{|\mathrm{d}\boldsymbol{r}|}{\mathrm{d}t}=|\boldsymbol{v}|$$

即

$$|\boldsymbol{v}|=v=\frac{\mathrm{d}s}{\mathrm{d}t} \tag{1-11}$$

可见瞬时速率即为该时刻瞬时速度的大小。

三、加速度

上面已经指出，速度是一个矢量，所以，无论是速度的大小发生改变，还是其方向发生改变，都表示速度发生了变化。为了描述质点速度变化的快慢，从而引进加速度的概念。

如图 1-3 所示，质点在 Oxy 平面内做曲线运动，设在时刻 t，质点位于 A 点，其速度为 $\boldsymbol{v}_1$，在 $t+\Delta t$ 时刻，质点位于 B 点，其速度为 $\boldsymbol{v}_2$，则在 Δt 时间内，质点速度的增量为 $\Delta \boldsymbol{v}=\boldsymbol{v}_2-\boldsymbol{v}_1$。

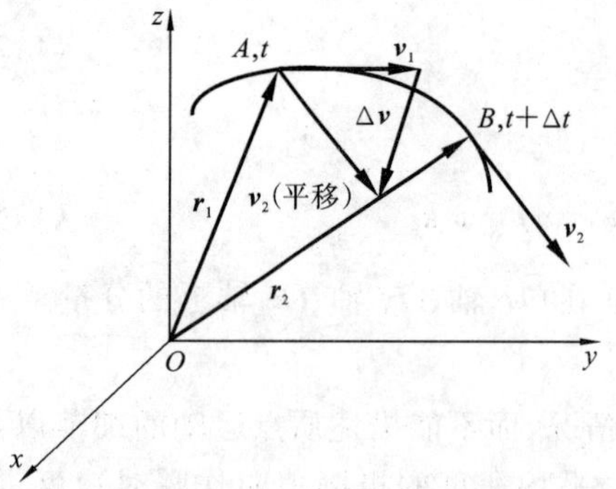

图 1-3　质点的曲线运动

1. 平均加速度

质点速度增量 $\Delta\boldsymbol{v}$ 与其所经历的时间 Δt 之比，称为这一段时间内质点的平均加速度，用 $\bar{\boldsymbol{a}}$ 表示，即

$$\bar{\boldsymbol{a}}=\frac{\Delta\boldsymbol{v}}{\Delta t}=\frac{\boldsymbol{v}_2-\boldsymbol{v}_1}{\Delta t}$$

平均加速度只能粗略描述质点速度随时间变化的情况。

2. 瞬时加速度

为了精确描述质点运动速度变化的细节，可将时间 Δt 无限减小，并使之趋近于 0，平均加速度的极限值为质点在时刻 t 的瞬时加速度，简称加速度，用 $\boldsymbol{a}$ 表示，即

$$\boldsymbol{a}=\lim_{\Delta t\to 0}\bar{\boldsymbol{a}}=\lim_{\Delta t\to 0}\frac{\Delta\boldsymbol{v}}{\Delta t}=\frac{\mathrm{d}\boldsymbol{v}}{\mathrm{d}t}$$

$$\boldsymbol{a}=\frac{\mathrm{d}\boldsymbol{v}}{\mathrm{d}t} \tag{1-12}$$

由于 $\boldsymbol{v}=\frac{\mathrm{d}\boldsymbol{r}}{\mathrm{d}t}$，故有

$$\boldsymbol{a}=\frac{\mathrm{d}\boldsymbol{v}}{\mathrm{d}t}=\frac{\mathrm{d}^2\boldsymbol{r}}{\mathrm{d}t^2}$$

上式表明，加速度等于速度对时间的一阶导数或位矢对时间的二阶导数，等于速度随时间的变化率。

在直角坐标系下，

$$\boldsymbol{a}=a_x\boldsymbol{i}+a_y\boldsymbol{j}+a_z\boldsymbol{k}=\frac{\mathrm{d}\boldsymbol{v}}{\mathrm{d}t}=\frac{\mathrm{d}v_x}{\mathrm{d}t}\boldsymbol{i}+\frac{\mathrm{d}v_y}{\mathrm{d}t}\boldsymbol{j}+\frac{\mathrm{d}v_z}{\mathrm{d}t}\boldsymbol{k}=\frac{\mathrm{d}^2x}{\mathrm{d}t^2}\boldsymbol{i}+\frac{\mathrm{d}^2y}{\mathrm{d}t^2}\boldsymbol{j}+\frac{\mathrm{d}^2z}{\mathrm{d}t^2}\boldsymbol{k} \tag{1-13}$$

式中，$a_x=\frac{\mathrm{d}v_x}{\mathrm{d}t}=\frac{\mathrm{d}^2x}{\mathrm{d}t^2}$，$a_y=\frac{\mathrm{d}v_y}{\mathrm{d}t}=\frac{\mathrm{d}^2y}{\mathrm{d}t^2}$，$a_z=\frac{\mathrm{d}v_z}{\mathrm{d}t}=\frac{\mathrm{d}^2z}{\mathrm{d}t^2}$。

a_x、a_y、a_z 分别称为 $\boldsymbol{a}$ 在 Ox 轴、Oy 轴、Oz 轴的分量表达式。

$\boldsymbol{a}$ 的大小为

$$|\boldsymbol{a}|=\sqrt{a_x^2+a_y^2+a_z^2}=\sqrt{\left(\frac{\mathrm{d}v_x}{\mathrm{d}t}\right)^2+\left(\frac{\mathrm{d}v_y}{\mathrm{d}t}\right)^2+\left(\frac{\mathrm{d}v_z}{\mathrm{d}t}\right)^2}=\sqrt{\left(\frac{\mathrm{d}^2x}{\mathrm{d}t^2}\right)^2+\left(\frac{\mathrm{d}^2y}{\mathrm{d}t^2}\right)^2+\left(\frac{\mathrm{d}^2z}{\mathrm{d}t^2}\right)^2}$$

$\boldsymbol{a}$ 是矢量，$\boldsymbol{a}$ 与 Ox 轴正向夹角 θ 满足 $\tan\theta=\frac{a_y}{a_x}$。

注意：$\boldsymbol{a}$ 沿 $\boldsymbol{v}$ 的极限方向，一般情况下 $\boldsymbol{a}$ 与 $\boldsymbol{v}$ 方向不同(如在不计空气阻力的斜上抛运动中，质点的速度沿抛物线的切线方向，而加速度始终垂直向下)。

在国际单位制中，加速度的单位是 $\mathrm{m\cdot s^{-2}}$(米·秒$^{-2}$)。

1-4　质点运动学的两类问题

在质点运动学中，比较常见的需要求解的基本问题大致分为两类。

一、第一类问题

已知质点的运动方程，求某一时刻质点的位置矢量或质点的速度、加速度以及某一时刻的值，或求某一段时间内的位移，还可求轨迹方程，但主要是求速度和加速度，这些称为**第一类问题**。解决这类问题的基本方法是，将运动方程 $\boldsymbol{r}=\boldsymbol{r}(t)$ 对时间求一阶导数，即 $\dfrac{\mathrm{d}\boldsymbol{r}}{\mathrm{d}t}=\boldsymbol{v}$，可求得速度；对时间求二阶导数，即 $\dfrac{\mathrm{d}^2\boldsymbol{r}}{\mathrm{d}t^2}=\dfrac{\mathrm{d}\boldsymbol{v}}{\mathrm{d}t}=\boldsymbol{a}$，可求得加速度。

例 1-1　已知一质点的运动方程为 $\boldsymbol{r}=2t\boldsymbol{i}+(2-t^2)\boldsymbol{j}$，求：

(1) $t=1$ s 和 $t=2$ s 时的位矢；

(2) $t=1$ s 到 $t=2$ s 内的位移；

(3) $t=1$ s 到 $t=2$ s 内质点的平均速度；

(4) $t=1$ s 和 $t=2$ s 时质点的速度；

(5) $t=1$ s 到 $t=2$ s 内的平均加速度；

(6) $t=1$ s 和 $t=2$ s 时质点的加速度。

解　(1) $\boldsymbol{r}_1=2\boldsymbol{i}+\boldsymbol{j}$，$\boldsymbol{r}_2=4\boldsymbol{i}-2\boldsymbol{j}$；

(2) $\Delta\boldsymbol{r}=\boldsymbol{r}_2-\boldsymbol{r}_1=2\boldsymbol{i}-3\boldsymbol{j}$；

(3) $\bar{\boldsymbol{v}}=\dfrac{\Delta\boldsymbol{r}}{\Delta t}=\dfrac{2\boldsymbol{i}-3\boldsymbol{j}}{2-1}=2\boldsymbol{i}-3\boldsymbol{j}$；

(4) $\boldsymbol{v}=\dfrac{\mathrm{d}\boldsymbol{r}}{\mathrm{d}t}=2\boldsymbol{i}-2t\boldsymbol{j}$，$\boldsymbol{v}_1=2\boldsymbol{i}-2\boldsymbol{j}$，$\boldsymbol{v}_2=2\boldsymbol{i}-4\boldsymbol{j}$；

(5) $\bar{\boldsymbol{a}}=\dfrac{\Delta\boldsymbol{v}}{\Delta t}=\dfrac{\boldsymbol{v}_2-\boldsymbol{v}_1}{\Delta t}=\dfrac{-2\boldsymbol{j}}{2-1}=-2\boldsymbol{j}$；

(6) $\boldsymbol{a}=\dfrac{\mathrm{d}^2\boldsymbol{r}}{\mathrm{d}t^2}=\dfrac{\mathrm{d}\boldsymbol{v}}{\mathrm{d}t}=-2\boldsymbol{j}$。

二、第二类问题

已知质点运动的速度（或加速度）和其运动的初始条件（即当 $t=0$ 时，已知质点的 $\boldsymbol{a}_0$，$\boldsymbol{v}_0$，$\boldsymbol{r}_0$），求质点的速度、运动方程，或求质点某一时刻的速度、位移矢量，还可求质点的轨迹方程，但主要求速度和运动方程，称为**第二类问题**。解决这类问题的基本方法是，按有关物理量的定义式，写出有关该物理量的微分方程；或分离变量，运用初始条件并积分，可求得相应的物理量。

例 1-2　一质点沿 Ox 轴运动，已知加速度为 $a=4t$，且 $t=0$ 时，$v_0=0\ \mathrm{m\cdot s^{-1}}$，$x_0=10$ m。求该质点的运动方程。

解　取质点为研究对象，由加速度定义有

$$a=\frac{\mathrm{d}v}{\mathrm{d}t}=4t\ \text{（一维可用标量式）}$$

所以有

$$\mathrm{d}v=4t\mathrm{d}t$$

两边积分有

$$\int_0^v \mathrm{d}v=\int_0^t 4t\mathrm{d}t$$

由初始条件得

$$v=2t^2$$

由速度定义得

$$v=\frac{\mathrm{d}x}{\mathrm{d}t}=2t^2$$

所以有

$$\mathrm{d}x=2t^2\,\mathrm{d}t$$

两边积分得

$$\int_{10}^{x}\mathrm{d}x=\int_{0}^{t}2t^2\,\mathrm{d}t$$

由初始条件得

$$x=\frac{2}{3}t^3+10$$

该式即为质点的运动方程。

1-5 圆周运动

这一节讨论一种较为简单的曲线运动——圆周运动。质点的运动轨迹在某一坐标系为圆周的运动，称为圆周运动。它是常见的平面曲线运动之一，也是研究物体转动的基础。

一、平面极坐标

如图 1-4 所示的 Oxy 平面内某时刻质点位于 A 点。它相对于原点 O 的位矢 $\boldsymbol{r}$ 与 Ox 轴之间的夹角为 θ，则质点在 A 点的位置由 (r,θ) 决定。这种以 (r,θ) 为坐标的坐标系称为平面极坐标系。在平面直角坐标系内，点 A 的坐标则为 (x, y)。这两种坐标系的坐标值之间的变换关系为 $x=r\cos\theta, y=r\sin\theta$。

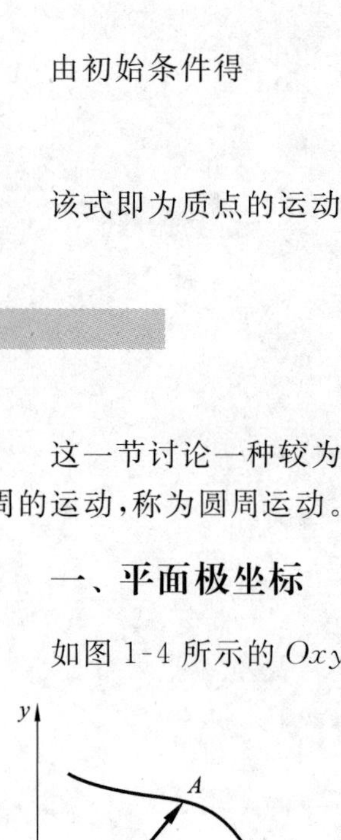

图 1-4　平面极坐标

二、圆周运动

1. 匀速率圆周运动

质点做匀速率圆周运动时虽然速度大小不变，但方向在不断地变化，所以它也是一种变速运动。如图 1-5(a)所示，一质点在半径为 R 的圆周上运动。在 t 时刻质点位于 A 点，速度为 $\boldsymbol{v}_A$；在 $t+\Delta t$ 时刻到达 B 点，速度为 $\boldsymbol{v}_B$。在 Δt 的时间间隔内速度的方向转过了 $\Delta\theta$，速度的增量为 $\Delta\boldsymbol{v}$。为了表现得更直观，在图 1-5(b)中，把 A 点与 B 点两速度矢量平移到一起，与速度增量 $\Delta\boldsymbol{v}$ 组成一个矢量三角形。按加速度的定义可得

$$\boldsymbol{a}=\lim_{\Delta t\to 0}\frac{\boldsymbol{v}_B-\boldsymbol{v}_A}{\Delta t}=\lim_{\Delta t\to 0}\frac{\Delta\boldsymbol{v}}{\Delta t}$$

对于匀速率圆周运动，$|\boldsymbol{v}_A|=|\boldsymbol{v}_B|=v$。从图 1-5 中可以看出，$\triangle OAB$ 和 $\triangle O'A'B'$ 是两个相似的等腰三角形，因而有

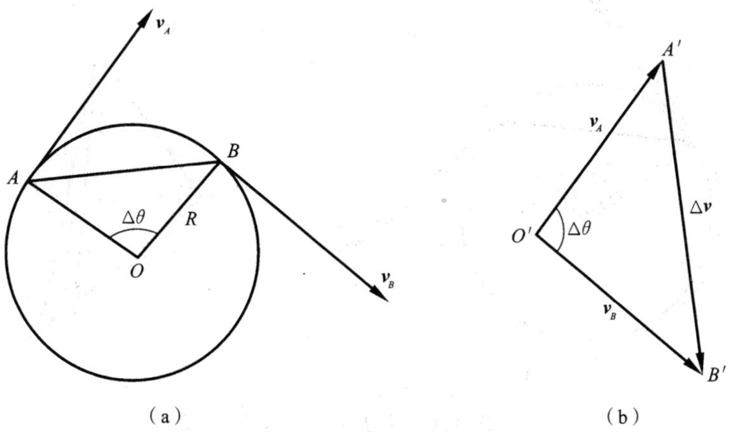

图 1-5　匀速率圆周运动

$$\frac{|\Delta \boldsymbol{v}|}{v}=\frac{\overline{AB}}{R}$$

故

$$|\Delta \boldsymbol{v}|=\frac{v}{R}\overline{AB}$$

所以 $a=\lim\limits_{\Delta t\to 0}\dfrac{\Delta \boldsymbol{v}}{\Delta t}=\lim\limits_{\Delta t\to 0}\dfrac{v}{R}\dfrac{\overset{\frown}{AB}}{\Delta t}$，又 $\lim\limits_{\Delta t\to 0}\dfrac{\overset{\frown}{AB}}{\Delta t}=v$，故得

$$a=\frac{v^2}{R}$$

当 $\Delta t\to 0$ 时，$\Delta\theta\to 0$，此时 $\Delta \boldsymbol{v}$ 趋于与 $\boldsymbol{v}_A$ 垂直，所以在极限情况下，加速度 $\boldsymbol{a}$ 的方向垂直于速度 $\boldsymbol{v}$ 的方向且沿半径指向圆心，因而称之为向心加速度，一般用 $\boldsymbol{a}_n$ 表示，$\boldsymbol{a}_n$ 永远和速度 $\boldsymbol{v}$ 垂直。

$$a=a_n=\frac{v^2}{R} \tag{1-14}$$

2. 变速率圆周运动

当质点沿圆周运动时，若其速率随时间不断变化，则这种运动称为变速率圆周运动。在变速率圆周运动中，质点速度的大小和方向都随时间改变。

如图 1-6(a)所示，一质点在半径为 R 的圆周上运动。在 t 时刻质点位于 A 点，速度为 $\boldsymbol{v}_A$；在 $t+\Delta t$ 时刻到达 B 点，速度为 $\boldsymbol{v}_B$；且 $|\boldsymbol{v}_A|\neq|\boldsymbol{v}_B|$。在 Δt 的时间间隔内速度的方向转过了 $\Delta\theta$，速度的增量为 $\Delta \boldsymbol{v}$。把 A 点与 B 点两速度矢量平移到一起，与速度增量 $\Delta \boldsymbol{v}$ 组成一个矢量三角形。在这个矢量三角形中，若以 $\boldsymbol{v}_A$ 的大小为半径作圆弧交 $\boldsymbol{v}_B$ 于 C 点，作矢量 $\Delta \boldsymbol{v}_n$ 和 $\Delta \boldsymbol{v}_t$，则有 $\Delta \boldsymbol{v}=\Delta \boldsymbol{v}_n+\Delta \boldsymbol{v}_t$，如图 1-6(b)所示。

所以有加速度

$$\boldsymbol{a}=\lim_{\Delta t\to 0}\frac{\Delta \boldsymbol{v}}{\Delta t}=\lim_{\Delta t\to 0}\frac{\Delta \boldsymbol{v}_n}{\Delta t}+\lim_{\Delta t\to 0}\frac{\Delta \boldsymbol{v}_t}{\Delta t}$$

第一项 $\lim\limits_{\Delta t\to 0}\dfrac{\Delta \boldsymbol{v}_n}{\Delta t}=\boldsymbol{a}_n$，大小为 $a_n=\dfrac{v^2}{R}$，方向指向圆心，即向心加速度，也称为法向加速度。第二项 $\lim\limits_{\Delta t\to 0}\dfrac{\Delta \boldsymbol{v}_t}{\Delta t}$ 的极限方向和质点速度方向相同，其极限值大小为速率变化率，这一个极限值叫切

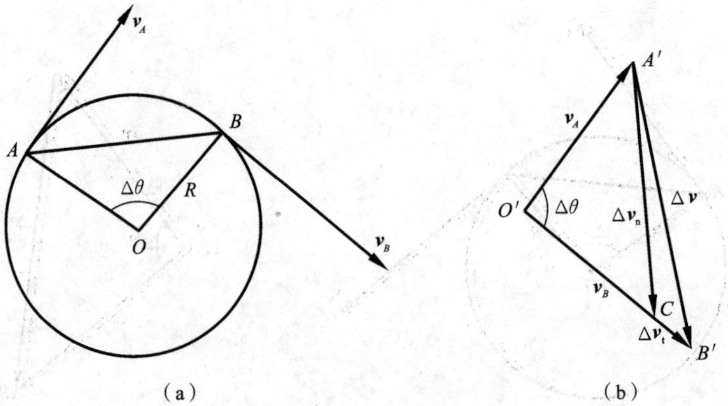

图 1-6　变速率圆周运动

向加速度，以 $\boldsymbol{a}_t$ 表示，即

$$a_t=\lim_{\Delta t\to 0}\frac{\Delta v_t}{\Delta t}=\frac{dv}{dt} \tag{1-15}$$

所以总加速度为

$$\boldsymbol{a}=\boldsymbol{a}_n+\boldsymbol{a}_t \tag{1-16}$$

总加速度的大小为

$$a=\sqrt{a_t^2+a_n^2}$$

$\boldsymbol{a}$ 与 $\boldsymbol{a}_t$ 夹角(见图 1-7)满足如下关系式：

$$\tan\varphi=\frac{a_n}{a_t}$$

推广到一般的曲线运动，只要将半径 R 改为曲线的某一点的曲率半径 ρ 即可。

3. 圆周运动的角速度和角加速度

如图 1-8 所示，一质点在半径为 R 的圆周上运动时，设在任一段时间内质点从 A 点运动到 B 点，在这段时间内质点沿圆轨道所经过的路程为圆周弧长 s，相应的半径所转过的角度(叫作角位移)为 θ，则

$$s=R\theta$$

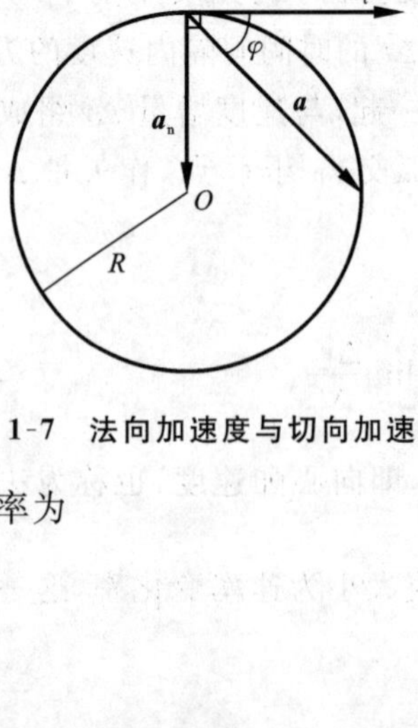

图 1-7　法向加速度与切向加速度

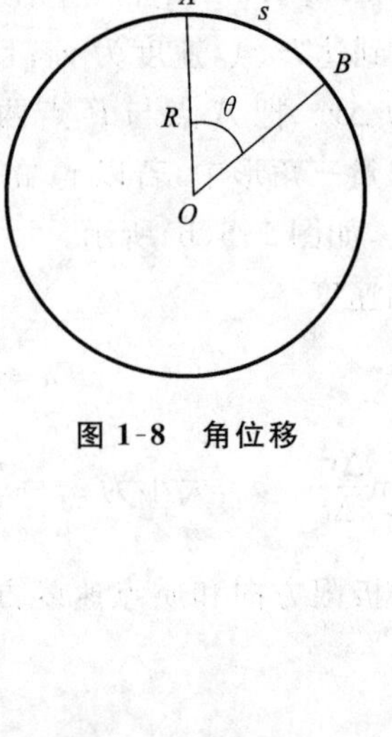

图 1-8　角位移

质点的速率为

$$v=\frac{ds}{dt}=R\frac{d\theta}{dt} \tag{1-17}$$

定义

$$\omega=\frac{d\theta}{dt} \tag{1-18}$$

式中，ω 叫作角速度，是角位移对时间的变化率。质点做圆周运动的速率 v 通常叫作线速度。所以，有

$$v=R\omega \tag{1-19}$$

式(1-19)给出了质点做圆周运动时其线速度与角速度的关系。很明显，对匀速率圆周运动而言，R 和 v 都是常量，所以 ω 也为常量。

如果质点做变速率圆周运动，其角速度 ω 的大小随时间变化，定义

$$\alpha=\frac{d\omega}{dt} \tag{1-20}$$

式中，α 称为角加速度，是角速度随时间的变化率，单位为 $rad \cdot s^{-2}$。

又因为 $\omega=\frac{d\theta}{dt}$，故角加速度又可写为

$$\alpha=\frac{d}{dt}\left(\frac{d\theta}{dt}\right)=\frac{d^2\theta}{dt^2}$$

角加速度 α 和线加速度 a_n、a_t 的关系为

$$a_n=\frac{v^2}{R}=\frac{(R\omega)^2}{R}=R\omega^2 \tag{1-21}$$

$$a_t=\frac{dv}{dt}=R\frac{d\omega}{dt}=R\alpha \tag{1-22}$$

当质点做匀速率圆周运动时，其速率 v 和 ω 都为常量，故角加速度 $\alpha=0$，切向加速度 $a_t=\frac{dv}{dt}=0$，法向加速度 $a_n=\frac{v^2}{R}=R\omega^2$ 为常量。

由 $\omega=\frac{d\theta}{dt}$ 可得

$$d\theta=\omega dt$$

当取 $t=0$ 时，$\theta=\theta_0$，则有

$$\theta=\theta_0+\omega t \tag{1-23}$$

当质点做匀变速率圆周运动时，其角加速度 α 为常量，故圆周上某点的切向加速度的值为 $a_t=R\alpha$，是常量；而法向加速度的值为 $a_n=\frac{v^2}{R}=R\omega^2$，不是常量。

由 $\alpha=\frac{d\omega}{dt}=\frac{d^2\theta}{dt^2}$ 及 $\omega=\frac{d\theta}{dt}$ 可得

$$\left.\begin{aligned}\omega&=\omega_0+\alpha t\\ \theta&=\theta_0+\omega_0 t+\frac{1}{2}\alpha t^2\\ \omega^2&=\omega_0^2+2\alpha(\theta-\theta_0)\end{aligned}\right\} \tag{1-24}$$

例 1-3　在一个转动的齿轮上，一个齿尖 P 沿半径为 R 的圆周运动，其路程 s 随时间的变化规律为 $s=v_0t+\frac{1}{2}bt^2$，其中，v_0，b 都是正常数，则 t 时刻齿尖 P 的速度和加速度大小为多少？

解

$$v=\frac{\mathrm{d}s}{\mathrm{d}t}=v_0+bt$$

$$a_t=\frac{\mathrm{d}v}{\mathrm{d}t}=b,\quad a_n=\frac{v^2}{R}=\frac{(v_0+bt)^2}{R}$$

$$a=\sqrt{a_t^2+a_n^2}=\sqrt{b^2+\frac{(v_0+bt)^4}{R^2}}$$

例 1-4 一质点运动方程为 $\boldsymbol{r}=10\cos 5t\boldsymbol{i}+10\sin 5t\boldsymbol{j}$ (SI)，求：

(1) 质点运动的轨迹方程；

(2) 加速度的切向分量和法向分量。

解 (1) 由 $\begin{cases}x=10\cos 5t\\y=10\sin 5t\end{cases}$ 得

$$x^2+y^2=100\ (\text{质点做圆周运动，半径为 10 m})$$

(2)

$$\boldsymbol{v}=\frac{\mathrm{d}\boldsymbol{r}}{\mathrm{d}t}=-50\sin 5t\boldsymbol{i}+50\cos 5t\boldsymbol{j}$$

$$v=\sqrt{(-50\sin 5t)^2+(50\cos 5t)^2}=50\ \mathrm{m\cdot s^{-1}}$$

$$a_t=\frac{\mathrm{d}v}{\mathrm{d}t}=0$$

$$a_n=\frac{v^2}{R}=250\ \mathrm{m\cdot s^{-2}}$$

习　题

1-1 质点做曲线运动，在时刻 t 质点的位矢为 $\boldsymbol{r}$，速度为 $\boldsymbol{v}$，速率为 v，t 至 $t+\Delta t$ 时间内的位移为 $\Delta\boldsymbol{r}$，路程为 Δs，位矢大小的变化量为 Δr（或称 $\Delta|\boldsymbol{r}|$），平均速度为 $\bar{\boldsymbol{v}}$，平均速率为 $\bar{v}$。

(1) 根据上述情况，则必有(　　)。

A. $|\Delta\boldsymbol{r}|=\Delta s=\Delta r$

B. $|\Delta\boldsymbol{r}|\neq\Delta s\neq\Delta r$，当 $\Delta t\to 0$ 时有 $|\mathrm{d}\boldsymbol{r}|=\mathrm{d}s\neq\mathrm{d}r$

C. $|\Delta\boldsymbol{r}|\neq\Delta s\neq\Delta r$，当 $\Delta t\to 0$ 时有 $|\mathrm{d}\boldsymbol{r}|=\mathrm{d}r\neq\mathrm{d}s$

D. $|\Delta\boldsymbol{r}|\neq\Delta s\neq\Delta r$，当 $\Delta t\to 0$ 时有 $|\mathrm{d}\boldsymbol{r}|=\mathrm{d}s=\mathrm{d}r$

(2) 根据上述情况，则必有(　　)。

A. $|\boldsymbol{v}|=v,|\bar{\boldsymbol{v}}|=\bar{v}$　　B. $|\boldsymbol{v}|\neq v,|\bar{\boldsymbol{v}}|\neq\bar{v}$

C. $|\boldsymbol{v}|=v,|\bar{\boldsymbol{v}}|\neq\bar{v}$　　D. $|\boldsymbol{v}|\neq v,|\bar{\boldsymbol{v}}|=\bar{v}$

1-2 一运动质点在某瞬时位于位矢 $\boldsymbol{r}(x,y)$ 的端点处，对其速度的大小有四种意见，即

(1) $\frac{\mathrm{d}r}{\mathrm{d}t}$；　(2) $\frac{\mathrm{d}|\boldsymbol{r}|}{\mathrm{d}t}$；　(3) $\frac{\mathrm{d}s}{\mathrm{d}t}$；　(4) $\sqrt{\left(\frac{\mathrm{d}x}{\mathrm{d}t}\right)^2+\left(\frac{\mathrm{d}y}{\mathrm{d}t}\right)^2}$。

下述判断正确的是(　　)。

A. 只有(1)(2)正确　　B. 只有(2)正确

C. 只有(2)(3)正确　　D. 只有(3)(4)正确

1-3　一个质点在做圆周运动时，(　　)。

A. 切向加速度一定改变，法向加速度也改变

B. 切向加速度可能不变，法向加速度一定改变

C. 切向加速度可能不变，法向加速度不变

D. 切向加速度一定改变，法向加速度不变

1-4　物体沿半径为 R 的固定圆弧形光滑轨道由静止下滑，在下滑的过程中，(　　)。

A. 它受到的轨道的作用力的大小不断增加

B. 它的加速度的方向永远指向圆心，其速率保持不变

C. 它受到的合外力的大小变化，方向永远指向圆心

D. 它受到的合外力的大小不变，其速率不断增加

1-5　质点做平面曲线运动，其位矢、加速度和法向加速度大小分别为 r，a 和 a_n，速度为 $\boldsymbol{v}$。试说明下式哪些是正确的。

(1) $a=\dfrac{\mathrm{d}v}{\mathrm{d}t}$；　(2) $a=\dfrac{\mathrm{d}^2r}{\mathrm{d}t^2}$；　(3) $\sqrt{a^2-a_n^2}=\left|\dfrac{\mathrm{d}|\boldsymbol{v}|}{\mathrm{d}t}\right|$；　(4) $a=\dfrac{v^2}{r}$。

1-6　一质点沿 Ox 轴运动，运动方程为 $x=8t-2t^2$，求：

(1) $t=0$ 时质点的位置和速度；

(2) $t=1$ s 和 $t=3$ s 时速度的大小和方向；

(3) 速度为 0 的时刻和回到出发点的时刻。

1-7　一质点的速度和时间的关系为 $v=10+2t^2$，已知 $t=0$ 时 $x_0=20$ m，求 $t=2$ s 时质点的位置和加速度。

1-8　一质点沿 Ox 轴运动，其加速度 $a=4t$，已知 $t=0$ 时质点位于 $x_0=10$ m 处，初速度 $v_0=0$，试求其位置与时间的关系式。

1-9　一质点沿 Ox 轴运动，其加速度 a 与位置坐标 x 的关系为 $a=2+6x^2$，如果质点在原点处的速度为 0，试求其在任意位置处的速度。

1-10　一质点在 Oxy 平面内运动，其运动方程为 $r=2t\boldsymbol{i}+(19-2t^2)\boldsymbol{j}$。

(1) 写出它的轨迹方程；

(2) 求 $t=1$ s 和 $t=2$ s 时质点的位矢，并求出在 $t_1=1$ s 到 $t_2=2$ s 时间内质点的平均速度；

(3) 求 $t=3$ s 时质点的速度和加速度。

1-11　一质点在 Oxy 平面内运动，其加速度 $a=5t^2\boldsymbol{i}+3\boldsymbol{j}$。已知 $t=0$ 时，质点静止于坐标原点。求：

(1) 任一时刻质点的速度(即求速度随时间变化的函数式 $v=v(t)$)；

(2) 质点的运动方程及其分量式；

(3) $t=2$ s 时的位置；

(4) 轨迹方程。

1-12　在 Oxy 平面内，质点按 $\theta=5+3t^2$ 的运动规律以圆心为 O、半径为 R 的圆为轨迹运动。分别求出质点运动的角位移、角速度、角加速度、线速度和线加速度的表达式。

1-13　如图 1-9 所示，质量为 m 的物体从倾角为 α，底边长为 $l=1.41$ m 的斜面的顶端由静止开始向下滑动，斜面的摩擦因数为 $\mu=\dfrac{1}{\sqrt{3}}$。当 α 为多大时物体在斜面上的下滑时间最短？

最短时间为多少？

1-14 工地上有一吊车将甲、乙两块混凝土预制板吊起送至高空，甲的质量为 $m_1=2\times10^2$ kg，乙的质量为 $m_2=1\times10^2$ kg，如图1-10所示。设吊车、框架和钢丝绳的质量不计。求下述两种情况下，钢丝绳所受到的张力以及乙对甲的作用力。

(1) 两物块以 10 $m\cdot s^{-2}$ 的加速度上升；

(2) 两物块以 1 $m\cdot s^{-2}$ 的加速度上升。

从本题的结果，你能得到怎样的体会？

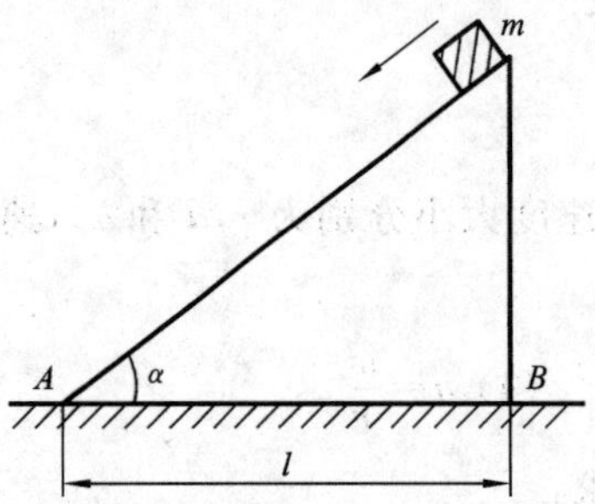

图1-9 题1-13图

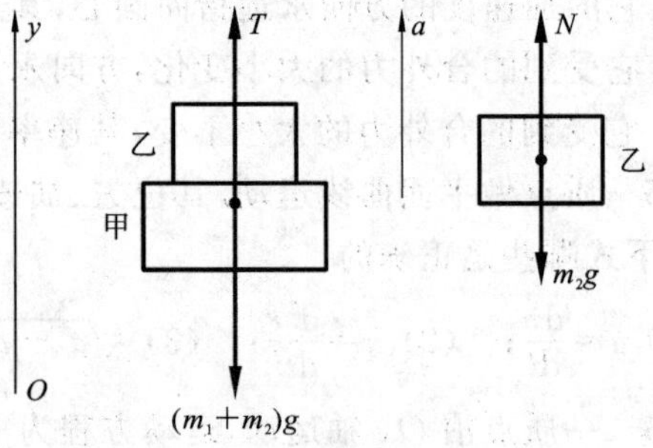

图1-10 题1-14图

1-15 一质量为 10 kg 的质点在力 $\boldsymbol{F}$ 的作用下沿 Ox 轴做直线运动，已知 $F=120t+40$，在 $t=0$ 时，质点位于 $x_0=5$ m 处，其速度为 $v_0=6\ m\cdot s^{-1}$，求质点在任意时刻的速度和位置。

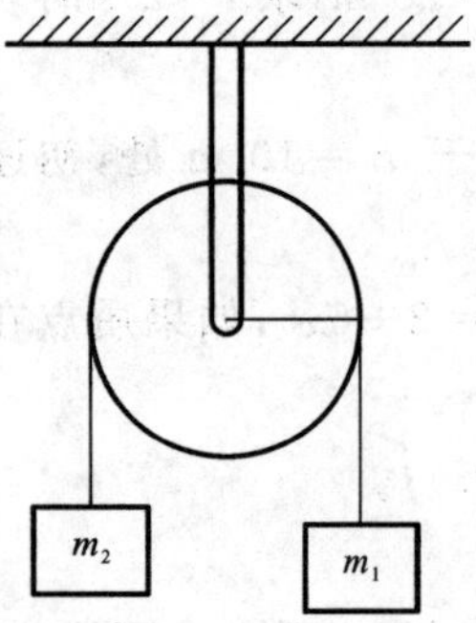

图1-11 题1-16图

1-16 如图1-11所示，一不可伸长的细绳绕过一定滑轮，细绳两端各系一物块 m_1 和 m_2，且 $m_1>m_2$，若滑轮质量及轴的摩擦忽略不计，且与细绳无相对滑动。求两物块的加速度和绳中的张力。

1-17 一质点沿直线运动，其加速度 $a=4-t^2$，式中 a 的单位为 $m\cdot s^{-2}$，t 的单位为 s。当 $t=3$ s 时，$x=9$ m，$v=2\ m\cdot s^{-1}$，求质点的运动方程。

1-18 一石子从空中由静止下落，由于空气阻力，石子并非做自由落体运动，现测得其加速度 $a=A-Bv$，式中 A、B 为正恒量，求石子下落的速度和运动方程。

1-19 一质点具有恒定加速度 $\boldsymbol{a}=6\boldsymbol{i}+4\boldsymbol{j}$，式中 $\boldsymbol{a}$ 的单位为 $m\cdot s^{-2}$。在 $t=0$ 时，其速度为0，位置矢量 $\boldsymbol{r}_0=10m\boldsymbol{i}$。求：

(1) 在任意时刻质点的速度和位置矢量；

(2) 质点在 Oxy 平面内的轨迹方程，并画出轨迹的示意图。

1-20 质点在 Oxy 平面内运动，其运动方程为 $\boldsymbol{r}=2.0t\boldsymbol{i}+(19.0-2.0t^2)\boldsymbol{j}$，式中 $\boldsymbol{r}$ 的单位为 m，t 的单位为 s。求：

(1) 质点的轨迹方程；

(2) 在 $t_1=1.0$ s 到 $t_2=2.0$ s 时间内质点的平均速度；

(3) $t=1.0$ s 时质点的速度及切向和法向加速度；

(4) $t=1.0$ s 时质点所处轨道的曲率半径 ρ。

1-21 一足球运动员在正对球门前 25.0 m 处以 20.0 m/s 的初速率罚任意球。已知球门高为 3.44 m(见图1-12)，若要在垂直于球门的竖直平面内将足球直接踢进球门，问他应在与地

面成什么角度的范围内踢出足球？（足球可视为质点）

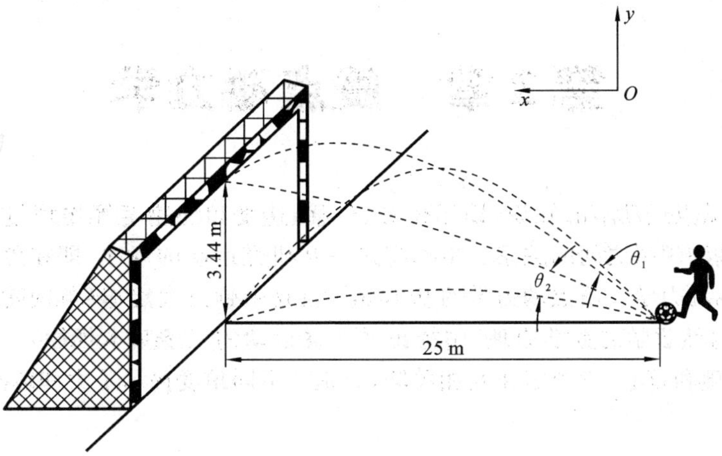

图 1-12　题 1-21 图

第 2 章　质点动力学

前面讲述了质点运动学的知识，即用位矢、位移、速度和加速度等物理量来描述质点的运动，并研究了这些物理量之间的关系。本章将进一步研究运动的规律，即在怎样的条件下发生怎样的运动，这叫动力学。质点动力学的基本规律就是牛顿三大定律（英国物理学家牛顿在其1686 年出版的《自然哲学之数学原理》中提出的机械运动的三条基本规律）。牛顿三大定律是整个动力学的基础和核心，三个定律互相关联，分别从不同角度揭示了力和运动的基本规律。

2-1　牛顿运动定律

一、牛顿第一定律

牛顿在伽利略等人的工作基础上进行了深入的研究，在《自然哲学之数学原理》这本书中，牛顿第一定律叙述如下：任何物体都保持静止或沿一直线做匀速运动的状态，直到作用在它上面的力迫使它改变这种运动状态。

用 $\boldsymbol{F}$ 表示物体所受外力，则牛顿第一定律的数学表达式为：当 $\boldsymbol{F}=0$ 时，$\boldsymbol{v}=$ 恒量。

牛顿第一定律给出了以下有关概念。

1. 力的概念

力是动力学中的基本概念。牛顿第一定律给出了力的定义：力是物体间的一种相互作用。由于这种相互作用，物体才会改变速度。力是改变物体运动状态的原因，而不是维持物体运动状态的原因。

2. 物体具有惯性

牛顿第一定律指明了任何物体都具有惯性，因此牛顿第一定律又称为惯性定律。惯性，就是物体所具有的保持其原有运动状态不变的特性，是物体的固有属性，与它是否受到外力的作用无关。

3. 惯性系

由于运动只有相对于一定的参考系才有意义，因此牛顿第一定律还定义了一种参考系。在这种参考系中观察，一个不受力作用的物体或处于受力平衡状态下的物体，将保持其静止或匀速直线运动的状态。这样的参考系叫惯性参考系，简称惯性系。相对于惯性参考系做匀速直线运动或静止的参考系也称为惯性参考系。并非任何参考系都是惯性参考系。实验指出，对一般力学现象来说，地面参考系可看作惯性参考系。**牛顿运动定律只有在惯性参考系中才成立。**

二、牛顿第二定律

牛顿第二定律陈述如下：物体受到外力作用时，所获得的加速度 $\boldsymbol{a}$ 的大小与外力 $\boldsymbol{F}$ 的大小成正比，与物体的质量 m 成反比，加速度 $\boldsymbol{a}$ 的方向与外力 $\boldsymbol{F}$ 的方向相同。

牛顿第二定律的数学表达式为

$$\boldsymbol{F}=m\boldsymbol{a}=m\frac{\mathrm{d}\boldsymbol{v}}{\mathrm{d}t}=\frac{\mathrm{d}(m\boldsymbol{v})}{\mathrm{d}t}=\frac{\mathrm{d}\boldsymbol{p}}{\mathrm{d}t} \tag{2-1}$$

式中，$\boldsymbol{p}$ 为动量。在国际单位制中，质量的单位是 kg，加速度的单位是 $\mathrm{m\cdot s^{-2}}$，力的单位是 N。

牛顿第二定律是从大量实验事实中总结出来的客观规律，并且已经在无数生产实践中得到验证。

1. 质量

从式(2-1)可以看出，为了得到一定的加速度，必须施加一个与质量成正比的力；物体的质量越大，为了得到相同的加速度，必须施加一个更大的力。所以，质量越大的物体，改变其运动状态就越难，即惯性越大。因此，我们把出现在牛顿第二定律中的质量称为惯性质量。

2. 加速度与外力的瞬时关系

力 $\boldsymbol{F}$ 是某时刻物体所受到的合外力，$\boldsymbol{a}$ 就是该时刻的加速度。也就是说，物体一旦受到外力作用，就会产生相应的加速度；改变外力，其加速度同时发生相应的改变；一旦撤去外力，加速度就同时消失。

3. 合力的概念　力的叠加原理

如果有几个力同时作用在某一物体使物体获得的加速度等于一个单独的力作用时获得的加速度，则此力称为这几个力的合力，此合力恰好等于这几个力的矢量和。这一结论称为力的叠加原理。如果以 $\boldsymbol{F}_1,\boldsymbol{F}_2,\cdots,\boldsymbol{F}_N$ 表示同时作用在物体上的力，以 $\boldsymbol{F}$ 表示它们的合力，以 $\boldsymbol{a}_1,\boldsymbol{a}_2,\cdots,\boldsymbol{a}_N$ 表示它们各自作用所产生的加速度，以 $\boldsymbol{a}$ 表示合加速度，则力的叠加原理可表示为

$$\boldsymbol{F}=\sum_{i=1}^{N}\boldsymbol{F}_i=\boldsymbol{F}_1+\boldsymbol{F}_2+\cdots+\boldsymbol{F}_N=m\boldsymbol{a}_1+m\boldsymbol{a}_2+\cdots+m\boldsymbol{a}_N=m\boldsymbol{a} \tag{2-2}$$

在实际应用中，经常用牛顿第二定律沿选定坐标轴的投影式，即将合外力 $\boldsymbol{F}$ 按坐标轴方向分解成几个力，物体相当于同时受到这几个分力的作用；加速度 $\boldsymbol{a}$ 也可相应地分解为几个分加速度。例如，在空间直角坐标系中，有

$$\boldsymbol{F}=F_x\boldsymbol{i}+F_y\boldsymbol{j}+F_z\boldsymbol{k}$$

$$\boldsymbol{a}=a_x\boldsymbol{i}+a_y\boldsymbol{j}+a_z\boldsymbol{k}$$

$$F_x=ma_x,\quad F_y=ma_y,\quad F_z=ma_z$$

三、牛顿第三定律

在研究万有引力时，牛顿发现了第三定律，陈述如下：两个物体之间的作用力 $\boldsymbol{F}$ 和反作用力 $\boldsymbol{F}'$，沿同一直线，大小相等，方向相反，分别作用在两个物体上。其数学表达式为

$$\boldsymbol{F}=-\boldsymbol{F}' \tag{2-3}$$

牛顿第三定律进一步阐明了力的相互作用的性质：力是物体间的一种相互作用，每一个力都有它的施力者和受力者；而且，有作用力就必然同时存在反作用力。

对于牛顿第三定律，必须注意掌握以下几点：

(1) 作用力与反作用力总是同时存在，相互依存。对于作用力与反作用力，不能说“先有作用后有反作用”这样的话。这个认识常常可以检验我们是否真正了解力学中使用的“作用”与“反作用”这两个词，它们在含义上与我们在日常生活或社会问题中移用的这两个词是有区

别的。

(2) 作用力与反作用力分别作用在两个不同的物体上，虽然它们大小相等，方向相反，但不能互相抵消。例如，手提重物时，作用力和反作用力一个作用在重物上，另一个作用在手上，两者不可能抵消。

(3) 作用力与反作用力属于同一种类的力。例如，手提重物，作用力和反作用力都是弹性拉力。又如，地球与月球之间的作用力和反作用力都是万有引力。两个静止的正负电荷之间的相互吸引力也是一对作用力和反作用力，都是静电力。

2-2 牛顿运动定律的应用

直接应用牛顿三大定律可以解决两类常见问题：一类是已知力求运动，即已知物体所受到的外力，求其加速度；另一类是已知运动求力，即已知物体的加速度，求其所受到的外力；或者是这两类的混合问题，即已知物体所受到的若干力和加速度的某些分量，求其余的力和加速度的其余分量。

运用牛顿运动定律解题的步骤大致如下：

1. 确定研究对象

根据题意及所给条件，确定研究对象。如果涉及几个物体，就将其一个一个地作为对象确定。

2. 判断运动状态

选定研究对象后，首先要查看其运动情况。根据题目所给出的条件，判断它是做什么形式的运动，标出其速度和加速度的方向。

3. 隔离物体分析受力

一个物体的运动状态及状态的变化取决于物体的受力情况。因此，正确并且无遗漏地分析物体的受力情况是解决力学问题的关键。将题目所给定的已知外力画在受力对象的隔离体受力图上。

4. 根据牛顿运动定律列方程

在列出研究对象的牛顿运动定律方程之前，先根据题目具体条件选取适当的参考系和坐标系。坐标系选定后，通常根据牛顿第二定律列出研究对象的分量方程。

5. 结果讨论

最后由列出的方程解出结果，必要时还应对结果进行讨论。

例 2-1 质量为 $m=10$ kg 的物体，在作用力 $F=98+3t^2-2t$ 的作用下，从静止开始沿竖直方向向上运动，如图 2-1 所示，求：

(1) 物体运动的速度；

(2) 当速度变为 0 时，物体运动的时间有多长？

解 (1) 选此物体为研究对象，对物体进行受力分析。作一维坐标 Oy 轴，方向取向上为正，由牛顿运动定律列出运动方程：

$$F-mg=ma=m\frac{dv}{dt}$$

即

$$(F-mg)\mathrm{d}t=m\mathrm{d}v$$

由题意知初始条件为，当 $t=0$ 时，$v=0$，将 $F=98+3t^2-2t$ 代入上式，两边积分，得

$$\int_0^t (98+3t^2-2t-mg)\mathrm{d}t=\int_0^v m\mathrm{d}v$$

得

$$v=\frac{1}{10}(t^3-t^2)$$

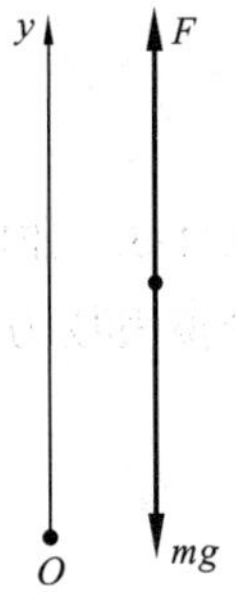

图 2-1　例 2-1 图

(2) 令 $v=\frac{1}{10}(t^3-t^2)=0$，解得 $t=0$（不合题意，舍掉），$t=1\ \mathrm{s}$。

例 2-2　如图 2-2 所示，天文观测台有一半径为 R 的半球形屋面，一质量为 m 的冰块从光滑屋面的最高点由静止沿屋面滑下，若摩擦力忽略不计，求此冰块离开屋面时的位置以及在该位置的速度。

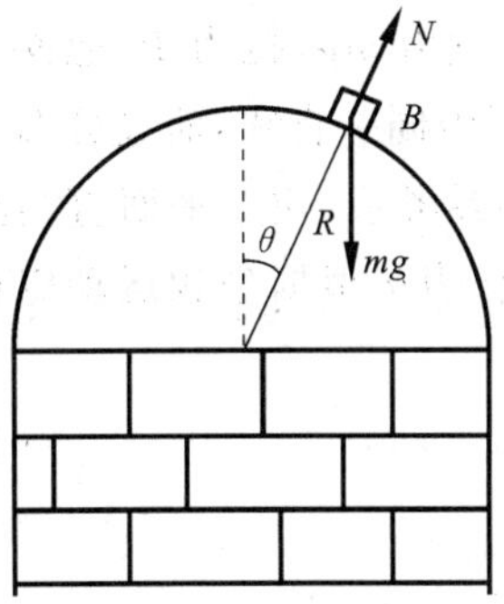

图 2-2　例 2-2 图

解　选质量为 m 的物体为研究对象。取它在下滑过程中，在离开球面之前的任意位置 B 分析其受力情况。物体可视为质点，空气阻力不计，在运动过程中没有受到摩擦力。由牛顿运动定律列出切向与法向分量式方程：

$$mg\cos\theta-N=ma_{\mathrm{n}}=m\frac{v^2}{R} \tag{1}$$

$$mg\sin\theta=ma_{\mathrm{t}}=m\frac{\mathrm{d}v}{\mathrm{d}t} \tag{2}$$

在圆周运动中，$\mathrm{d}s=R\mathrm{d}\theta$，$v=\frac{\mathrm{d}s}{\mathrm{d}t}$，可得到

$$\mathrm{d}t=\frac{R}{v}\mathrm{d}\theta \tag{3}$$

将式(3)代入式(2)得

$$mg\sin\theta=m\frac{v}{R}\frac{\mathrm{d}v}{\mathrm{d}\theta}$$

分离变量为

$$v\mathrm{d}v=gR\sin\theta\mathrm{d}\theta$$

由题意知，当 $t=0$ 时，$\theta=0$，$v=0$。运用初始条件对上式两边积分

$$\int_0^v v\mathrm{d}v=\int_0^\theta gR\sin\theta\mathrm{d}\theta$$

得

$$\frac{1}{2}v^2=gR(1-\cos\theta) \tag{4}$$

将式(4)代入式(1)得

$$N=mg\cos\theta-2mg(1-\cos\theta)=3mg\cos\theta-2mg$$

当物体滑离球面时，$N=0$，代入上式得

$$3\cos\theta-2=0$$

所以

$$\theta=\arccos\frac{2}{3}=48.11°$$

例 2-3 如图 2-3 所示，水平地面上有一质量为 m 的物体，静止于地面上。物体与地面间的静摩擦因数为 μ_s，若要拉动物体，问最小的拉力是多少？沿何方向？

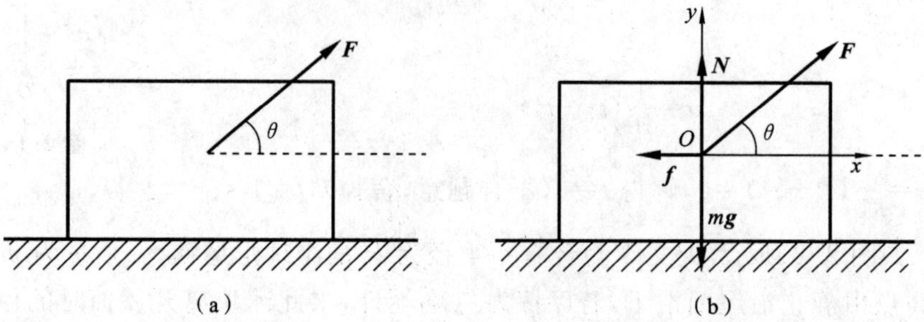

图 2-3 例 2-3 图

解 选取物体 m 为研究对象。对 m 进行受力分析，m 受四个力：重力 mg，拉力 $\boldsymbol{F}$，地面的支承力 $\boldsymbol{N}$，地面对它的摩擦力 $\boldsymbol{f}$，如图 2-3(b)所示。这四个力的方向不沿同一直线，而是分布在一个平面内，解本题时用牛顿运动定律的分量式较简便。故以地面为参考系，建立平面直角坐标系，如图 2-3(b)所示。物体所受沿 Ox 轴方向和 Oy 轴方向各力的合力可根据牛顿运动定律列方程，有

$$F_x=F\cos\theta-f=ma \tag{1}$$

$$F_y=F\sin\theta+N-mg=0 \tag{2}$$

物体启动时，有

$$F\cos\theta-f\geqslant0 \tag{3}$$

物体刚启动时，摩擦力为最大静摩擦力，即 $f=\mu_s N$，由式(2)解出 N，求得 f 为

$$f=\mu_s(mg-F\sin\theta) \tag{4}$$

将式(4)代入式(3)中，有

$$F\geqslant\frac{\mu_s mg}{\cos\theta+\mu_s\sin\theta} \tag{5}$$

可见 $F=F(\theta)$。$F=F_{\min}$时，要求分母$(\cos\theta+\mu_s\sin\theta)$最大。

设

$$A(\theta)=\mu_s\sin\theta+\cos\theta$$

$$\frac{\mathrm{d}A}{\mathrm{d}\theta}=\mu_s\cos\theta-\sin\theta=0$$

可得

$$\tan\theta=\mu_s$$

因为

$$\frac{\mathrm{d}^2A}{\mathrm{d}\theta^2}=-\mu_s\sin\theta-\cos\theta<0$$

所以，$\tan\theta=\mu_s$ 时，

$$A=A_{max}$$

可得，$F=F_{min}$，$\theta=\arctan\mu_s$，代入式(5)中，得

$$F\geqslant\frac{\mu_s mg}{\mu_s^2\frac{1}{\sqrt{1+\mu_s^2}}+\frac{1}{\sqrt{1+\mu_s^2}}}=\frac{\mu_s mg}{\sqrt{1+\mu_s^2}}$$

F 的方向与水平方向夹角为 $\theta=\arctan\mu_s$ 时，即为所求结果。

2-3 物理量的单位和量纲

一、国际单位制和量纲

根据我国计量法，本书物理量的单位均采用国际单位制，即 SI。SI 以长度、质量、时间、电流这四个最重要的相互独立的基本物理量的单位作为基本单位，称为 SI 基本单位。

物理量是通过描述自然规律的方程或定义新物理量的方程而彼此联系着的。因此，非基本物理量可根据定义或借助方程用基本物理量来表示，这些非基本物理量称为导出量，它们的单位称为导出单位。

某一物理量 Q 可以用方程表示为基本物理量的幂次乘积

$$\dim Q=L^{\alpha}M^{\beta}T^{\gamma}L^{\delta} \tag{2-4}$$

这一关系式称为物理量 Q 对基本物理量的量纲。式中 α、β、γ、δ 称为量纲的指数，则 L、M、T、I 分别为 4 个基本物理量的量纲。表 2-1 列出几种常见物理量的量纲。

表 2-1 常见物理量的量纲

物理量	量纲	物理量	量纲
速度	LT^{-1}	电容率	$L^{-3}M^{-1}T^{4}I^{2}$
力	LMT^{-2}	磁通	$L^{2}MT^{-2}I^{-1}$
能量	$L^{2}MT^{-2}$	平面角	1
电势差	$L^{2}MT^{-3}I^{-1}$	相对密度	1

所有量纲指数都等于零的量称为量纲一的量。量纲一的量的单位符号为 1。导出量的单位也可以由基本物理量的单位(包括它的指数)的组合表示。因为只有量纲相同的物理量才能相加减，只有两边量纲相同的等式才能成立，故量纲可用于检验算式是否正确。对量纲不同的项相乘除是没有限制的。此外，三角函数和指数函数的自变量必须是量纲一的量。

在从一种单位制向另一种单位制变换时，量纲也是十分重要的。

二、基本单位定义

SI 中 7 个基本物理量的基本单位定义见表 2-2。

表 2-2 SI 中 7 个基本物理量

物理量	基本单位	单位的定义
长度	米(m)	米是光在真空中 1/299 792 458 s 的时间间隔内所行进的距离
质量	千克(kg)	千克是质量单位,等于国际千克原器的质量
时间	秒(s)	秒是铯的一种同位素 133Cs 原子发出的一个特征频率光波周期的 9 192 631 770倍
电流	安[培](A)	在真空中截面积可忽略的两根相距 1 m 的无限长平行圆直导线内通以等量恒定电流时,若导线间相互作用力在每米长度上为 2×10^{-7} N,则每根导线中的电流为 1 A
热力学温度	开[尔文](K)	开尔文是水三相点热力学温度的 1/273.16
物质的量	摩[尔](mol)	摩尔是一系统的物质的量,该系统中包含的基本单元数与 0.012 kg 碳 12 的原子数目相等。在使用摩尔时,基本单元应予指明,可以是原子、分子、离子、电子及其他粒子,或是这些粒子的特定
发光强度	坎[德拉](cd)	坎德拉是一光源在给定方向上的发光强度,该光源发出频率为 540×10^{12} Hz 的单色辐射,且在此方向上的辐射强度为 1/683 W · sr^{-1}

2-4 非惯性参考系 惯性力

前面我们指出牛顿运动定律适用于惯性系。这一节将介绍非惯性系和惯性力。

如图 2-4 所示,在火车车厢的光滑桌面上放一个小球,小球与桌面之间的摩擦力忽略不计,当火车相对地面做匀速直线运动时,车厢内的观察者 A 看到小球静止在桌面上,而站在地面路基旁的观察者 B 看到小球做匀速直线运动。这时,无论是以车厢还是以地面为参考系,牛顿运动定律都是适用的,因为小球在水平方向上没有受到外力作用,它要保持静止或匀速直线运动状态。但是当车厢突然以加速度 $\boldsymbol{a}_0$ 沿 Ox 轴正向相对地面参考系做加速运动时,站在车厢里的乘客 A 发现小球以 $-\boldsymbol{a}_0$ 的加速度相对车厢(桌面)运动,即小球沿 Ox 轴负方向做加速运动。对此,观察者 A 百思不得其解,观察者 A 认为,既然小球在 Ox 轴负方向上没有受到外力作用,那么它怎么会沿 Ox 轴负方向做加速度为 $-\boldsymbol{a}_0$ 的运动呢?对这样一件事,站在路基旁的以地面

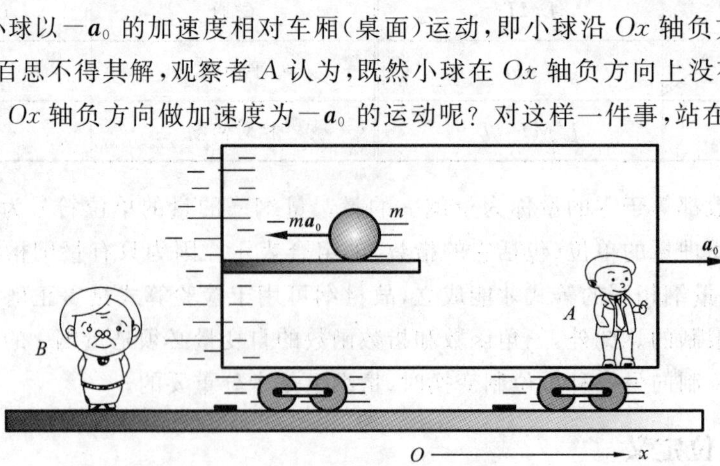

图 2-4 惯性力

为参考系的观察者 B 则认为这是很好理解的。观察者 B 认为小球与桌面之间非常光滑，它们之间的摩擦力如略去不计，这样小球在 Ox 轴负方向上没有受到外力作用。当车厢（桌面）相对地面参考系做加速运动时，小球对地面参考系就仍保持原有运动状态，做加速运动的只是车厢（桌面）而已。显然，地面参考系是惯性系，在这个惯性系中牛顿运动定律是适用的；而相对地面做加速运动的车厢（桌面）则是非惯性系，非惯性系中牛顿运动定律是不适用的。总之，相对惯性系做加速运动的参考系是非惯性系。牛顿运动定律只适用于惯性系，而不适用于非惯性系。

在实际问题中，有不少属非惯性系的力学问题，如何处理这些问题呢？为了仍可方便地运用牛顿运动定律求解非惯性系中的力学问题，人们引入了惯性力的概念。

我们设想有一个惯性力作用在质量为 m 的小球上，并认为这个惯性力为 $\boldsymbol{F}_i=-m\boldsymbol{a}_0$，那么对火车这个非惯性参考系也可应用牛顿第二定律了。这就是说，对处于加速度为 $\boldsymbol{a}_0$ 的火车中的观察者来说，他认为有一个大小等于 ma_0，方向与 $\boldsymbol{a}_0$ 相反的惯性力作用在小球上。

一般来说，如果作用在物体上的力含有惯性力 $\boldsymbol{F}_i$，那么牛顿第二定律的数学表达式为

$$\boldsymbol{F}+\boldsymbol{F}_i=m\boldsymbol{a} \tag{2-5}$$

式中，$\boldsymbol{a}$ 是物体相对非惯性系的加速度；$\boldsymbol{F}$ 是物体所受到的除惯性力以外的合外力。

习　　题

2-1　如图 2-5 所示，质量为 m 的物体用平行于斜面的细线连接，置于光滑的斜面上，若斜面向左做加速运动，当物体刚脱离斜面时，它的加速度的大小为（　　）。

A. $g\sin\theta$　　B. $g\cos\theta$　　C. $g\tan\theta$　　D. $g\cot\theta$

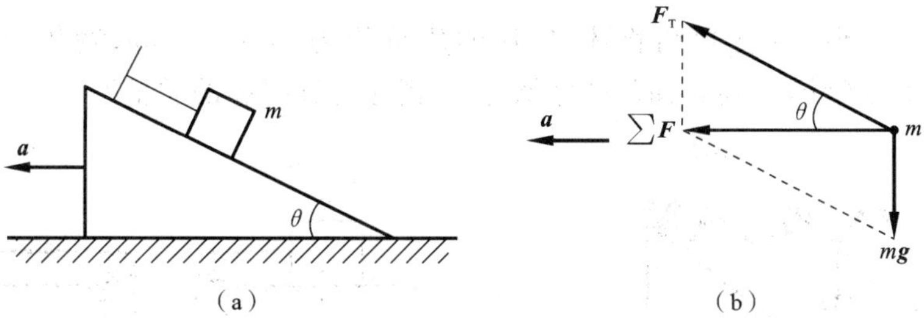

图 2-5　题 2-1 图

2-2　用水平力 $\boldsymbol{F}_N$ 把一个物体压着靠在粗糙的竖直墙面上保持静止。当 $\boldsymbol{F}_N$ 逐渐增大时，物体所受的静摩擦力 $\boldsymbol{F}_f$ 的大小（　　）。

A. 不为零，但保持不变　　B. 随 $\boldsymbol{F}_N$ 成正比地增大

C. 开始随 $\boldsymbol{F}_N$ 增大，达到某一最大值后，就保持不变　　D. 无法确定

2-3　一段路面水平的公路，转弯处轨道半径为 R，汽车轮胎与路面间的摩擦因数为 μ，要使汽车不至于发生侧向打滑，汽车在该处的行驶速率（　　）。

A. 不得小于 $\sqrt{\mu gR}$　　B. 必须等于 $\sqrt{\mu gR}$

C. 不得大于 $\sqrt{\mu gR}$　　D. 还应由汽车的质量 m 决定

2-4　如图 2-6 所示，一物体沿固定圆弧形光滑轨道由静止下滑，在下滑过程中，则（　　）。

A. 它的加速度方向永远指向圆心,其速率保持不变

B. 它受到的轨道的作用力的大小不断增加

C. 它受到的合外力大小变化,方向永远指向圆心

D. 它受到的合外力大小不变,其速率不断增加

2-5 图 2-7 所示系统置于以 $a=\frac{1}{4}g$ 的加速度上升的升降机内,A、B 两物体质量相同,均为 m,A 所在的桌面是水平的,绳子和定滑轮质量均忽略不计,若忽略滑轮轴上和桌面上的摩擦,并不计空气阻力,则绳中张力为(　　)。

A. $\frac{5}{8}mg$　　B. $\frac{1}{2}mg$　　C. mg　　D. $2mg$

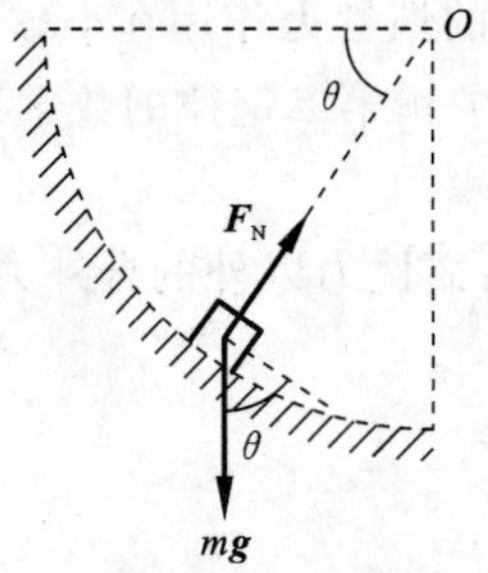

图 2-6　题 2-4 图

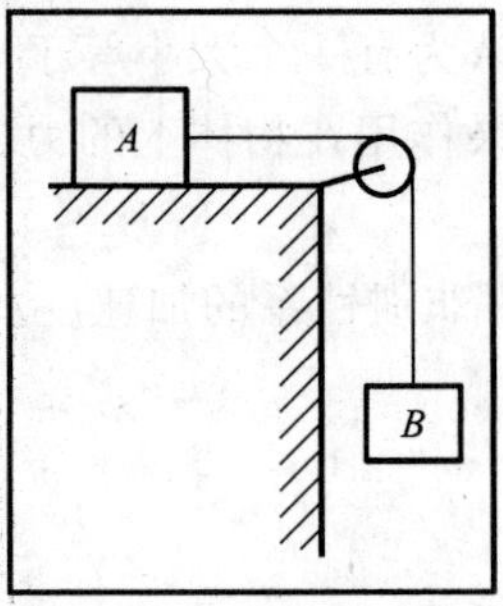

图 2-7　题 2-5 图

2-6 如图 2-8 所示一斜面,倾角为 α,底边 AB 长 $l=2.1$ m。质量为 m 的物体从斜面顶端由静止开始向下滑动,斜面的摩擦因数 $\mu=0.14$。试问,当 α 为何值时,物体在斜面上下滑的时间最短?其数值为多少?

2-7 如图 2-9 所示,已知两物体 A、B 的质量均为 $m=3.0$ kg,物体 A 以加速度 $a=1.0\ \mathrm{m\cdot s^{-2}}$ 运动,求物体 B 与桌面间的摩擦力。(滑轮与连接绳的质量不计)

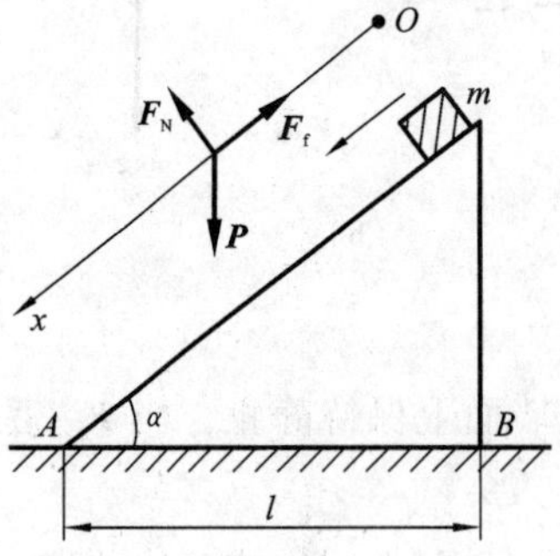

图 2-8　题 2-6 图

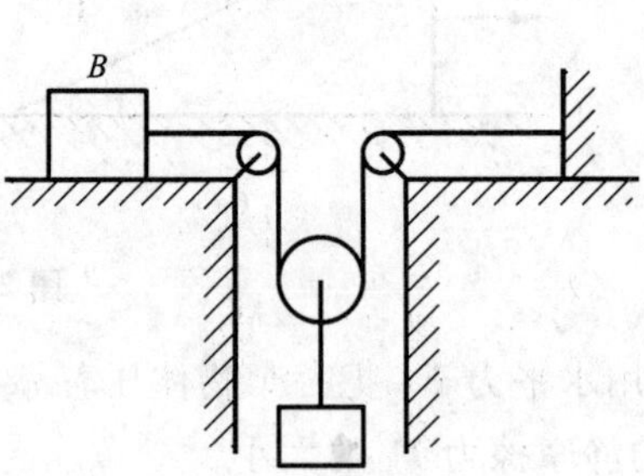

图 2-9　题 2-7 图

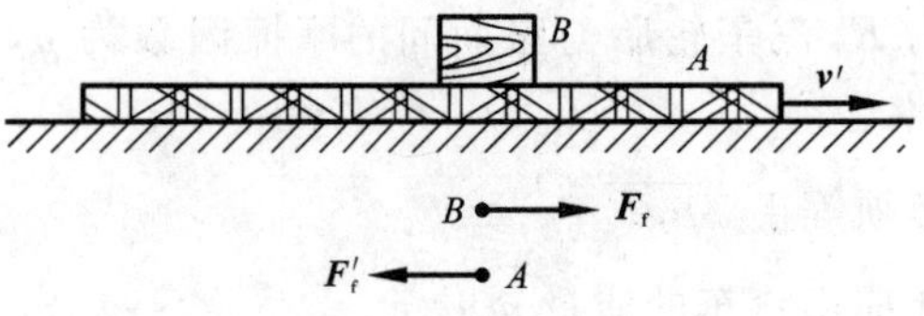

图 2-10　题 2-8 图

2-8 如图 2-10 所示,质量为 m' 的长平板 A 以速度 v' 在光滑平面上做直线运动,现将质量为 m 的木块 B 平稳地放在长平板上,板与木块之间的动摩擦因数为 μ,求木块在长平板上滑行多远才能与板取得共同速度?

2-9 如图 2-11 所示,在一只半径为 R 的半

球形碗内，有一粒质量为 m 的小钢球，当小球以角速度 ω 在水平面内沿碗内壁做匀速圆周运动时，它距碗底有多高？

2-10　火车转弯时需要较大的向心力，如果两条铁轨都在同一水平面内(内轨、外轨等高)，这个向心力只能由外轨提供，也就是说外轨会受到车轮对它很大的向外侧压力，这是很危险的。因此，对应于火车的速率及转弯处的曲率半径，必须使外轨适当地高出内轨，称为外轨超高。现有一质量为 m 的火车，以速率 v 沿半径为 R 的圆弧轨道转弯，已知路面倾角为 θ，如图 2-12 所示。试求：

(1) 在此条件下，火车速率 v_0 为多大时，才能使车轮对铁轨内外轨的侧压力均为零？

(2) 如果火车的速率 $v \neq v_0$，则车轮对铁轨的侧压力为多少？

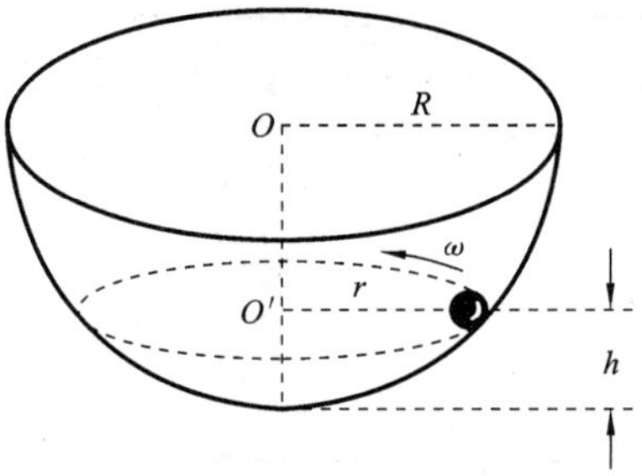

图 2-11　题 2-9 图

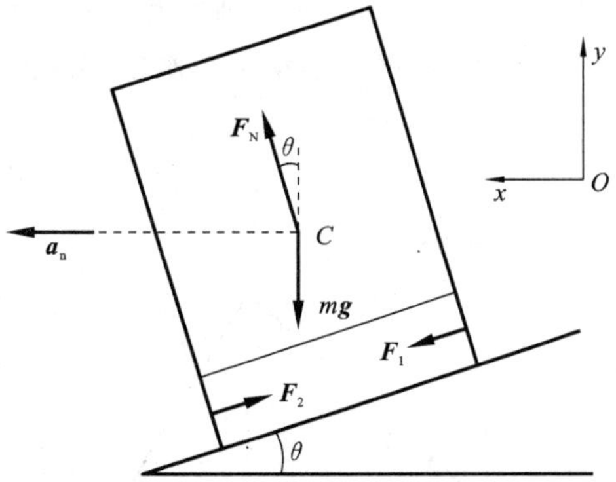

图 2-12　题 2-10 图

2-11　一杂技演员在圆筒形建筑物内表演飞车走壁。设演员和摩托车的总质量为 m，圆筒半径为 R，演员骑摩托车在直壁上以速率 v 做匀速圆周螺旋运动，每绕一周上升距离为 h，如图 2-13 所示。求直壁对演员和摩托车的作用力。

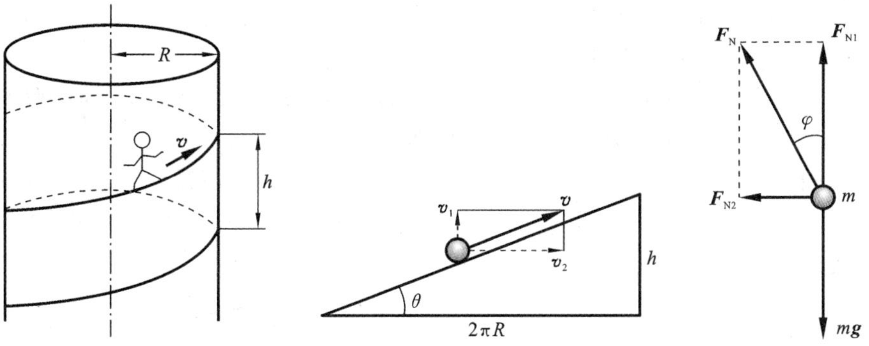

图 2-13　题 2-11 图

2-12　一质点沿 Ox 轴运动，其受力如图 2-14 所示，设 $t=0$ 时，$v_0=5\ \mathrm{m/s}$，$x_0=2\ \mathrm{m}$，质点质量 $m=1\ \mathrm{kg}$。试求该质点 7 s 末的速度和位置坐标。

2-13　一质量为 10 kg 的质点在力 F 的作用下沿 Ox 轴做直线运动，已知 $F=120t+40$，式中 F 的单位为 N，t 的单位为 s。在 $t=0$ 时，质点位于 $x=5.0\ \mathrm{m}$ 处，其速度 $v_0=6.0\ \mathrm{m/s}$。求质点在任意时刻的速度和位置坐标。

2-14 轻型飞机连同驾驶员总质量为 1.0×10^3 kg。飞机以 55.0 m/s 的速率在水平跑道上着陆后，驾驶员开始制动，若阻力与时间成正比，比例系数 $\alpha=5.0\times10^2$ N/s，空气对飞机升力不计，求：

(1) 10 s 后飞机的速率；

(2) 飞机着陆后 10 s 内滑行的距离。

2-15 质量为 m 的跳水运动员，从 10.0 m 高台上由静止跳下落入水中。高台距水面距离为 h。把跳水运动员视为质点，并略去空气阻力。运动员入水后垂直下沉，水对其阻力为 bv^2，其中 b 为一常量。若以水面上一点为坐标原点 O，竖直向下为 Oy 轴，如图 2-15 所示。求：

(1) 运动员在水中的速率 v 与 y 的函数关系；

(2) 如 $b/m=0.40\ \mathrm{m}^{-1}$，跳水运动员在水中下沉多少距离才能使其速率 v 减少到落水速率 v_0 的 1/10？(假定跳水运动员在水中的浮力与所受的重力大小恰好相等)

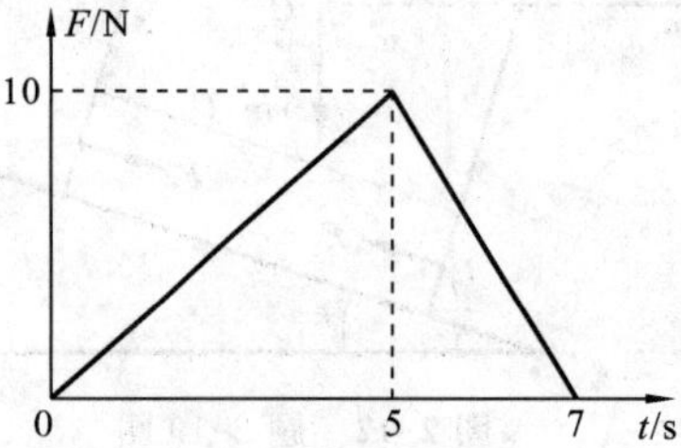

图 2-14 题 2-12 图

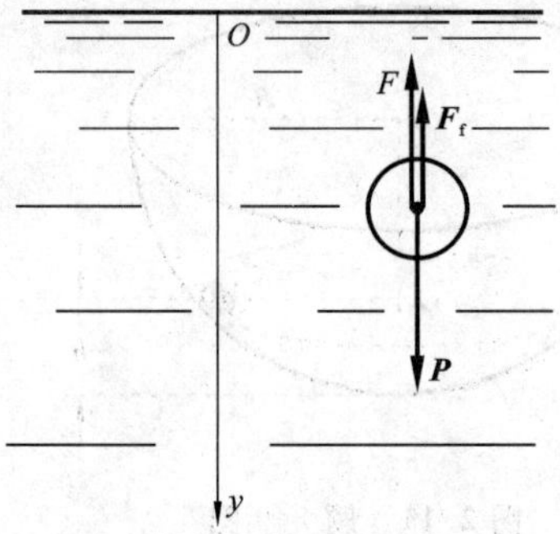

图 2-15 题 2-15 图

2-16 质量为 m 的子弹以速度 v_0 水平射入沙土中，设子弹所受阻力与速度反向，大小与速度成正比，比例系数为 k，忽略子弹的重力，求：

(1) 子弹射入沙土后，速度随时间变化的函数式；

(2) 子弹进入沙土的最大深度。

2-17 如图 2-16 所示，质量为 m 的小球用长为 l 的线悬挂在 O 点，现将小球拉至水平位置由静止释放，求摆下 θ 角时小球的速率和线的张力。

2-18 如图 2-17 所示，长为 l 的轻绳，一端系于原点 O，另一端系质量为 m 的小球，开始时小球处于最低位置，若小球获得水平初速度 v_0，小球将在竖直面内做圆周运动，求小球在任意位置的速率及绳中的张力。

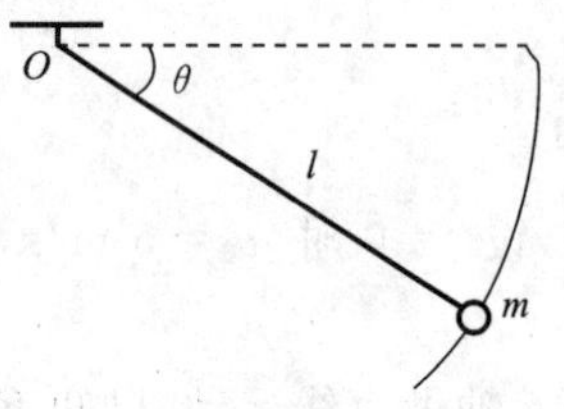

图 2-16 题 2-17 图

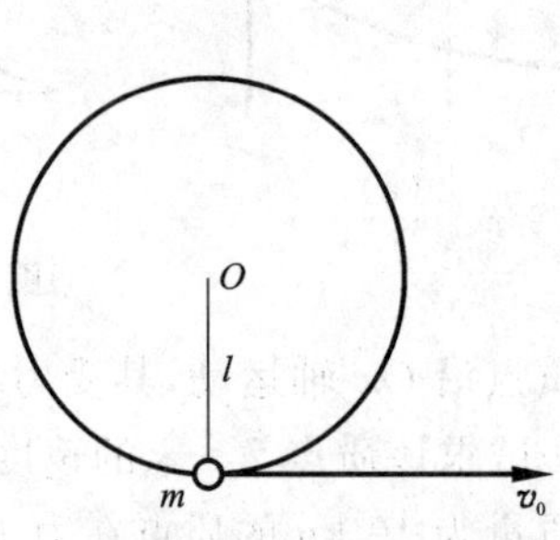

图 2-17 题 2-18 图

2-19 一质量为 m 的小球最初位于如图 2-18 所示的 A 点，然后沿半径为 r 的光滑圆轨道

$ADCB$ 下滑。试求小球到达点 C 时对圆轨道的作用力。

2-20　如图 2-19 所示，光滑的水平桌面上放置一半径为 R 的固定圆环，物体紧贴环的内侧做圆周运动，其摩擦因数为 μ，开始时物体的速率为 v_0，求：

(1) t 时刻物体的速率；

(2) 当物体速率从 v_0 减少到 $0.5v_0$ 时，物体所经历的时间及经过的路程。

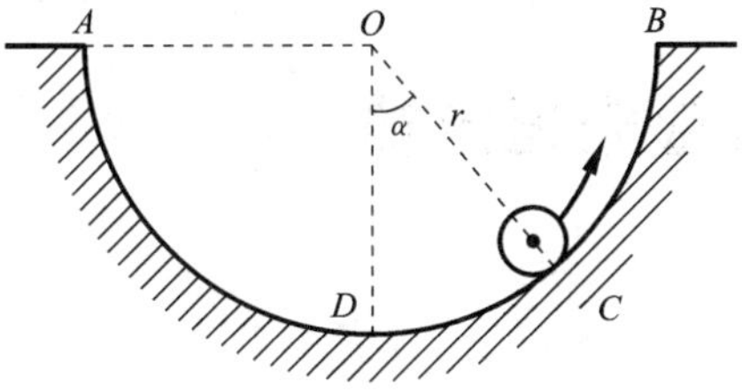

图 2-18　题 2-19 图

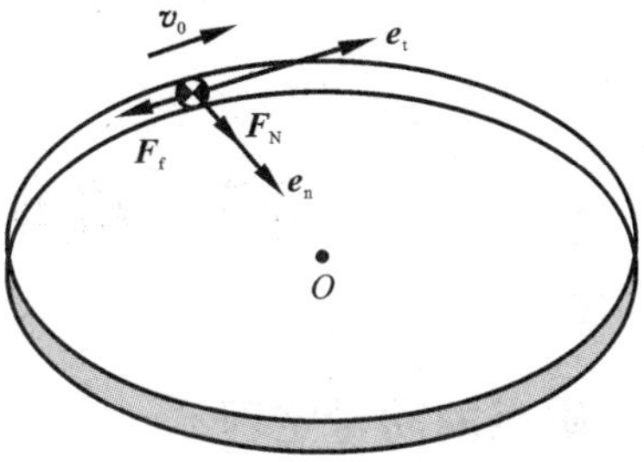

图 2-19　题 2-20 图

2-21　质量为 45.0 kg 的物体，由地面以 60.0 m/s 的初速度竖直向上发射，物体受到的空气阻力为 $F_r = kv$，其中 $k = 0.03\ \mathrm{N \cdot s \cdot m^{-1}}$。求：

(1) 物体到达最大高度所需的时间；

(2) 最大高度为多少？

2-22　质量为 m 的摩托车，在恒定的牵引力 $\boldsymbol{F}$ 的作用下工作，它所受的阻力与其速率的平方成正比，它能达到的最大速率是 v_m。试计算从静止加速到 $v_m/2$ 所需的时间以及所走过的路程。

2-23　在卡车车厢底板上放一木箱，该木箱距车厢前沿挡板的距离 $L=2.0$ m，已知刹车时卡车的加速度 $a=-7.0\ \mathrm{m/s^2}$，设刹车一开始木箱就开始滑动。求该木箱撞上挡板时相对卡车的速率。设木箱与底板间滑动摩擦因数 $\mu=0.50$。

* **2-24**　如图 2-20(a)所示，电梯相对地面以加速度 a 竖直向上运动。电梯中有一滑轮固定在电梯顶部，滑轮两侧用轻绳悬挂着质量分别为 m_1 和 m_2 的物体 A 和 B。设滑轮的质量和滑轮与绳索间的摩擦均略去不计。已知 $m_1>m_2$，如以加速运动的电梯为参考系，求物体相对地面的加速度和绳的张力。

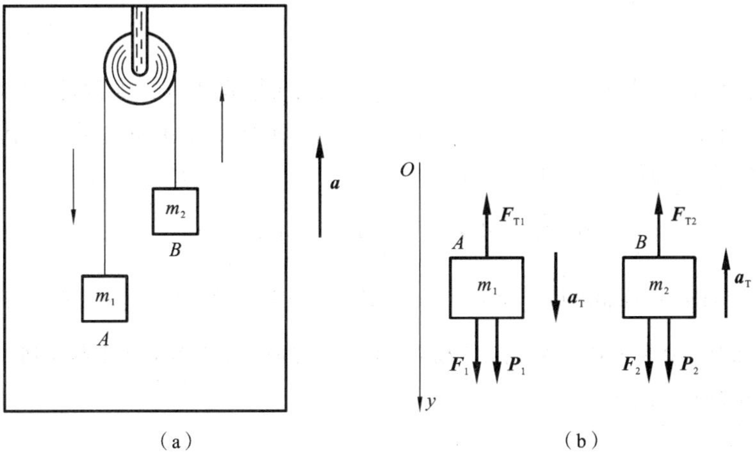

图 2-20　题 2-24 图

第3章　动量守恒定律和能量守恒定律

3-1　动量定理　动量守恒定律

一、质点的动量定理

1. 动量

在牛顿运动定律建立之前，力学已有了一定的发展。当时有很多人从事于冲击和碰撞问题的研究，通过这方面的研究，人们逐渐认识到，一个物体对其他物体的冲击效果与这个物体的速度和质量都有关系。例如，高速飞行的子弹，虽然质量小，但在遇到障碍时，能产生很大的杀伤力；锻工用的汽锤虽然下落的速度不大，但由于质量较大，在打击锻件时也能产生巨大的冲击力。还发现，物体的质量和其运动速度的乘积在运动过程中遵守一系列的规律。我们把质点的质量 m 与其速度 $\boldsymbol{v}$ 的乘积称为质点的**动量**，记为 $\boldsymbol{p}$。

$$\boldsymbol{p}=m\boldsymbol{v} \tag{3-1}$$

动量 $\boldsymbol{p}$ 是一个矢量，方向与速度 $\boldsymbol{v}$ 方向相同，单位为 $\mathrm{kg\cdot m\cdot s^{-1}}$（千克·米·秒$^{-1}$）。此外，动量是瞬时量，是相对量，与参考系和坐标系的选择有关。

2. 冲量　质点的动量定理

上一章我们讨论牛顿运动定律时曾指出，牛顿第二定律的表达式为

$$\boldsymbol{F}=\frac{\mathrm{d}}{\mathrm{d}t}(m\boldsymbol{v})$$

由此有

$$\boldsymbol{F}\mathrm{d}t=\mathrm{d}(m\boldsymbol{v}) \tag{3-2}$$

一般来说，作用在质点上的力是随时间而改变的，即力是时间的函数，写作 $\boldsymbol{F}=\boldsymbol{F}(t)$。若外力作用的时间间隔 $\Delta t=t_2-t_1$，以 $\boldsymbol{v}_1$，$\boldsymbol{p}_1$ 表示物体在 t_1 时刻的速度和动量，$\boldsymbol{v}_2$，$\boldsymbol{p}_2$ 表示物体在 t_2 时刻的速度和动量。对式(3-2)两边积分

$$\int_{t_1}^{t_2}\boldsymbol{F}\mathrm{d}t=\int_{\boldsymbol{v}_1}^{\boldsymbol{v}_2}\mathrm{d}(m\boldsymbol{v})=m\boldsymbol{v}_2-m\boldsymbol{v}_1=\boldsymbol{p}_2-\boldsymbol{p}_1 \tag{3-3}$$

式中，$\int_{t_1}^{t_2}\boldsymbol{F}\mathrm{d}t$ 为外力 $\boldsymbol{F}$ 在时间间隔 $\Delta t=t_2-t_1$ 内的**冲量**，用符号 $\boldsymbol{I}$ 表示。它表示在 $t_1\sim t_2$ 这段时间内力 $\boldsymbol{F}$ 对时间的积累效应。在国际单位制中，冲量的单位为 $\mathrm{N\cdot s}$（牛顿·秒）。$\boldsymbol{I}$ 是矢量，是过程量，是力对时间的积累效应。

在直角坐标系下，$\boldsymbol{I}$ 的分量式为

$$\begin{cases} I_x = \int_{t_1}^{t_2} F_x \mathrm{d}t \\ I_y = \int_{t_1}^{t_2} F_y \mathrm{d}t \\ I_z = \int_{t_1}^{t_2} F_z \mathrm{d}t \end{cases}$$

式(3-3)可以简单地写成

$$\boldsymbol{I} = \boldsymbol{p}_2 - \boldsymbol{p}_1 \tag{3-4}$$

式(3-3)和式(3-4)为**质点动量定理**的普遍表达式。它表明,质点所受到的合外力的冲量等于质点动量的增量。动量定理所说明的是,力持续作用一段时间的积累效应表现为这段时间内受力质点运动状态的变化。

在直角坐标系下,质点动量定理的分量式为

$$\begin{cases} I_x = p_{2x} - p_{1x} \\ I_y = p_{2y} - p_{1y} \\ I_z = p_{2z} - p_{1z} \end{cases}$$

上式说明:冲量 $\boldsymbol{I}$ 与动量的增量($\boldsymbol{p}_2 - \boldsymbol{p}_1$)同方向。质点动量定理中过程量可用状态量表示,从而使问题得到简化。质点动量定理成立的条件为惯性系。

二、质点系的动量定理

1. 质点系(系统)

在分析运动问题时,往往研究的对象不是一个物体,而是有相互作用的多个物体。研究这类问题的基本方法是把有相互作用的若干物体作为一个整体,当这些物体都可看作质点时,这一组质点称为一个质点系,简称为一个系统。系统内的各个质点之间的相互作用力称为系统的内力,系统以外的物体对系统内任一质点的作用力称为系统所受的外力。内力和外力都是相对系统而言的。

2. 质点系的动量定理

设系统含 n 个质点,第 i 个质点的质量和速度分别为 m_i、$\boldsymbol{v}_i$,第 i 个质点所受合内力为 $\boldsymbol{F}_{i内}$,所受合外力为 $\boldsymbol{F}_{i外}$,由牛顿第二定律有

$$\boldsymbol{F}_{i外} + \boldsymbol{F}_{i内} = \frac{\mathrm{d}(m_i \boldsymbol{v}_i)}{\mathrm{d}t}$$

由于系统中有 n 个质点,对上式求和,有

$$\sum_{i=1}^{n} \boldsymbol{F}_{i外} + \sum_{i=1}^{n} \boldsymbol{F}_{i内} = \sum_{i=1}^{n} \frac{\mathrm{d}(m_i \boldsymbol{v}_i)}{\mathrm{d}t} = \frac{\mathrm{d}}{\mathrm{d}t} \sum_{i=1}^{n} (m_i \boldsymbol{v}_i)$$

因为内力是由一对对作用力与反作用力组成的,故 $\boldsymbol{F}_{合内力} = 0$,有

$$\boldsymbol{F}_{合外力} = \frac{\mathrm{d}\boldsymbol{p}}{\mathrm{d}t} \tag{3-5}$$

上式表明,系统所受的合外力等于系统总动量随时间的瞬时变化率,这就是质点系的动量定理(微分形式)。式(3-5)可表示如下

$$\int_{t_1}^{t_2} \boldsymbol{F}_{合外力} \mathrm{d}t = \int_{\boldsymbol{p}_1}^{\boldsymbol{p}_2} \mathrm{d}\boldsymbol{p} = \boldsymbol{p}_2 - \boldsymbol{p}_1 \tag{3-6}$$

即

$$\boldsymbol{I}_{合外力冲量}=\boldsymbol{p}_2-\boldsymbol{p}_1 \tag{3-7}$$

式(3-7)表明,系统所受合外力的冲量等于系统动量的增量,这是质点系动量定理的又一表述(积分形式)。

例 3-1 质量为 m 的铁锤竖直落下,打在木桩上并停下。设打击时间为 Δt,打击前铁锤速率为 v,则在打击木桩的时间内,铁锤所受平均作用力的大小为多少?

解 设竖直向下为正,由动量定理知:

$$\overline{F}\Delta t=0-mv$$

可得

$$|\overline{F}|=\frac{mv}{\Delta t}$$

例 3-2 一物体所受合力为 $F=2t$,做直线运动,试问在第二个 5 s 内和第一个 5 s 内物体所受冲量之比及动量增量之比各为多少?

解 设物体沿 Ox 轴运动,有

$$I_1=\int_0^5 F\mathrm{d}t=\int_0^5 2t\mathrm{d}t=25\ \mathrm{N\cdot s}$$

$$I_2=\int_5^{10} F\mathrm{d}t=\int_5^{10} 2t\mathrm{d}t=75\ \mathrm{N\cdot s}$$

可得

$$\frac{I_2}{I_1}=3$$

因为

$$\begin{cases}I_2=(\Delta p)_2\\ I_1=(\Delta p)_1\end{cases}$$

所以

$$\frac{(\Delta p)_2}{(\Delta p)_1}=3$$

三、动量守恒定律

由式(3-5)可知,当系统所受合外力为零时,有

$$\frac{\mathrm{d}\boldsymbol{p}}{\mathrm{d}t}=0 \tag{3-8}$$

即系统动量不随时间变化,动量是守恒的,称此为**动量守恒定律**。

在直角坐标系下,动量守恒的分量形式为

$$\begin{cases}若\sum F_{ix}=0,则\ p_x=\sum m_i v_{ix}=常量\\ 若\sum F_{iy}=0,则\ p_y=\sum m_i v_{iy}=常量\\ 若\sum F_{iz}=0,则\ p_z=\sum m_i v_{iz}=常量\end{cases}$$

在应用动量守恒定律时应该注意以下几点:

(1) 动量守恒条件是 $\boldsymbol{F}_{合外力}=0$。有时,虽然合外力不为零,但如果过程中外力远小于内力,

这时可以忽略外力对系统的作用,认为系统动量守恒。比如爆炸、碰撞、冲击等过程都可以这样处理。

(2) 动量守恒是指系统的总动量守恒,而不是指个别物体的动量守恒。此外各个物体的动量还必须对应同一个惯性参考系。

(3) 内力不能改变系统的总动量。

(4) 有时 $\boldsymbol{F}_{合外力}\neq 0$ 时,但 $\boldsymbol{F}_{合外力}$ 在某一方向上的分量为零,则在该方向上系统的动量分量守恒,这种情况在现实生活中经常碰到。

(5) 动量守恒是自然界的普遍规律之一。动量守恒定律虽然是从描述宏观物体运动规律的牛顿运动定律导出的,但近代的科学实验和理论分析表明:在自然界中,大到天体间的相互作用,小到质子、中子、电子等微观粒子间的相互作用都遵守动量守恒定律;而在原子、原子核等微观领域中,牛顿运动定律是不适用的。因此,动量守恒定律比牛顿运动定律更加基本,它与能量守恒定律一样是自然界中最普遍、最基本的定律。

例 3-3　当一个质量为 226u(u 为原子质量单位,$1\ \text{u}=1.66\times10^{-27}\ \text{kg}$)的静止镭核衰变为氡核($m_2=222\text{u}$)时,会放出一个氦核($m_1=4\text{u}$)。已知衰变时氦核的速度 $v_1=1.5\times10^{7}\ \text{m}\cdot\text{s}^{-1}$,并且氡核和氦核在同一条直线上,求氡核的速度。

解　以氦核和氡核为质点系,衰变时内力远大于外力,根据系统动量守恒定律,有

$$m_1v_1+m_2v_2=0$$

$$v_2=-\frac{m_1v_1}{m_2}=\frac{-4\text{u}\times1.5\times10^{7}\ \text{m}\cdot\text{s}^{-1}}{222\text{u}}=-2.7\times10^{5}\ \text{m}\cdot\text{s}^{-1}$$

方向与 v_1 相反。

3-2　功　功率　动能定理

一个运动的物体在力的作用下,经历了一个过程后得到某个速度,由其初始状态改变为终末状态。我们知道任何过程都是在时间和空间内进行的,因此,对运动过程的研究离不开时间和空间。上一节中,我们研究了力的时间积累作用。在这一节中,我们将研究力的空间积累作用。

一、功

1. 恒力的功

恒力 $\boldsymbol{F}$ 作用在沿直线运动的质点上(见图 3-1),质点从 a 点运动到 b 点的过程中,质点在力 $\boldsymbol{F}$ 作用下的位移为 $\boldsymbol{S}$,力 $\boldsymbol{F}$ 与位移 $\boldsymbol{S}$ 的夹角为 θ,则力 $\boldsymbol{F}$ 在位移 $\boldsymbol{S}$ 上对质点做的功 W 定义为

$$W=FS\cos\theta \tag{3-9}$$

式(3-9)表明,当 $0\leqslant\theta<\frac{\pi}{2}$ 时,$W>0$,力对物体做正功;当 $\frac{\pi}{2}<\theta\leqslant\pi$ 时,$W<0$,力对物体做负功;当 $\theta=\frac{\pi}{2}$ 时,$W=0$,力对物体不做功。

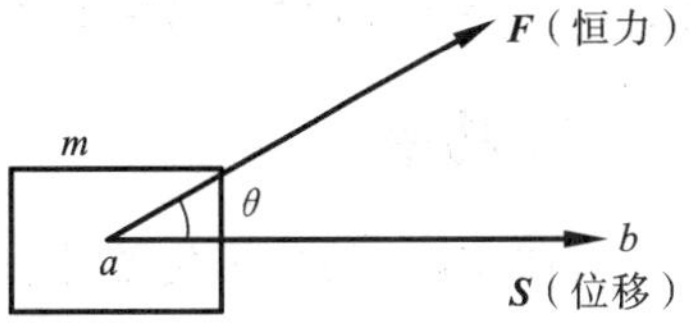

图 3-1　恒力的功

也就是说,力对质点所做的功为力在质点位移方向的分量与位移大小的乘积。

根据矢量标积的定义,式(3-9)可以写成

$$W=\boldsymbol{F}\cdot\boldsymbol{S} \tag{3-10}$$

若有作用在沿直线运动的质点上的恒力 $\boldsymbol{F}$,则力在位移 $\boldsymbol{S}$ 上所做的功等于力与位移的标积。功是标量,是过程量,是力对空间的积累效应。

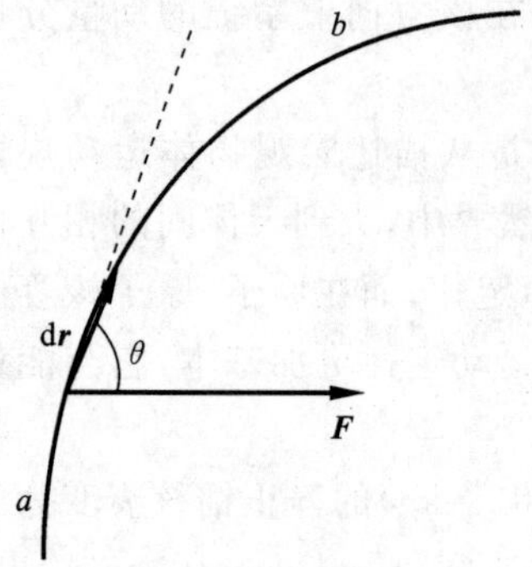

图 3-2　变力的功

2. 变力的功

设一质点在力的作用下沿路径 ab 做曲线运动,如图 3-2 所示。$\boldsymbol{F}$ 为变力,在力 $\boldsymbol{F}$ 作用下质点发生元位移 $\mathrm{d}\boldsymbol{r}$,力 $\boldsymbol{F}$ 与元位移 $\mathrm{d}\boldsymbol{r}$ 的夹角为 θ。在元位移 $\mathrm{d}\boldsymbol{r}$ 中,力 $\boldsymbol{F}$ 可以看作恒力,根据恒力做功的定义,力 $\boldsymbol{F}$ 所做的元功为

$$\mathrm{d}W=F|\mathrm{d}\boldsymbol{r}|\cos\theta=\boldsymbol{F}\cdot\mathrm{d}\boldsymbol{r} \tag{3-11}$$

用 $\mathrm{d}s$ 表示 $|\mathrm{d}\boldsymbol{r}|$ 的大小,即 $\mathrm{d}s=|\mathrm{d}\boldsymbol{r}|$,那么上式可写成

$$\mathrm{d}W=F\mathrm{d}s=\boldsymbol{F}\cdot\mathrm{d}\boldsymbol{r} \tag{3-12}$$

质点从 a 点运动至 b 点的过程中,$\boldsymbol{F}$ 对质点做的功为在这段路径上所做的元功的代数和。当 $\mathrm{d}\boldsymbol{r}\to 0$ 时,对所有元功的求和实际上变成了积分。因此质点从 a 点运动到 b 点,力 $\boldsymbol{F}$ 所做的功就是

$$W=\int\mathrm{d}W=\int_a^b\boldsymbol{F}\cdot\mathrm{d}\boldsymbol{r} \tag{3-13}$$

在直角坐标系下,$\boldsymbol{F}$ 和 $\mathrm{d}\boldsymbol{r}$ 可以写成

$$\boldsymbol{F}=F_x\boldsymbol{i}+F_y\boldsymbol{j}+F_z\boldsymbol{k}$$

故有

$$\mathrm{d}\boldsymbol{r}=\mathrm{d}x\boldsymbol{i}+\mathrm{d}y\boldsymbol{j}+\mathrm{d}z\boldsymbol{k}$$

$$\mathrm{d}W=F_x\mathrm{d}x+F_y\mathrm{d}y+F_z\mathrm{d}z$$

$$W=\int\mathrm{d}W=\int_a^b(F_x\mathrm{d}x+F_y\mathrm{d}y+F_z\mathrm{d}z) \tag{3-14}$$

3. 合力的功

设质点受 N 个力,$\boldsymbol{F}_1,\boldsymbol{F}_2,\cdots,\boldsymbol{F}_N$,则合力所做的功为

$$\begin{aligned}W&=\int_a^b\boldsymbol{F}\cdot\mathrm{d}\boldsymbol{r}=\int_a^b(\boldsymbol{F}_1+\boldsymbol{F}_2+\cdots+\boldsymbol{F}_N)\cdot\mathrm{d}\boldsymbol{r}\\&=\int_a^b\boldsymbol{F}_1\cdot\mathrm{d}\boldsymbol{r}+\int_a^b\boldsymbol{F}_2\cdot\mathrm{d}\boldsymbol{r}+\cdots+\int_a^b\boldsymbol{F}_N\cdot\mathrm{d}\boldsymbol{r}\\&=W_1+W_2+\cdots+W_N\end{aligned}$$

即合力的功等于各分力的功的代数和。在国际单位制中,力的单位为 N,位移的单位为 m,故功的单位为 N·m,我们把这个单位叫作焦耳,简称焦,符号为 J。

二、功率

有些实际问题,不仅要计算力对物体做了多少功,而且要考虑做功的快慢,为此我们引入功率的概念。

定义:若力在 $t\sim t+\Delta t$ 时间内对物体做功为 ΔW,则

$$\overline{P}=\frac{\Delta W}{\Delta t}$$

称为在 Δt 时间内的平均功率。

当 $\Delta t\rightarrow 0$ 时，平均功率的极限值即为在 t 时刻的瞬时功率，即

$$P=\lim_{\Delta t\rightarrow 0}\overline{P}=\lim_{\Delta t\rightarrow 0}\frac{\Delta W}{\Delta t}=\frac{\mathrm{d}W}{\mathrm{d}t}=\frac{\boldsymbol{F}\cdot \mathrm{d}\boldsymbol{r}}{\mathrm{d}t}=\boldsymbol{F}\cdot \boldsymbol{v}$$

称为瞬时功率，即

$$P=\boldsymbol{F}\cdot \boldsymbol{v} \tag{3-15}$$

在国际单位制中，功率的单位为瓦特，简称瓦，符号为 W，1 kW=1000 W。

三、质点的动能定理

实验表明，当力对物体做功时，质点的动能会发生变化。现在我们研究其相应的规律。

1. 动能

若质点的质量为 m，速度为 v，则定义

$$E_k=\frac{1}{2}mv^2 \tag{3-16}$$

式中，E_k 为质点的动能。可见动能是标量，是瞬时量，是相对量。

2. 质点的动能定理

如图 3-3 所示，设一质量为 m 的质点在合外力 $\boldsymbol{F}$ 作用下做曲线运动，在 a、b 两点速度分别为 $\boldsymbol{v}_1$、$\boldsymbol{v}_2$。在曲线上某一点 c 处，质点所受的力为 $\boldsymbol{F}$，元位移为 $\mathrm{d}\boldsymbol{r}$，$\boldsymbol{F}$ 与 $\mathrm{d}\boldsymbol{r}$ 之间的夹角为 θ。由式(3-11)可得，合外力 $\boldsymbol{F}$ 对质点所做的元功为

$$\mathrm{d}W=F|\mathrm{d}\boldsymbol{r}|\cos\theta=\boldsymbol{F}\cdot \mathrm{d}\boldsymbol{r}$$

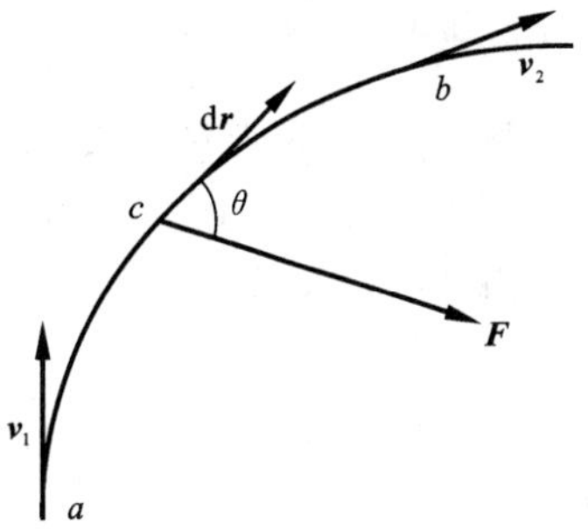

图 3-3 质点的动能定理

由牛顿第二定律的定义，有

$$F\cos\theta=ma_t=m\frac{\mathrm{d}v}{\mathrm{d}t}$$

即

$$F\cos\theta=m\frac{\mathrm{d}v}{\mathrm{d}t}$$

由于 $|\mathrm{d}\boldsymbol{r}|=\mathrm{d}s$，即 $\mathrm{d}s$ 是元位移的值，上式两边同时乘 $\mathrm{d}s$，有

$$F\cos\theta \mathrm{d}s=m\frac{\mathrm{d}v}{\mathrm{d}t}\mathrm{d}s$$

即

$$\mathrm{d}W=m\frac{\mathrm{d}s}{\mathrm{d}t}\mathrm{d}v=mv\mathrm{d}v$$

对上式两边积分，可得质点自 a 点运动到 b 点这一过程中，合外力所做的总功为

$$W=\int \mathrm{d}W=\int_{v_1}^{v_2}mv\mathrm{d}v=\frac{1}{2}mv_2^2-\frac{1}{2}mv_1^2$$

即

$$W=\frac{1}{2}mv_2^2-\frac{1}{2}mv_1^2=E_{k2}-E_{k1} \tag{3-17}$$

上式表明，合力对质点所做的功等于质点动能的增量，这个结论就叫作质点的动能定理。$E_{k1}=\frac{1}{2}mv_1^2$ 称为初动能，$E_{k2}=\frac{1}{2}mv_2^2$ 称为末动能。

式(3-17)表明：

(1) 当 $W>0$ 时，$\Delta E_k>0$；当 $W<0$ 时，$\Delta E_k<0$；当 $W=0$ 时，$\Delta E_k=0$。

(2) W 为过程量，E_k 为状态量，过程量用状态量之差来表示，简化了计算过程。

(3) 动能定理仅对惯性系成立。

(4) 功是能量变化的量度。

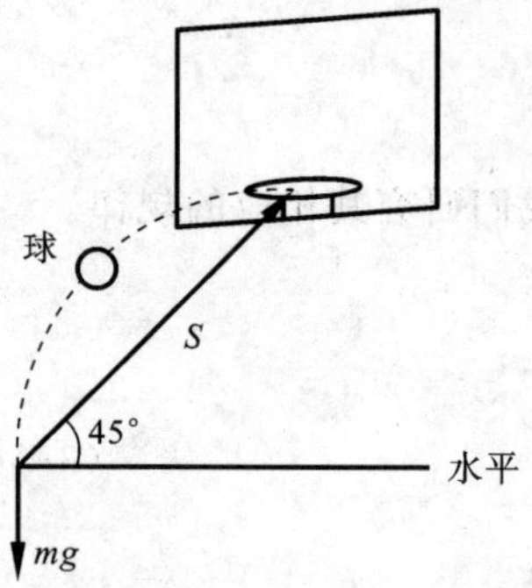

图 3-4　例 3-4 图

例 3-4　如图 3-4 所示，篮球的位移为 $\boldsymbol{S}$，$\boldsymbol{S}$ 与水平线成 45°，$S=4$ m，球质量为 m，求重力所做的功。

解　以篮球为研究对象，重力为恒力，由功的定义得

$$\begin{aligned}W&=\boldsymbol{F}\cdot\boldsymbol{S}\\&=FS\cos\alpha\\&=FS\cos135^\circ\\&=mg\cdot4\cos135^\circ\\&=-2\sqrt{2}mg\end{aligned}$$

例 3-5　力 $\boldsymbol{F}=6t\boldsymbol{i}$(SI)作用在 $m=3$ kg 的质点上。物体沿 Ox 轴运动，当 $t=0$ 时，$\boldsymbol{v}_0=0$。求前 2 s 内 $\boldsymbol{F}$ 对物体做的功。

解　以 m 为研究对象，m 在力的作用下做直线运动。

解法一：由功的定义求解。

由功的定义式

$$W=\int_a^b\boldsymbol{F}\cdot\mathrm{d}x$$

有

$$W=\int_a^b6t\boldsymbol{i}\cdot\mathrm{d}x\boldsymbol{i}=\int_a^b6t\mathrm{d}x$$

因为

$$F=ma=m\frac{\mathrm{d}v}{\mathrm{d}t}=6t$$

所以

$$m\mathrm{d}v=6t\mathrm{d}t$$

积分得

$$3\int_0^v\mathrm{d}v=\int_0^t6t\mathrm{d}t$$

有

$$v=t^2$$

因为

$$\frac{\mathrm{d}x}{\mathrm{d}t}=v=t^2$$

即

$$dx = t^2 dt$$

所以

$$W = \int_0^2 6t \cdot t^2 dt = \frac{3}{2}t^4 \Big|_0^2 = 24\ \mathrm{J}$$

解法二：应用动能定理求解。

$$W = \frac{1}{2}mv_2^2 - \frac{1}{2}mv_1^2 = \frac{1}{2}m(v_2^2 - v_1^2) = \frac{1}{2} \times 3 \times (2^4 - 0)\ \mathrm{J} = 24\ \mathrm{J}$$

3-3　保守力与非保守力　势能

上一节介绍了机械运动能量之一的动能，本节将介绍另一种机械能——势能。为此，我们将从万有引力、重力、弹性力以及摩擦力等力做功的特点出发，引入保守力和非保守力的概念，然后介绍引力势能、重力势能和弹性势能。

一、万有引力、重力、弹性力做功的特点

1. 万有引力做功

如图 3-5 所示，设质量为 m 的质点在质量为 M 的质点的引力场中运动，其中 M 固定不动，m 沿任一路径从 a 点运动到 b 点。如取 M 的位置为坐标原点，那么 a、b 两点到 M 的距离分别为 r_a 和 r_b。设在某一时刻质点 m 距质点 M 的距离为 r，其位矢为 $\boldsymbol{r}$，这时质点 m 受到质点 M 的万有引力为

$$\boldsymbol{F} = -G\frac{Mm}{r^2}\boldsymbol{r}_0$$

式中，$\boldsymbol{r}_0$ 为位矢 $\boldsymbol{r}$ 的单位矢量。当 m 沿路径运动位移元 $d\boldsymbol{r}$ 时，万有引力做的功为

$$dW = \boldsymbol{F} \cdot d\boldsymbol{r} = -G\frac{Mm}{r^2}\boldsymbol{r}_0 \cdot d\boldsymbol{r}$$

$$\boldsymbol{r}_0 \cdot d\boldsymbol{r} = |\boldsymbol{r}_0| \cdot |d\boldsymbol{r}|\cos\theta = dr$$

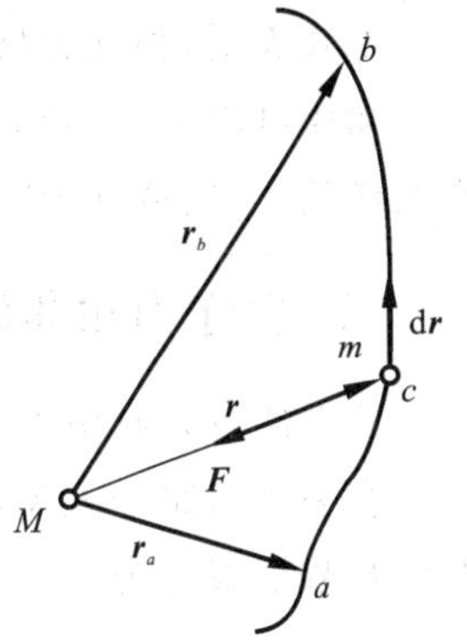

图 3-5　万有引力做功

于是，上式为

$$dW = -G\frac{Mm}{r^2}dr$$

从 a 点运动到 b 点的过程中，万有引力做的功为

$$W = \int_{r_a}^{r_b} -G\frac{Mm}{r^2}dr = GMm\left(\frac{1}{r_b} - \frac{1}{r_a}\right) \qquad (3\text{-}18)$$

上式表明，万有引力做功只与物体始末位置有关，而与物体所经过的路程无关。

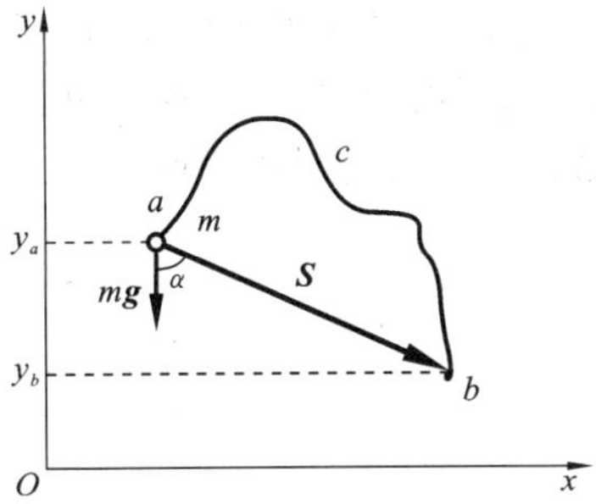

图 3-6　重力做功

2. 重力做功

如图 3-6 所示，设一质量为 m 的质点在重力作用下从 a 点沿任一曲线 acb 运动到 b 点，位移为 $\boldsymbol{S}$，在地面附近重力可视为恒力，故重力做的功为

$$W=\boldsymbol{P}\cdot\boldsymbol{S}=mgS\cos\alpha=mg(y_a-y_b) \tag{3-19}$$

上式表明,重力做功只与物体始末位置有关,而与其运动路径无关。

3. 弹性力做功

图 3-7 所示是放置在光滑平面上的弹簧,弹簧一端固定,另一端与一质量为 m 的物体连接。当弹簧在水平方向上不受外力作用时,它将不发生形变,此时物体位于原点 O(即位于 $x=0$ 处),这个位置叫作平衡位置。现以平衡位置 O 为坐标原点,向右为 Ox 轴正方向。当 m 位于 x 处时,它所受的弹性力为

$$\boldsymbol{F}=F\boldsymbol{i}=-kx\boldsymbol{i}\begin{cases}x>0, & \boldsymbol{F}\text{ 沿 }Ox\text{ 轴负方向}\\ x<0, & \boldsymbol{F}\text{ 沿 }Ox\text{ 轴正方向}\end{cases}$$

m 从坐标 x_1 运动至坐标 x_2 的过程中,弹性力做功为

$$W=\int_{x_1}^{x_2}\boldsymbol{F}\cdot\mathrm{d}\boldsymbol{x}=\int_{x_1}^{x_2}-kx\boldsymbol{i}\cdot\mathrm{d}x\boldsymbol{i}=-k\int_{x_1}^{x_2}x\mathrm{d}x=-\left(\frac{1}{2}kx_2^2-\frac{1}{2}kx_1^2\right) \tag{3-20}$$

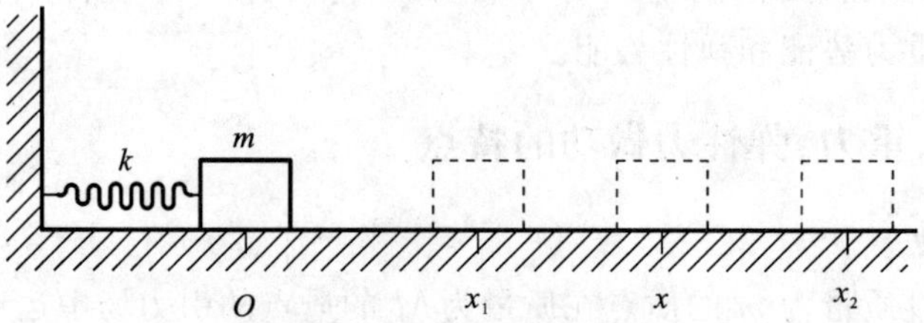

图 3-7 弹性力做功

上式表明,弹性力做功仅与物体始末位置有关,而与物体运动过程无关。

物体可以从 x_1 处向左移,然后向右平移至 x_2 处,也可以从 x_1 处直接移到 x_2 处,但物体无论怎样从 x_1 处移到 x_2 处,弹性力所做的功都是上述结果。

二、保守力和非保守力

从上述对万有引力、重力和弹性力做功的讨论中可以看出,它们所做的功只与质点的始末位置有关而与路径无关,这是它们做功的一个共同特点。我们把具有这种特点的力叫作保守力。其数学表达为

$$\oint_l \boldsymbol{F}\cdot\mathrm{d}\boldsymbol{l}=0 \tag{3-21}$$

上式表明,一个力对沿任意闭合回路运动一周的物体所做的功为零,则此力称为保守力。

然而,在物理学中并非所有的力都具有做功与路径无关这一特点,例如常见的摩擦力,它所做的功就与路径有关,路径越长,摩擦力做功也越大。这类力还有汽车的牵引力、磁场对电流的安培力,它们做功的特点都是与路径有关。我们把这种做功与路径有关的力叫作非保守力。其数学表达式为

$$\oint_l \boldsymbol{F}\cdot\mathrm{d}\boldsymbol{l}\neq 0 \tag{3-22}$$

三、势能

由上述分析可知,保守力所做的功只与物体的始末位置有关,与路径无关。由此可见,在保

守力场中必定存在一个单值、有限、可微的标量函数，只要确定了空间某点的位置，标量函数的值也就确定。我们称这样的标量函数为势能，用符号 E_p 表示。对任何保守力，它的功都可以用相应的势能增量的负值来表示，即

$$W_{保}=-(E_{pb}-E_{pa}) \tag{3-23}$$

其中，E_{pa}，E_{pb} 分别表示物体初始位置和终末位置的势能。上式表明，保守力的功等于相应势能增量的负值。

由此我们可以得到万有引力势能、重力势能、弹性势能的表达式：

万有引力势能为 $E_{p引}=-G\dfrac{mM}{r}$（势能零点取在无限远处）；

重力势能为 $E_{p重}=mgh$（势能零点取在某一水平面上）；

弹性势能为 $E_{p弹}=\dfrac{1}{2}kx^2$（势能零点取在弹簧原长处）。

对于势能的概念，还要注意以下几点：

(1) 势能是状态函数。在保守力作用下，只要质点的始末位置确定了，保守力做功也就确定了，而与所经过的路径无关。

(2) 势能是属于系统的。势能是由于系统内各物体间具有保守力作用而产生的，因而它是属于系统的。单个质点的势能是没有意义的。应当注意，在平常叙述时，常将地球与质点系统的重力势能说成是质点的，这只是为了叙述方便，其实它是属于地球和质点系统的。质点的引力势能和弹性势能也都是这样的。

(3) 势能是相对的。势能的值与势能零点的选取有关。一般选地面的重力势能为零，引力势能的零点选在无穷远处，而水平放置的弹簧选取其处于平衡位置时的弹性势能为零。当然，势能零点的选取可以是任意的，选取不同的势能零点，物体的势能就具有不同的值。所以，通常说势能具有相对意义，任意两点间的势能之差具有绝对性。

3-4　功能原理　机械能守恒定律

在实际问题当中，常常研究几个物体（都当成质点）的运动，这些物体间存在各种相互作用，影响它们各自的运动。对于这类问题，常可通过分析功与能的关系得到我们所需的结果。在这种分析中，有必要把几个物体看作是一个质点系。这里，先研究功和动能的关系，即质点系的动能定理。在引进质点系势能后还可以得到力学中的功能原理。

一、质点系的动能定理

我们把几个有相互作用的质点取作要讨论的质点系，对其中每一个质点应用动能定理，就可以推导出质点系的动能定理。

设系统中有 n 个质点，任一质量为 m_i 的质点 i，所受合外力为 $\boldsymbol{F}_{i外}$，合内力为 $\boldsymbol{F}_{i内}$，在某一过程中，合外力做功为 $W_{i外}$，合内力做功为 $W_{i内}$，质点从速率为 v_{i0} 的初状态变为速率为 v_i 的末状态，由单个质点的动能定理，可得

$$W_{i外}+W_{i内}=\frac{1}{2}m_iv_i^2-\frac{1}{2}m_iv_{i0}^2$$

对系统内每个质点都写出这样的方程,并把这些方程相加,即求和,便得到整个系统的动能定理。

$$\sum_{i=1}^{n} W_{i外} + \sum_{i=1}^{n} W_{i内} = \sum_{i=1}^{n} \frac{1}{2} m_i v_i^2 - \sum_{i=1}^{n} \frac{1}{2} m_i v_{i0}^2$$

上式中,$\sum_{i=1}^{n} \frac{1}{2} m_i v_i^2$ 为系统内所有质点的末态动能之和,称为质点系的末态动能,用符号 E_k 表示,即质点系的末态动能 $E_k = \sum_{i=1}^{n} \frac{1}{2} m_i v_i^2$,初态动能 $E_{k0} = \sum_{i=1}^{n} \frac{1}{2} m_i v_{i0}^2$。这样上式右边 $E_k - E_{k0}$ 代表质点系在状态变化过程中动能的增量。上式左边第一项 $\sum_{i=1}^{n} W_{i外}$ 为运动过程中作用在各个质点上的所有外力的功的代数和,令 $\sum_{i=1}^{n} W_{i外} = W_{外}$;左边第二项 $\sum_{i=1}^{n} W_{i内}$ 则为运动过程中作用在各个质点上的所有内力的功的代数和,令 $\sum_{i=1}^{n} W_{i内} = W_{内}$。这里要注意,尽管根据牛顿第三定律,系统内所有质点内力的矢量和为零,但是由于系统内各个质点的元位移一般不相同,因而内力做功的代数和并不一定为零,则上式可写成

$$W_{外} + W_{内} = E_k - E_{k0} \tag{3-24}$$

式(3-24)表明,合外力做功与合内力做功之和等于系统动能的增量,称此为系统的动能定理。

比较质点系的动能定理与质点系的动量定理,可以看到,系统的总动量的改变仅取决于系统所受的合外力,而系统的动能的改变不仅与外力有关,而且与内力有关。例如,在发射炮弹过程中,火药燃烧产生的爆炸力推动炮弹向前,也推动炮身向后运动。这种爆炸力就是炮身与炮弹系统中的内力,而这种内力分别对炮身和炮弹做正功,它们的代数和不为零。因此,尽管内力不能改变系统的总动量,但内力的功使系统的动能改变了。

二、功能原理

作用在质点上的力可分为保守力和非保守力,把保守力的受力者与施力者都划在系统中,保守力就为内力了,因此,内力可分为保守内力和非保守内力,内力做功也可分为保守内力做功和非保守内力做功。设保守内力的功用 $W_{保内} = \sum_{i=1}^{n} W_{i保内}$ 表示,非保守内力的功用 $W_{非保内} = \sum_{i=1}^{n} W_{i非保内}$ 表示,则 $W_{内} = W_{保内} + W_{非保内}$,则质点系的动能定理可写为

$$W_{外} + (W_{保内} + W_{非保内}) = E_k - E_{k0} \tag{3-25}$$

由于保守力做功的特点,我们建立了势能的概念。根据势能的定义有

$$W_{保内} = -(E_p - E_{p0})$$

式中,E_{p0} 称为系统的初态势能,E_p 称为系统的末态势能。由此,式(3-25)可写成

$$\begin{aligned} W_{外} + W_{非保内} &= E_k - E_{k0} - W_{保内} \\ &= E_k - E_{k0} - [-(E_p - E_{p0})] \\ &= (E_k + E_p) - (E_{k0} + E_{p0}) \end{aligned}$$

即

$$W_{外}+W_{非保内}=(E_k+E_p)-(E_{k0}+E_{p0}) \tag{3-26}$$

我们把系统的动能 E_k 和势能 E_p 之和称为系统的机械能,用符号 E 表示,则式(3-26)可写成

$$W_{外}+W_{非保内}=E-E_0 \tag{3-27}$$

上式表明,合外力做功和非保守内力做功之和等于系统机械能的增量,称为功能原理。

从功能原理看,合外力做功和系统内的非保守内力做功都能引起系统机械能的变化。外力做功是外界物体的能量与系统的机械能之间的传递或者转化。而系统内非保守内力做功是系统内部发生了机械能和其他形式能量的转化。

质点系的动能定理和功能原理都给出了系统的能量改变与功之间的关系。前者给出的是动能改变与功的关系,应当把所有的力的功都计算在内;后者给出的则是机械能改变与功的关系,由于机械能中的势能改变已经反映了保守力的功,因而只需计算除去保守内力之外的其他力的功。

三、机械能守恒定律

由功能原理知,当 $W_{外}+W_{非保内}=0$ 时,有

$$E=E_0 \tag{3-28}$$

上式表明,当 $W_{外}+W_{非保内}=0$ 时,系统机械能不变,这就是机械能守恒定律。

在应用机械能守恒定律解题时应注意以下几点:

(1) 机械能守恒的条件是外力和非保守内力对系统不做功,或者它们做功之和为零。这里强调的是这些力做的功为零,并不一定要求力为零。

(2) 机械能守恒时,系统总的机械能保持不变,但系统的动能和势能仍可互相转化。这种转化通过系统内的保守力做功来实现。

例 3-6　如图 3-8 所示,在计算抛物体最大高度 H 时,有人列出了如下方程(不计空气阻力):

$$-mgH=\frac{1}{2}mv_0^2\cos^2\theta-\frac{1}{2}mv_0^2$$

此方程应用了质点的动能定理、功能原理和机械能守恒定律中的哪一个?

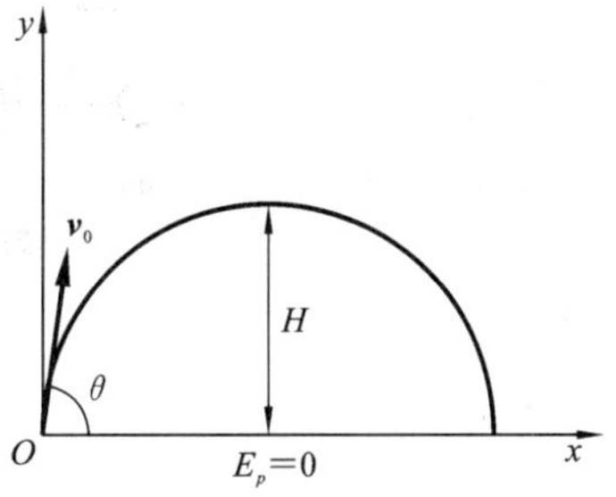

图 3-8　例 3-6 图

解　(1) 动能定理为合力做功=质点动能增量,则

$$-mgH=\frac{1}{2}m(v_0\cos\theta)^2-\frac{1}{2}mv_0^2$$

(2) 功能原理为外力功+非保守内力功=系统机械能增量,取物体、大地为系统,则

$$0+0=\left[\frac{1}{2}m(v_0\cos\theta)^2+mgH\right]-\left(\frac{1}{2}mv_0^2+0\right)$$

(3) 机械能守恒定律为 $W_{外}+W_{非保内}=0$,所以

$$E_{k2}+E_{p2}=E_{k1}+E_{p1}$$

即

$$\frac{1}{2}m(v_0\cos\theta)^2+mgH=\frac{1}{2}mv_0^2+0$$

可见,此方程应用的是质点的动能定理。

3-5 碰　撞

如果两个或几个物体在相遇中,物体之间的相互作用仅持续极短暂的时间,这种现象就是碰撞。碰撞是物理学研究的重要内容。打桩、锻压和击球等都是常见的碰撞。在碰撞过程中由于相互作用时间极短,相互作用的冲力极大,可不考虑外界影响。因此,在处理碰撞问题时,常将相互碰撞的物体作为一个系统考虑,这一系统仅有内力作用,所以这一系统遵从动量守恒定律。下面我们以两球的碰撞为例进行讨论。

如果两球在碰撞前的速度在两球的中心连线上,那么碰撞后的速度也都在这一连线上,这种碰撞称为对心碰撞(或称为正碰)。若碰撞过程中动能之和完全没有损失,那么,这种碰撞叫作完全弹性碰撞,简称弹性碰撞。弹性碰撞过程中系统机械能守恒。若碰撞过程中机械能不守恒,总有一部分机械能损失掉转变为其他形式的能,我们把这种机械能有损失的碰撞叫作非弹性碰撞。若两球碰撞后以同一速度运动,并不分开,这叫作完全非弹性碰撞。

一、完全弹性碰撞

1. 对心碰撞(一维)

如图 3-9 所示,以 m_1 与 m_2 为系统,碰撞前后的速度分别为 $\boldsymbol{v}_{10}$、$\boldsymbol{v}_{20}$ 和 $\boldsymbol{v}_1$、$\boldsymbol{v}_2$,根据碰撞中动量守恒定理和动能守恒定理,有

$$m_1\boldsymbol{v}_{10}+m_2\boldsymbol{v}_{20}=m_1\boldsymbol{v}_1+m_2\boldsymbol{v}_2 \tag{3-29}$$

$$\frac{1}{2}m_1v_{10}^2+\frac{1}{2}m_2v_{20}^2=\frac{1}{2}m_1v_1^2+\frac{1}{2}m_2v_2^2 \tag{3-30}$$

式中,$v>0$ 时,表示沿 Ox 轴正方向;$v<0$ 时,表示沿 Ox 轴负方向。

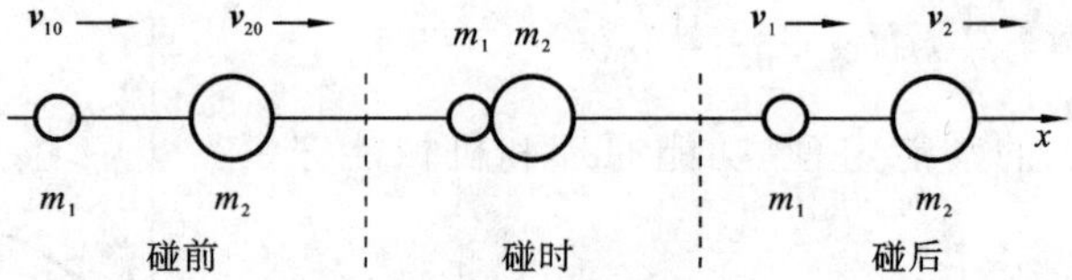

图 3-9　对心碰撞

解得

$$\begin{cases} v_1=\dfrac{(m_1-m_2)v_{10}+2m_2v_{20}}{m_1+m_2} \\ v_2=\dfrac{(m_2-m_1)v_{20}+2m_1v_{10}}{m_1+m_2} \end{cases} \tag{3-31}$$

讨论:

(1) 当 $m_1=m_2$ 时,则有

$$\begin{cases} v_1=v_{20} \\ v_2=v_{10} \end{cases} \quad \text{(交换速度)}$$

(2) 当 $v_{20}=0$ 时,则有

$$\begin{cases} m_2 \gg m_1, v_1 \approx -v_{10}, v_2 = 0 \\ m_2 \ll m_1, v_1 \approx v_{10}, v_2 = 2v_{10} \end{cases}$$

2. 非对心碰撞

设 $m_1 = m_2$，且 $\boldsymbol{v}_{20} = 0$，可知 m_1 与 m_2 的系统动量及动能均守恒，即

$$m_1 \boldsymbol{v}_{10} = m_1 \boldsymbol{v}_1 + m_2 \boldsymbol{v}_2 \tag{3-32}$$

$$\frac{1}{2} m_1 v_{10}^2 = \frac{1}{2} m_1 v_1^2 + \frac{1}{2} m_2 v_2^2 \tag{3-33}$$

解得

$$\begin{cases} \boldsymbol{v}_{10} = \boldsymbol{v}_1 + \boldsymbol{v}_2 \\ v_{10}^2 = v_1^2 + v_2^2 \end{cases}$$

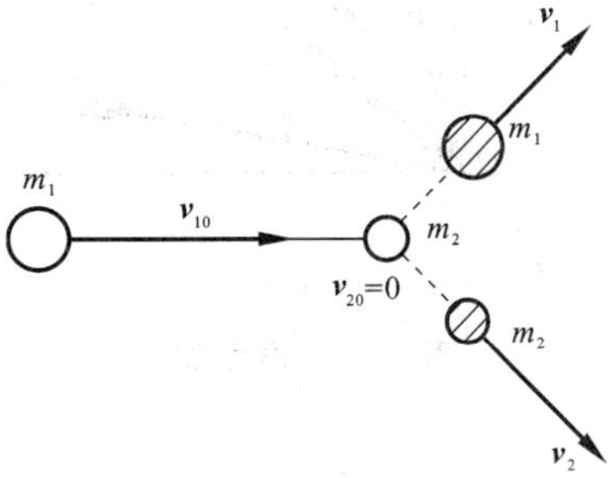

图 3-10　非对心碰撞

可知，$\boldsymbol{v}_1$、$\boldsymbol{v}_2$、$\boldsymbol{v}_{10}$ 是以 $\boldsymbol{v}_{10}$ 为斜边的直角三角形，如图 3-10 所示。

二、完全非弹性碰撞(正碰)

设碰撞后共同速度为 $\boldsymbol{v}$，则有

$$(m_1 + m_2)\boldsymbol{v} = m_1 \boldsymbol{v}_{10} + m_2 \boldsymbol{v}_{20} \tag{3-34}$$

现在就 $\boldsymbol{v}_{20} = 0$ 的特殊情况讨论碰撞前后动能损失，式(3-34)解得

$$v = \frac{m_1 v_{10}}{m_1 + m_2}$$

碰撞前后的动能损失为

$$\Delta E_k = \frac{1}{2} m_1 v_{10}^2 - \frac{1}{2}(m_1 + m_2) v^2$$

将 $v = \dfrac{m_1 v_{10}}{m_1 + m_2}$ 代入上式有

$$\Delta E_k = \frac{1}{2}\left(\frac{m_2}{m_1 + m_2}\right) m_1 v_{10}^2$$

用 E_{k0} 代表原有动能，则动能损失为

$$\Delta E_k = \frac{m_2}{m_1 + m_2} E_{k0}$$

显然，若 $m_2 \gg m_1$，则动能完全损失；若 $m_1 \gg m_2$，则动能几乎不损失。用锤打桩，是利用锤与桩碰后的剩余动能使桩钻入地层，锤的质量比桩大。锻压是利用锤打击烧红的铁块使铁块变形，则恰好利用损失的动能，被打击物应有较大的质量，故打铁时常在下面垫厚重的砧子。

3-6　质心　质心运动定理

一、质心

在研究多个物体组成的系统时，质心是个很重要的概念。现在，考虑由一刚性轻杆相连的两个小球组成的简单系统。当我们将它斜向上抛出时，它在空间的运动很复杂，每个小球的轨

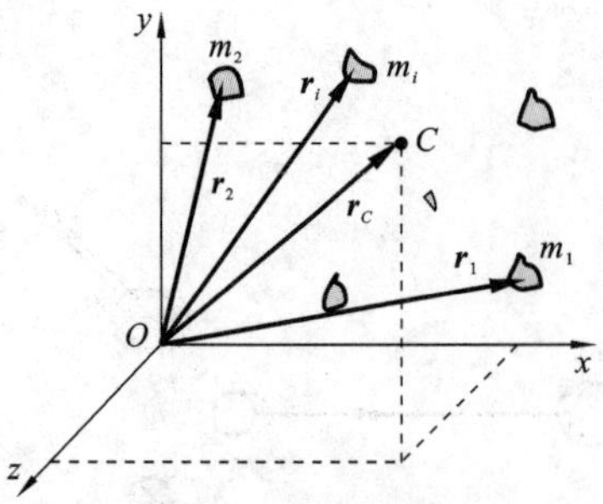

图 3-11　质点系

迹都不是抛物线形状。但实践和理论都证明两质点连线中的某点 C 仍然做抛物线运动。C 点的运动规律就像两质点的质量都集中在 C 点,全部外力也像是作用在 C 点一样。这个特殊点 C 就是质点系统的质心。

质心实际上是与质点系统质量分布有关的一个点,它的位置在平均意义上代表质量分布的中心。如图 3-11 所示,由 n 个质点组成的质点系,第 i 个质点的质量和位矢分别为 m_i 和 $\boldsymbol{r}_i$,则其质心的位置坐标为

$$\boldsymbol{r}_C = \frac{m_1\boldsymbol{r}_1 + m_2\boldsymbol{r}_2 + \cdots + m_i\boldsymbol{r}_i + \cdots + m_n\boldsymbol{r}_n}{m_1 + m_2 + \cdots + m_i + \cdots + m_n} = \frac{\sum\limits_{i=1}^{n} m_i\boldsymbol{r}_i}{M} \tag{3-35}$$

式中,$M = \sum\limits_{i=1}^{n} m_i$ 为质点系统的总质量。

在直角坐标系下,质心可以写成

$$\begin{cases} x_C = \dfrac{\sum\limits_{i=1}^{n} m_i x_i}{M} \\ y_C = \dfrac{\sum\limits_{i=1}^{n} m_i y_i}{M} \\ z_C = \dfrac{\sum\limits_{i=1}^{n} m_i z_i}{M} \end{cases} \tag{3-36}$$

对质量连续分布的物体,求质心时需要把求和改为积分:

$$\boldsymbol{r}_C = \int \frac{\boldsymbol{r}\mathrm{d}m}{M} \tag{3-37}$$

在直角坐标系下,质心位置为

$$\begin{cases} x_C = \dfrac{1}{M}\displaystyle\int x\mathrm{d}m \\ y_C = \dfrac{1}{M}\displaystyle\int y\mathrm{d}m \\ z_C = \dfrac{1}{M}\displaystyle\int z\mathrm{d}m \end{cases} \tag{3-38}$$

必须注意,质心和重心是两个不同的概念,不能混为一谈。一个物体的质心,是由其质量分布决定的一个特殊的点,对密度均匀、形状对称的物体,质心在其几何中心。重心则是指地球对物体各部分引力的合力的作用点,两者定义不同。当物体远离地球不受重力的作用时,重心这个概念便失去意义,而质心依然存在。

二、质心运动定理

当系统中每个质点都在运动时,系统质心位置也会发生变化。由质点系质心位置公式,得

$$M\boldsymbol{r}_C=\sum_{i=1}^{n}m_i\boldsymbol{r}_i$$

上式对时间求一阶导数，得

$$M\frac{\mathrm{d}\boldsymbol{r}_C}{\mathrm{d}t}=\sum_{i=1}^{n}m_i\frac{\mathrm{d}\boldsymbol{r}_i}{\mathrm{d}t}$$

即

$$M\boldsymbol{v}_C=\sum_{i=1}^{n}m_i\boldsymbol{v}_i=\sum_{i=1}^{n}\boldsymbol{p}_i=\boldsymbol{p} \tag{3-39}$$

式中，$M\boldsymbol{v}_C$ 称为系统的质心动量。式(3-39)表明，系统的质心动量等于系统的总动量。

再次对式(3-39)求时间一阶导数，得到

$$M\frac{\mathrm{d}\boldsymbol{v}_C}{\mathrm{d}t}=\frac{\mathrm{d}\left(\sum_{i=1}^{n}\boldsymbol{p}_i\right)}{\mathrm{d}t}$$

即

$$M\boldsymbol{a}_C=\frac{\mathrm{d}\left(\sum_{i=1}^{n}\boldsymbol{p}_i\right)}{\mathrm{d}t}=\sum_{i=1}^{n}\boldsymbol{F}_i=\sum_{i=1}^{n}\boldsymbol{F}_{i外力}+\sum_{i=1}^{n}\boldsymbol{F}_{i内力}$$

而

$$\sum_{i=1}^{n}\boldsymbol{F}_{i内力}=0$$

所以

$$M\boldsymbol{a}_C=\frac{\mathrm{d}\left(\sum_{i=1}^{n}\boldsymbol{p}_i\right)}{\mathrm{d}t}=\sum_{i=1}^{n}\boldsymbol{F}_{i外力}=\boldsymbol{F}_{合外力} \tag{3-40}$$

这就是质心运动定理。它表明，不管物体的质量如何分布，也不管外力作用在物体的什么位置上，质心的运动就像是物体的全部质量都集中于此，而且所有外力也都集中在其上的一个质点的运动一样。

三、质心动量守恒定律

式(3-40)中，如果 $\boldsymbol{F}_{合外力}=0$，那么

$$M\boldsymbol{v}_C=\sum_{i=1}^{n}m_i\boldsymbol{v}_i=常矢量 \tag{3-41}$$

这就是说，如果系统所受到的合外力为零，则系统的质心动量即总动量保持不变，这就是**质心动量守恒定律**。

习　　题

3-1　对质点系有以下几种说法：

(1) 质点系总动量的改变与内力无关；

(2) 质点系总动能的改变与内力无关；

(3) 质点系机械能的改变与保守内力无关。

下列对上述说法判断正确的是(　　)。

A. 只有(1)是正确的　　B. (1)(2)是正确的

C. (1)(3)是正确的　　D. (2)(3)是正确的

3-2　有两个倾角不同、高度相同、质量一样的斜面放在光滑的水平面上，斜面是光滑的，两个一样的物块分别从这两个斜面的顶点由静止开始滑下，则(　　)。

A. 物块到达斜面底端时动量相等

B. 物块到达斜面底端时动能相等

C. 物块和斜面(以及地球)组成的系统，机械能不守恒

D. 物块和斜面组成的系统水平方向上动量守恒

3-3　对功的概念有以下几种说法：

(1) 保守力做正功时，系统内相应的势能增加；

(2) 质点运动经一闭合路径，保守力对质点所做的功为零；

(3) 作用力和反作用力大小相等，方向相反，所以两者所做功的代数和必为零。

下列对上述说法中判断正确的是(　　)。

A. (1)(2)是正确的　　B. (2)(3)是正确的

C. 只有(2)是正确的　　D. 只有(3)是正确的

3-4　如图 3-12 所示，质量分别为 m_1 和 m_2 的物体 A 和 B，置于光滑桌面上，A 和 B 之间连有一轻弹簧。另有质量为 m_1 和 m_2 的物体 C 和 D 分别置于物体 A 与 B 之上，且物体 A 和 C、B 和 D 之间的摩擦因数均不为零。首先用外力沿水平方向相向推压 A 和 B，使弹簧被压缩，然后撤掉外力，则在 A 和 B 弹开的过程中，对 A、B、C、D 以及弹簧组成的系统，下列说法正确的是(　　)。

A. 动量守恒，机械能守恒　　B. 动量不守恒，机械能守恒

C. 动量不守恒，机械能不守恒　　D. 动量守恒，机械能不一定守恒

3-5　如图 3-13 所示，子弹射入放在水平光滑地面上静止的木块后穿出。以地面为参考系，下列说法中正确的是(　　)。

A. 子弹减少的动能转变为木块的动能

B. 子弹-木块系统的机械能守恒

C. 子弹动能的减少等于子弹克服木块阻力所做的功

D. 子弹克服木块阻力所做的功等于这一过程中产生的热

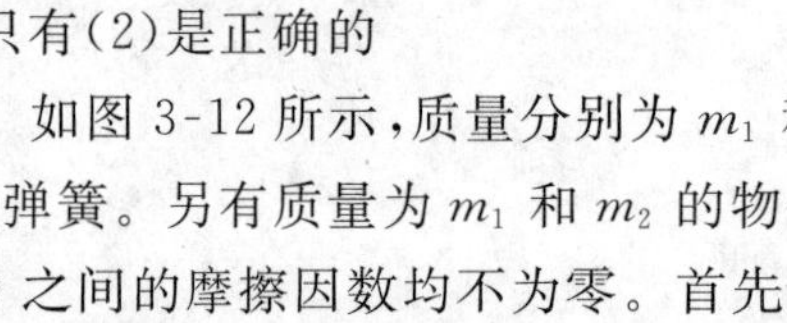

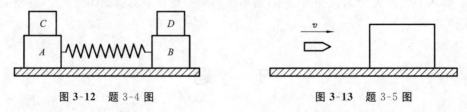

图 3-12　题 3-4 图

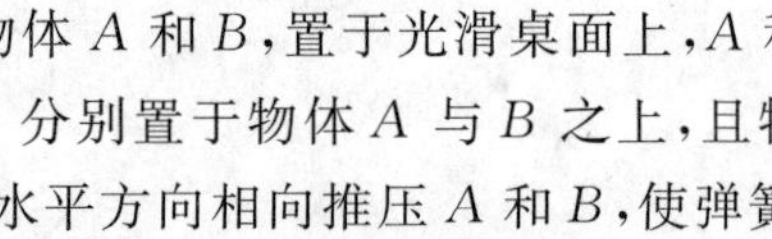

图 3-13　题 3-5 图

3-6　一质量 $m=2$ kg 的物体，在力 $\boldsymbol{F}=4t\boldsymbol{i}+(2+3t)\boldsymbol{j}$ 作用下，以初速度 $\boldsymbol{v}_0=1\boldsymbol{j}$ $\mathrm{m\cdot s^{-1}}$ 运动，若此力作用在物体上 2 s，求：

(1) 2 s 内此力对物体的冲量 $\boldsymbol{I}$；

(2) 物体 2 s 末的动量 $\boldsymbol{p}$。

3-7　质量为 M 的物块放在摩擦因数为 μ 的水平桌面上，有一质量为 m 的子弹以 v_0 的速度水平射入 M 中并一起运动。已知 $M=1.9$ kg，$m=0.1$ kg，$\mu=0.2$，取 $g=10\ \mathrm{m\cdot s^{-2}}$，$v_0=40\ \mathrm{m\cdot s^{-1}}$。求它们一起运动的时间。

3-8　质量 $m=3$ kg 的重锤，从高度 $h=1.5$ m 处自由落到受锻压的工件上，工件发生变形。如果作用的时间为(1) $\Delta t=0.1$ s；(2) $\Delta t=0.2$ s，试求锤对工件的平均冲力。

3-9　用皮带传送煤粉。皮带由马达牵引，以 $v=1.5\ \mathrm{m\cdot s^{-1}}$ 的速率匀速前进，料斗中的煤粉以 $q_{\mathrm{m}}=20\ \mathrm{kg\cdot s^{-1}}$ 的卸煤量连续不断地送料，求马达的牵引力是多少？

3-10　炮车以仰角 α 发射一颗炮弹，炮车和炮弹质量分别为 M 和 m，炮弹的出口速度(炮弹离开炮筒时相对于炮筒的速度)为 u。求炮车的反冲速度 v(炮车和地面间的阻力在发射炮弹瞬间可忽略不计)。

3-11　$F_x=30+4t$(SI)的合外力作用在质量 $m=10$ kg 的物体上，试求：

(1) 在开始 2 s 内此力的冲量；

(2) 冲量 $I=300\ \mathrm{N\cdot s}$ 时，此力作用的时间；

(3) 若物体的初速度 $v_1=10\ \mathrm{m\cdot s^{-1}}$，方向与 F_x 相同，求在 $t=6.86$ s 时物体的速度 v_2。

3-12　高空作业时系安全带是非常必要的，假如一质量为 50 kg 的人在操作时不慎从高空竖直跌落下来，下落 2 m 后，他被安全带悬挂起来。已知安全带弹性缓冲作用时间为 0.5 s。求安全带对人的平均冲力。

3-13　一质点在两个力的同时作用下，位移为 $\Delta \boldsymbol{r}=4\boldsymbol{i}-5\boldsymbol{j}+6\boldsymbol{k}$(SI)，其中一个力 $\boldsymbol{F}=-3\boldsymbol{i}-5\boldsymbol{j}+9\boldsymbol{k}$(SI)，求此力在此过程中所做的功。

3-14　如图 3-14 所示，一绳跨过一定滑轮，两端分别拴有质量为 m 和 M 的物体 A 和 B，M 大于 m。B 静止在地面上，当 A 自由下落 h 距离后，绳子才被拉紧。求绳子刚被拉紧时两物体的速度，以及 B 能上升的最大高度。

3-15　有一轻弹簧，其一端系在铅直放置的圆环的顶点 P 处，另一端系一质量为 m 的小球，小球穿过圆环并在圆环上运动(不计摩擦)，如图 3-15 所示。开始小球静止于点 A 处，弹簧处于自然状态，其长度等于圆环半径 R；当小球运动到圆环的底端点 B 时，小球对圆环没有压

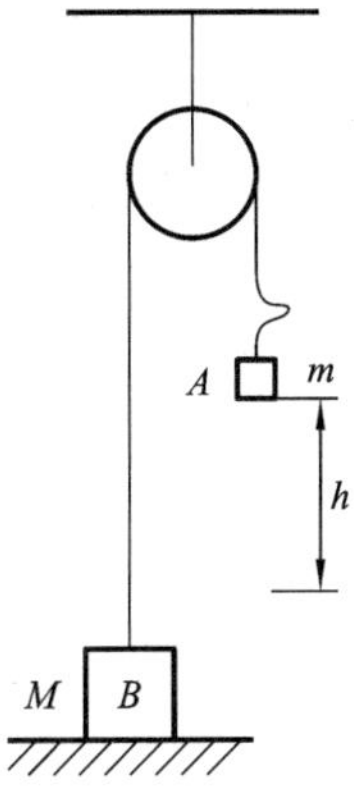

图 3-14　题 3-14 图

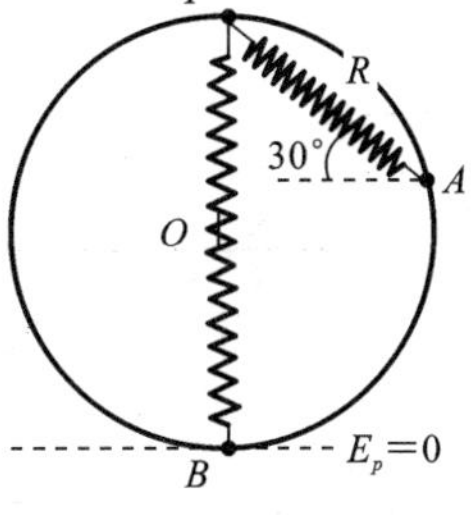

图 3-15　题 3-15 图

力。求弹簧的刚度系数 k。

3-16 质量为 8×10^{-3} kg 的子弹，以 400 m·s^{-1}的速度水平射穿一块固定的木板，子弹穿出木板后速度变为 100 m·s^{-1}。求木板阻力对子弹所做的功。

3-17 如图 3-16 所示，质量为 m 的水银球，竖直地落到光滑的水平桌面上，分成质量相等的三等份，沿桌面运动。其中两等份的速度分别为 $\boldsymbol{v}_1$、$\boldsymbol{v}_2$，大小都为 0.30 m·s^{-1}，相互垂直地分开。试求第三等份的速度大小，以及角度 θ,α。

3-18 一质量为 $m=0.1$ kg 的小钢球接有一细绳，细绳穿过一水平放置的光滑钢板中部的小洞后挂上一质量为 $M=0.3$ kg 的砝码。令钢球做匀速圆周运动，当圆周半径为 $r_1=0.2$ m 时，砝码恰好处于平衡状态。再加挂一质量为 $\Delta M=0.1$ kg 的砝码，求此时钢球做匀速圆周运动的速率大小及圆周半径。

3-19 如图 3-17 所示，远离地面高 H 处的物体质量为 m，由静止开始向地心方向落到地面，试求地球引力对 m 做的功。

3-20 力 $\boldsymbol{F}=(6t+3)\boldsymbol{i}$(SI)作用在 $m=3$ kg 的物体上，使物体沿 Ox 轴做直线运动，已知 $t=0$ 时，$v_0=0$。求前 2 s 内力 $\boldsymbol{F}$ 对 m 做的功。

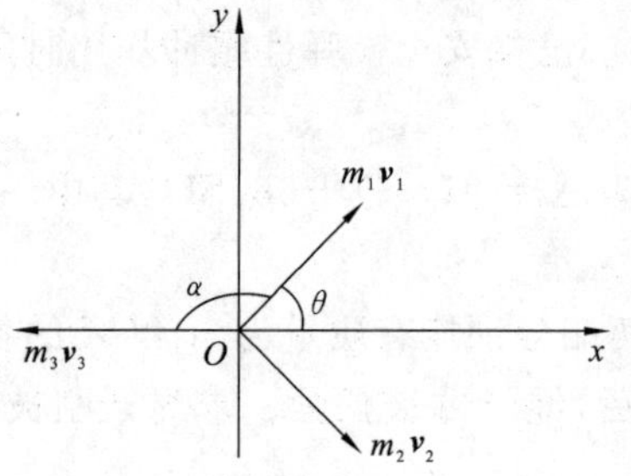

图 3-16 题 3-17 图

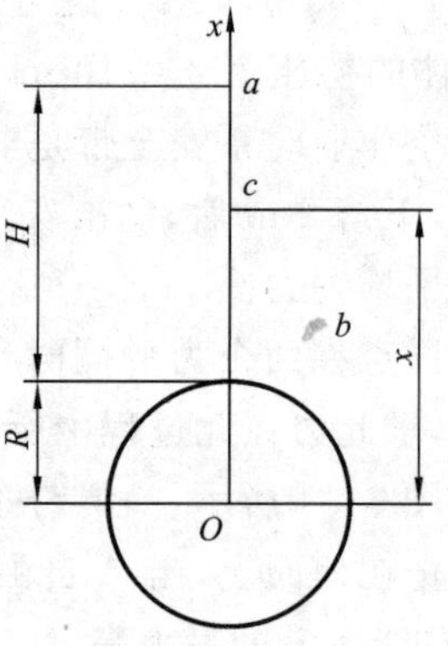

图 3-17 题 3-19 图

3-21 质量为 10 kg 的物体沿 Ox 轴做直线运动，受力与坐标关系如图 3-18 所示。若 $x=0$ 时，$v=1$ m·s^{-1}，试求 $x=16$ m 时的速度 v。

3-22 如图 3-19 所示，质量为 m 的物体，从四分之一圆槽 A 点处由静止开始下滑到 B 点处。在 B 处速率为 v，槽半径为 R。求 m 从 A 点运动到 B 点过程中摩擦力所做的功。

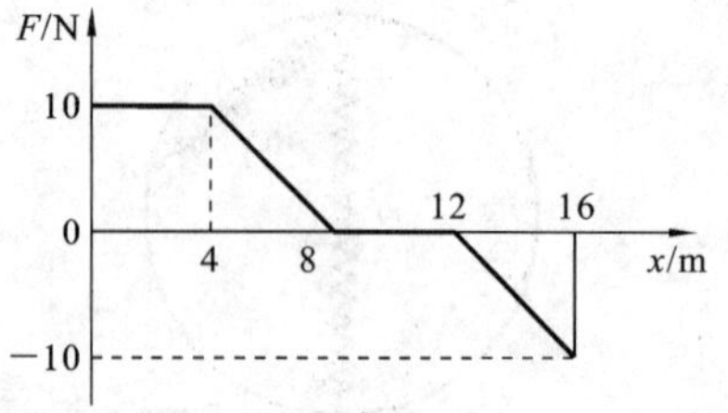

图 3-18 题 3-21 图

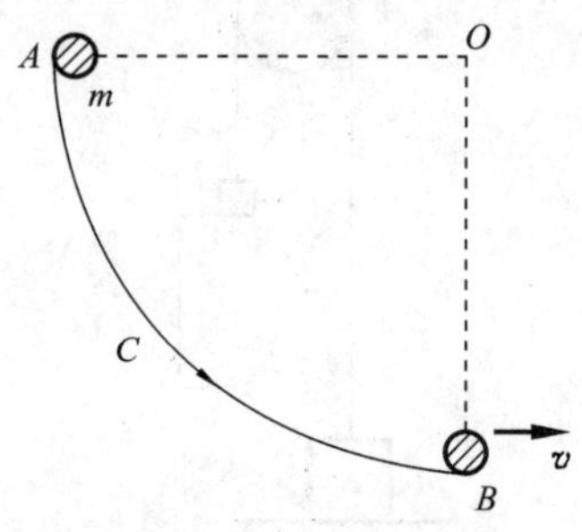

图 3-19 题 3-22 图

3-23 质量为 m_1、m_2 的两质点靠万有引力作用，起初相距 l，均静止。它们运动到距离为

$\frac{1}{2}l$ 时，它们的速率各为多少？

3-24　如图3-20所示，一个质量为 m 的小球，从质量为 M，半径为 R 的光滑圆弧形槽边缘点 A 处下滑，开始时小球和圆弧形槽都处于静止状态，求小球刚离开圆弧形槽时，小球和圆弧形槽的速率各为多少？（圆弧形槽和地面间摩擦力不计）

3-25　如图3-21所示，质量为 $M=1.5$ kg 的物体，用一根长 $l=1.25$ m 的细绳悬挂在天花板上，今有质量 $m=10$ g 的子弹以 $v_0=500\ \mathrm{m\cdot s^{-1}}$ 的速度射穿物体，刚穿出物体时子弹速度的大小为 $v=30\ \mathrm{m\cdot s^{-1}}$，设穿透时间极短。求：

(1) 子弹刚穿出时绳中张力的大小；

(2) 子弹在穿出过程中所受的冲量。

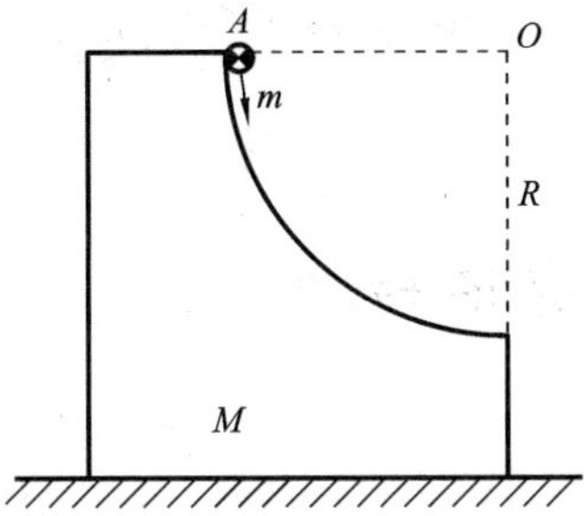

图 3-20　题3-24图

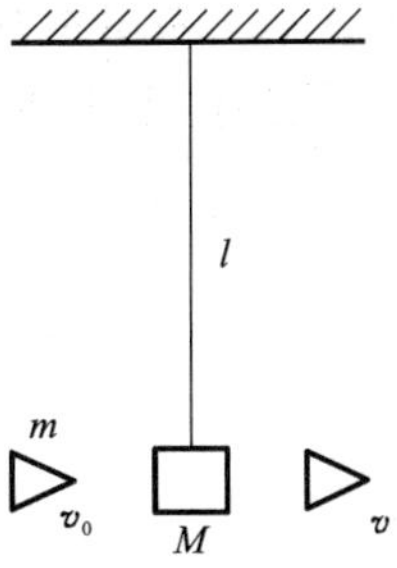

图 3-21　题3-25图

3-26　一质量均匀的柔软的绳竖直地悬挂着，绳的下端刚好触到水平桌面。如果把绳的上端放开，绳将落在桌面上，如图3-22所示。试证明：在绳下落过程中的任意时刻，作用于桌面上的压力等于已落到桌面上绳的重量的3倍。

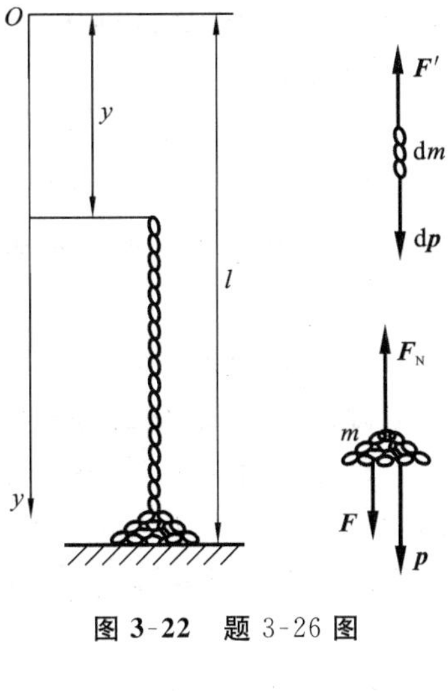

图 3-22　题3-26图

第 4 章 刚体力学基础

在前面几章中引入质点这个理想模型作为研究对象，是因为物体在所研究的问题中，其大小和形状可以忽略不计。但是在自然界中绝大部分情况下，物体的大小和形状是不能忽略的。例如，机床上的传动轮绕轴转动时，轮子上各点的运动情况都不尽相同。在一般情况下，外力作用还会引起运动物体的形变，因此，进一步研究物体的转动和形变以及更复杂的运动时，就不能再将物体简化为质点了。本章中物体主要突出形状、大小，忽略在外力作用下各点距离的改变，为了简化问题，引入刚体这个理想模型。

4-1 刚体的定轴转动

一、刚体

在外力作用下，物体的大小和形状都不发生变化，也就是说，物体内任意两点间距离不变的物体称为刚体。

刚体这个理想模型在刚体力学中是非常有用的。因为自然界中的一切物体，在受力后一定有形变发生。例如，火车开动时轮子要发生变形，桥墩在汽车的重压下也要发生变形等。如果物体在力的作用下虽有变形，但变形甚微，在研究这些物体的力学规律时仍可视为刚体。这样，对这些物体进行的力学规律研究就变得简单可行。

二、刚体的基本运动

刚体的运动情况是很复杂的，本书只讲述最基本的两种运动——平动和定轴转动。

1. 刚体的平动

在运动过程中，若刚体内所有点的运动轨迹保持完全相同，或者说刚体中的任意一条直线在各个时刻的位置都始终保持彼此平行，刚体的这种运动叫作平动(见图 4-1)。例如升降机的运动，气缸中活塞的运动，车床上车刀的运动等，都是平动。刚体在做平动时，各点运动状态一样，它们具有相同的速度和加速度，因而任何一点的运动都可以代表整个刚体的运动。也就是说，做平动的刚体可以看作质点，质点运动的一切规律都可以用于刚体的平动。

2. 刚体的转动

在运动过程中，如果刚体上各点在运动中都绕同一直线做圆周运动，这种运动就称为转动，这条直线叫作转轴。例如，机器上齿轮的运动，车床上工件的运动，钟摆的运动，地球的自转运动等，都是转动。如果刚体在转动时，转轴固定不动，这时刚体的运动就称为定轴转动。例如，钟表指针的运动，门窗的转动等，都是定轴运动。

刚体的一般运动比较复杂，但可以证明，刚体的一般运动可看作是平动和转动的叠加。

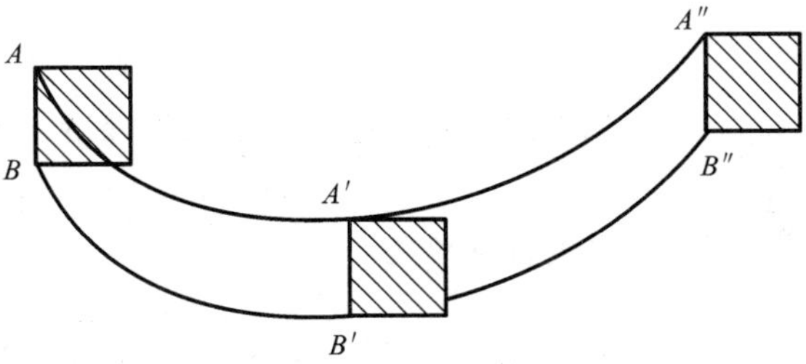

图4-1 刚体的平动

三、刚体绕固定轴的转动

当刚体绕固定轴转动时，其最大特点是各点都绕固定转轴做圆周运动，所以刚体的这种运动可用角量来描述。

1. 角位移

研究刚体绕定轴转动时，通常取任一垂直于定轴的平面作为转动平面，取任一质元 p，设某时刻其矢径 $\boldsymbol{r}$ 与 Ox 轴间的夹角为 θ，则 θ 称为角坐标，规定逆时针方向转动的 θ 为正，顺时针方向转动的 θ 为负。角坐标是时间 t 的函数，可以写成

$$\theta=\theta(t) \tag{4-1}$$

对应 Δt 时间，刚体有 $\Delta\theta$ 转角，则 $\Delta\theta$ 称为角位移。同一时刻不同位置的质元在 Δt 时间内的角位移 $\Delta\theta$ 相同，可见，$\Delta\theta$ 描述的是整个刚体转过的角度，故称为刚体转动的角位移。

2. 角速度

刚体转动的快慢和方向由角速度来确定。刚体在 t 时刻的角速度 ω 等于角坐标对时间的一阶导数，即

$$\omega=\lim_{\Delta t\to 0}\frac{\Delta\theta}{\Delta t}=\frac{\mathrm{d}\theta}{\mathrm{d}t} \tag{4-2}$$

本章规定：如果刚体沿 θ 的正方向（逆时针）转动，即 $\mathrm{d}\theta>0$，则角速度 $\omega>0$；如果刚体沿 θ 的负方向（顺时针）转动，则角速度 $\omega<0$。角坐标的单位是 rad（弧度），角速度的单位是 $\mathrm{rad\cdot s^{-1}}$（弧度·秒$^{-1}$）。

3. 角加速度

角加速度描述角速度变化的快慢，其大小等于角速度对时间的一阶导数，即

$$\alpha=\lim_{\Delta t\to 0}\frac{\Delta\omega}{\Delta t}=\frac{\mathrm{d}\omega}{\mathrm{d}t}=\frac{\mathrm{d}^2\theta}{\mathrm{d}t^2} \tag{4-3}$$

$\alpha>0$ 表示角加速度的方向与角坐标正方向一致，刚体做加速转动；$\alpha<0$ 则表示角加速度的方向与角坐标正方向相反，刚体做减速转动。角加速度的单位是 $\mathrm{rad\cdot s^{-2}}$（弧度·秒$^{-2}$）。

上述角坐标、角速度 ω 和角加速度 α 是描述整个刚体转动的物理量，统称为角量。刚体内任一点的运动情况也可用 $\boldsymbol{r},\boldsymbol{v},\boldsymbol{a}$ 描述，这些物理量统称为线量。

4. 角量和线量的关系

如图4-2所示，刚体上任一点 P，离转轴的距离为 r，刚体绕定轴转动的角速度为 ω，角加速度为 α，则 P 点的速度为

$$\boldsymbol{v}=\boldsymbol{\omega}\times\boldsymbol{r}$$

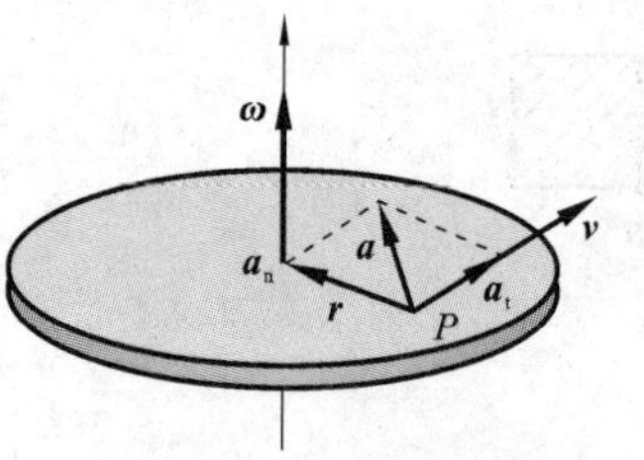

图 4-2　角量与线量

其大小为

$$v=r\omega$$

P 点的切向加速度和法向加速度大小分别为

$$a_t=r\alpha,\quad a_n=r\omega^2$$

总的加速度为

$$\boldsymbol{a}=\boldsymbol{a}_t+\boldsymbol{a}_n$$

5. 定轴转动的特点

(1) 所有质点均做圆周运动，圆周面为转动平面；

(2) 所有质点运动 $\Delta\theta,\omega,\alpha$ 均相同，但 $\boldsymbol{v},\boldsymbol{a}$ 不同；

(3) 运动描述仅需一个坐标。

4-2　力矩　转动定律和转动惯量　平行轴定理

一、力矩

一个具有固定转轴的静止刚体，在外力作用下，有时发生转动，有时不发生转动。考查结果发现，刚体的转动与否，不仅与力的方向、大小有关，而且与力的作用点和作用线有关。例如，当我们打开或关闭门窗时绝不能让作用力通过转轴，即对转轴必须产生力矩，否则力再大也不会引起刚体的转动。下面分几种情况对力矩这一概念进行讨论。

1. 外力 $\boldsymbol{F}$ 在垂直于轴的平面内

如图 4-3 所示，外力 $\boldsymbol{F}$ 作用在刚体转动平面上的 P 点，而 P 点对原点 O 的位矢为 $\boldsymbol{r}$，则力 $\boldsymbol{F}$ 对 O 点的力矩 $\boldsymbol{M}$ 定义为

$$\boldsymbol{M}=\boldsymbol{r}\times\boldsymbol{F}\tag{4-4}$$

上式中力矩的大小 $M=Fd=Fr\sin\theta$，其中 $d=r\sin\theta$，称为力臂。θ 是 $\boldsymbol{r}$、$\boldsymbol{F}$ 之间的夹角。力矩沿 $\boldsymbol{r}\times\boldsymbol{F}$ 方向，满足右手螺旋定则。在刚体绕定轴转动问题中，当刚体在外力矩作用下沿逆时针转动时，外力矩为正；当刚体在外力矩作用下沿顺时针转动时，外力矩为负。力矩的单位是N·m(牛·米)。

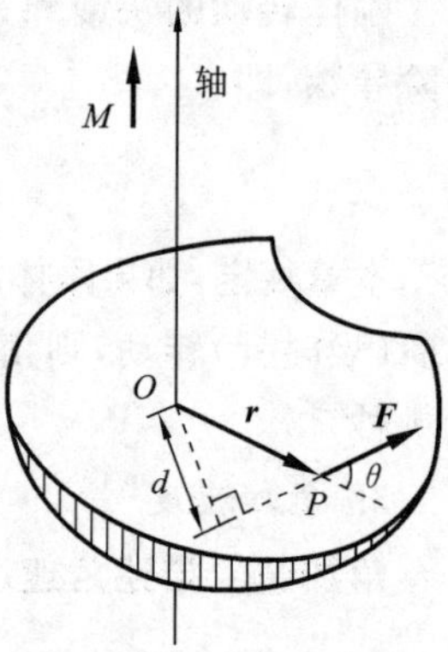

图 4-3　外力在垂直于轴的平面内

2. 外力 $\boldsymbol{F}$ 不在垂直于轴的平面内

当外力 $\boldsymbol{F}$ 不在垂直于转轴的平面内时，$\boldsymbol{F}$ 可以分解为 $\boldsymbol{F}=\boldsymbol{F}_{/\!/}$(平行于轴)$+F_{\perp}$(垂直于轴)，如图 4-4 所示。

根据力矩的定义可知 $\boldsymbol{F}_{/\!/}$ 对转动无贡献，对转动有贡献的仅是 $\boldsymbol{F}_{\perp}$。$\boldsymbol{F}$ 产生的力矩即 $\boldsymbol{F}_{\perp}$ 的力矩，故上面的结论仍适用。

结论：$\boldsymbol{F}$ 平行于轴或经过轴时，$\boldsymbol{M}=0$。

3. 合外力的力矩

如果有几个外力同时作用在一个绕定轴转动的刚体上，而且这几个力都在与转轴相垂直的平面内，则它们合外力的力矩等于这几个外力矩的矢量和：

$$\boldsymbol{M}=\boldsymbol{M}_1+\boldsymbol{M}_2+\boldsymbol{M}_3+\cdots+\boldsymbol{M}_n \tag{4-5}$$

4. 合内力的力矩

刚体内各质元之间的相互作用力称为内力。刚体内力是一对对作用力和反作用力。对 i,j 两质点，设 $\boldsymbol{f}_{ij}$ 为第 i 个质点对第 j 个质点的作用力，$\boldsymbol{f}_{ji}$ 为第 j 个质点对第 i 个质点的作用力（见图 4-5），由于内力总是成对出现，且大小相等，方向相反，故 $\boldsymbol{f}_{ij}=-\boldsymbol{f}_{ji}$，而力臂相等，所以 $\boldsymbol{f}_{ij}$ 与 $\boldsymbol{f}_{ji}$ 对刚体的力矩大小相等，方向相反（等值反向），即 $f_{ij}d=-f_{ji}d$，故合力矩 $f_{ij}d+f_{ji}d=0$。这说明刚体中任一对质元的内力矩为零。而刚体是由大量质元组成的，则刚体内力矩之和为零。这说明，定轴转动的刚体，其合内力的力矩为零。

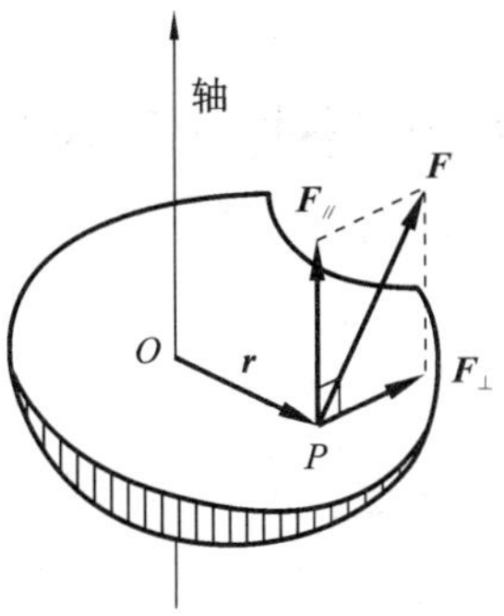

图 4-4　外力不在垂直于轴的平面内

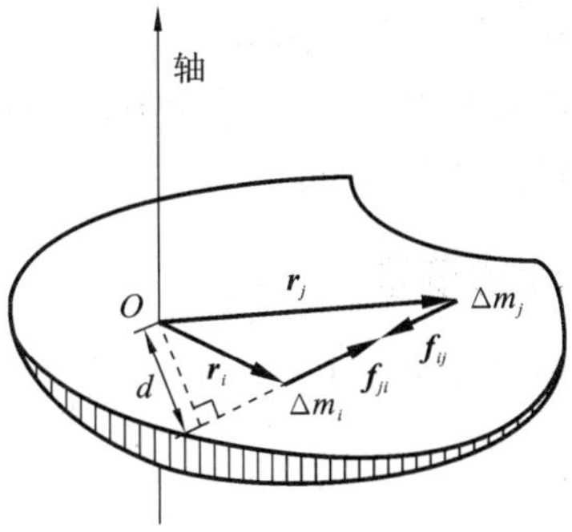

图 4-5　合内力的力矩

二、转动定律

当刚体受到外力矩作用时，刚体的转动状态发生改变。如图 4-6 所示，一个绕固定轴转动的刚体，其中任一质元 Δm_i 所受的外力为 $\boldsymbol{F}_i$，内力（刚体内所有的其他质元对质元 Δm_i 作用力的合力）为 $\boldsymbol{f}_i$。为方便讨论，假设外力 $\boldsymbol{F}_i$ 和内力 $\boldsymbol{f}_i$ 的作用线都位于质元 Δm_i 所在的垂直于轴的平面内，它们与位矢 $\boldsymbol{r}_i$ 的夹角分别为 φ_i 和 θ_i。

在切线方向上由牛顿运动定律有

$$F_{it}+f_{it}=\Delta m_i a_t=\Delta m_i r_i \alpha$$

即

$$F_i\sin\varphi_i+f_i\sin\theta_i=\Delta m_i r_i\alpha \tag{4-6}$$

对式(4-6)两边同乘 r_i 可得

$$F_i r_i\sin\varphi_i+f_i r_i\sin\theta_i=\Delta m_i r_i^2\alpha \tag{4-7}$$

每一个质点都有一个这样的方程，将所有质点对应方程求和，有

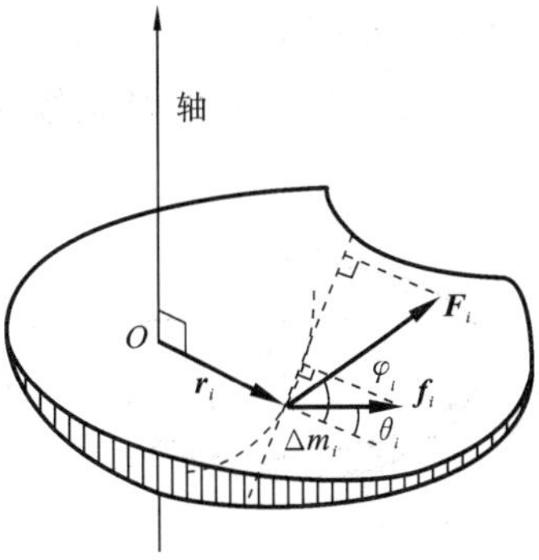

图 4-6　绕固定轴转动的刚体

$$\sum_i F_i r_i\sin\varphi_i+\sum_i f_i r_i\sin\theta_i=\left[\sum_i \Delta m_i r_i^2\right]\alpha$$

由于合内力矩 $\sum\limits_i f_i r_i\sin\theta_i=0$，故

$$\sum_i F_i r_i\sin\varphi_i=\left[\sum_i \Delta m_i r_i^2\right]\alpha \tag{4-8}$$

令 $M=\sum_i F_i r_i \sin\varphi_i$，$J=\sum_i \Delta m_i r_i^2$，$M$ 为刚体所受到的合外力的力矩，J 称为刚体对给定轴的转动惯量。

则式(4-8)可写成

$$M=J\alpha \tag{4-9}$$

上式表明，刚体在合外力矩的作用下所获得的角加速度 α 与合外力矩 M 的大小成正比，并与转动惯量 J 成反比，这一关系称为刚体绕定轴转动的转动定律。

对刚体绕定轴转动的转动定律有以下几点说明：

(1) $M=J\alpha$，α 与 M 方向相同；

(2) $M=J\alpha$ 为瞬时关系；

(3) 转动中 $M=J\alpha$ 与平动中 $\boldsymbol{F}=m\boldsymbol{a}$ 地位相同，$\boldsymbol{F}$ 是产生 $\boldsymbol{a}$ 的原因，M 是产生 α 的原因；

(4) M 为合外力矩。

三、转动惯量

转动惯量的定义式为

$$J=\sum_i \Delta m_i r_i^2 \tag{4-10}$$

由转动惯量的定义 $J=\sum_i \Delta m_i r_i^2$ 知，转动惯量为刚体中各质元的质量与它到转轴垂直距离平方乘积之和，它取决于刚体的质量相对于转轴的分布情况，与刚体的运动以及所受的外力无关，是表示刚体本身特征的物理量。将转动惯量 $M=J\alpha$ 与牛顿第二定律 $\boldsymbol{F}=m\boldsymbol{a}$ 相对照，就可以进一步了解转动惯量的物理意义。刚体的转动惯量与质点的质量 m 相对应，质量是质点运动惯性大小的量度，而转动惯量是刚体转动惯性大小的量度。

如果刚体的质量是连续分布的，公式(4-10)中的求和应过渡到积分形式：

$$J=\int_m r^2\,\mathrm{d}m=\int_V \rho r^2\,\mathrm{d}V \tag{4-11}$$

式中，$\mathrm{d}V$ 为对应于质元 $\mathrm{d}m$ 的体积元，ρ 为体积元 $\mathrm{d}V$ 处的密度，积分遍及整个刚体。

在国际单位制中，转动惯量的单位是 $\mathrm{kg\cdot m^2}$（千克·米^2）。

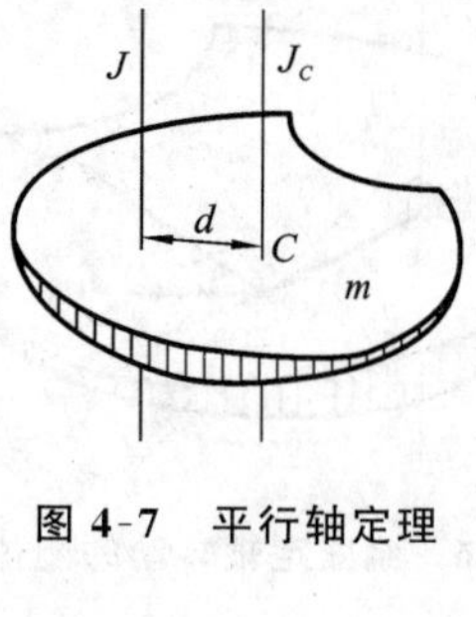

图 4-7 平行轴定理

四、平行轴定理

如图 4-7 所示，质量为 m 的刚体，如果对过质心轴的转动惯量为 J_C，则对任一与该轴平行、相距为 d 的转轴的转动惯量为

$$J=J_C+md^2 \tag{4-12}$$

由式(4-12)可以看出，刚体对通过质心轴线的转动惯量 J_C 最小，而对任何与质心轴线相平行的轴线的转动惯量 J 都大于 J_C，即 $J>J_C$。

五、刚体的几种常用转动惯量

表 4-1 列出了几种常见刚体的转动惯量。

表 4-1　几种刚体的转动惯量

刚体	刚体形状	刚体特征	转动惯量
薄圆环	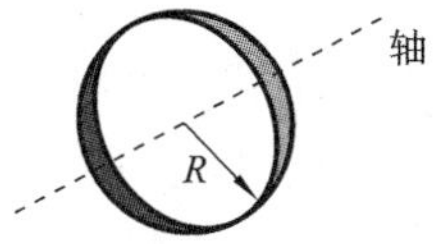	轴线通过中心，与环面垂直	$I=mR^2$
圆柱环	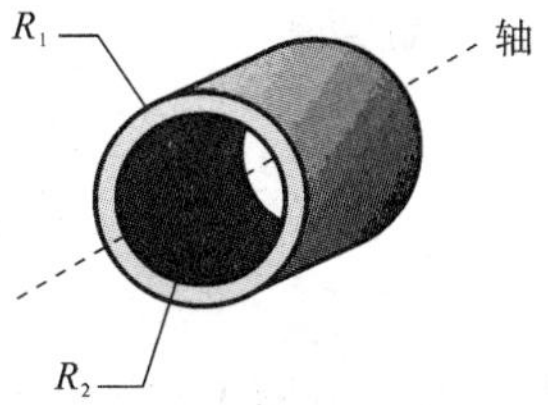	轴线通过中心，与环面垂直	$I=\frac{1}{2}m(R_1^2+R_2^2)$
薄圆盘或圆柱	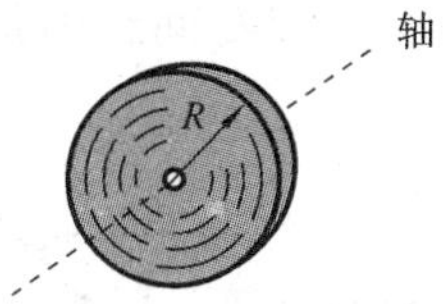	轴线通过中心，与盘面（或圆柱横截面）垂直	$I=\frac{1}{2}mR^2$
球体	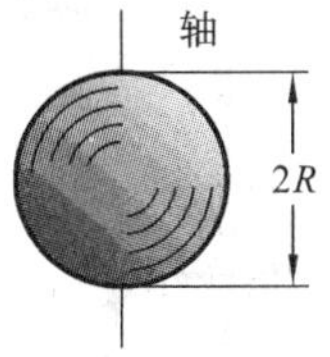	轴线沿直径	$I=\frac{2}{5}mR^2$
细棒	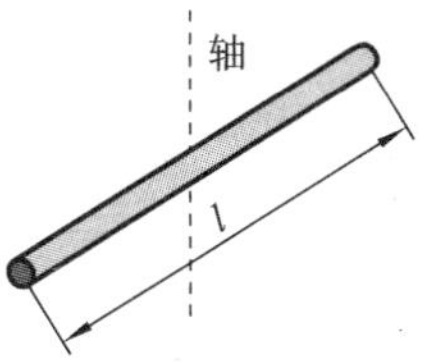	轴线通过中心，与棒垂直	$I=\frac{1}{12}ml^2$
细棒	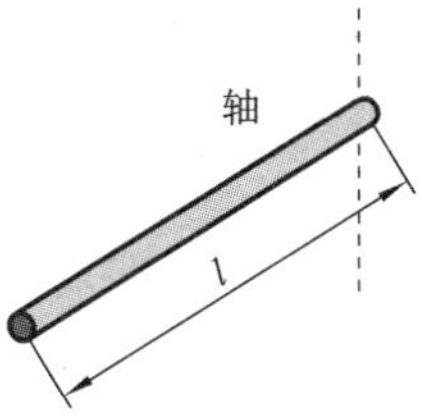	轴线通过端点，与棒垂直	$I=\frac{1}{3}ml^2$

例 4-1 如图 4-8 所示,在由不计质量的细杆组成的正三角形的顶角上,各固定一个质量为 m 的小球,三角形边长为 l。求:

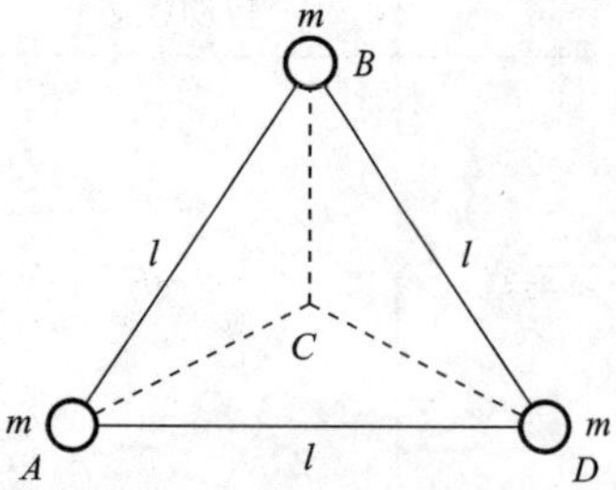

图 4-8 例 4-1 图

(1) 系统对过质心 C 且与三角形平面垂直的轴的转动惯量;

(2) 系统对过 A 点且垂直于三角形平面的轴的转动惯量;

(3) 若 A 处质点也固定在 B 处,(2)的结果如何?

解 (1) $J_C=m\left(\dfrac{l}{\sqrt{3}}\right)^2+m\left(\dfrac{l}{\sqrt{3}}\right)^2+m\left(\dfrac{l}{\sqrt{3}}\right)^2$

$$=\frac{1}{3}Ml^2(M=3m);$$

(2) $J_A=ml^2+ml^2=\dfrac{2}{3}Ml^2$;

(3) $J_A=ml^2+2ml^2=Ml^2$。

例 4-2 如图 4-9(a)所示,轻绳经过水平光滑桌面上的定滑轮 C 连接两物体 A 和 B,A、B 物体的质量分别为 m_A、m_B,滑轮视为均匀圆盘,其质量为 m_C,半径为 R,AC 水平并与轴垂直,绳与滑轮无相对滑动,不计轴处摩擦,求 B 的加速度,以及 AC、BC 间绳的张力大小。

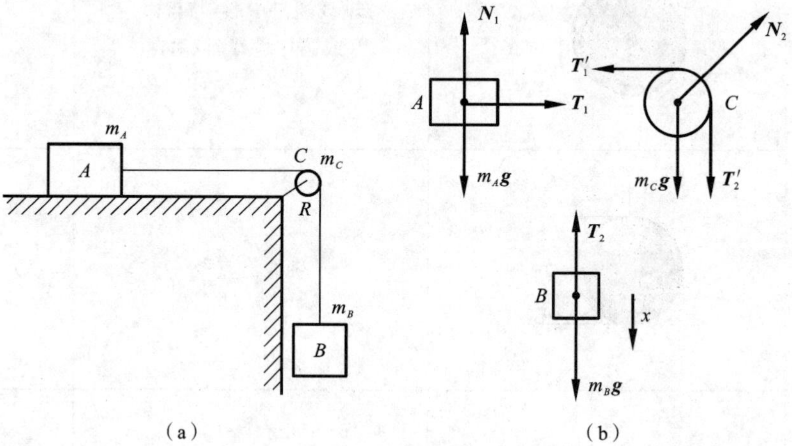

图 4-9 例 4-2 图

解 分别对 A、B、C 进行受力分析,如图 4-9(b)所示:

m_A:重力 $m_A\boldsymbol{g}$,桌面支持力 $\boldsymbol{N}_1$,绳的拉力 $\boldsymbol{T}_1$;

m_B:重力 $m_B\boldsymbol{g}$,绳的拉力 $\boldsymbol{T}_2$;

m_C:重力 $m_C\boldsymbol{g}$,轴作用力 $\boldsymbol{N}_2$,绳作用力 $\boldsymbol{T}'_1$、$\boldsymbol{T}'_2$。

取物体运动方向为正,由牛顿运动定律及转动定律得

$$\begin{cases} T_1=m_Aa \\ m_Bg-T_2=m_Ba \\ T'_2R-T'_1R=\dfrac{1}{2}m_CR^2\alpha \end{cases}$$

由于 $T'_1=T_1$,$T'_2=T_2$,$a=R\alpha$,解得

$$\begin{cases} a=\dfrac{m_B g}{m_A+m_B+\dfrac{1}{2}m_C} \\ T_1=\dfrac{m_A m_B g}{m_A+m_B+\dfrac{1}{2}m_C} \\ T_2=\dfrac{\left(m_A+\dfrac{1}{2}m_C\right)m_B g}{m_A+m_B+\dfrac{1}{2}m_C} \end{cases}$$

不计 m_C 时，$a=\dfrac{m_B g}{m_A+m_B}$，$T_1=T_2=\dfrac{m_A m_B g}{m_A+m_B}$(即为质点情况)。

4-3　角动量　角动量守恒定律

人们在研究物体转动问题(例如地球的自转和公转、宇宙中各种天体的运动、微观世界中基本粒子的运动等)时发现，用动量描述这类运动不太方便也不够确切，于是引入一个新的物理量——角动量(或称为动量矩)，并导出了一系列有关转动问题的定理和定律。这一节中首先建立质点的角动量的概念，并导出质点角动量定理和角动量守恒定律。

一、质点的角动量定理和角动量守恒定律

1. 质点的角动量

如图 4-10 所示，一质量为 m 的质点，以速度 $\boldsymbol{v}$ 运动，相对于坐标原点 O 的位置矢量为 $\boldsymbol{r}$，定义质点对坐标原点 O 的角动量为该质点的位置矢量与动量的矢量积，即

$$\boldsymbol{L}=\boldsymbol{r}\times\boldsymbol{p}=\boldsymbol{r}\times m\boldsymbol{v} \qquad (4\text{-}13)$$

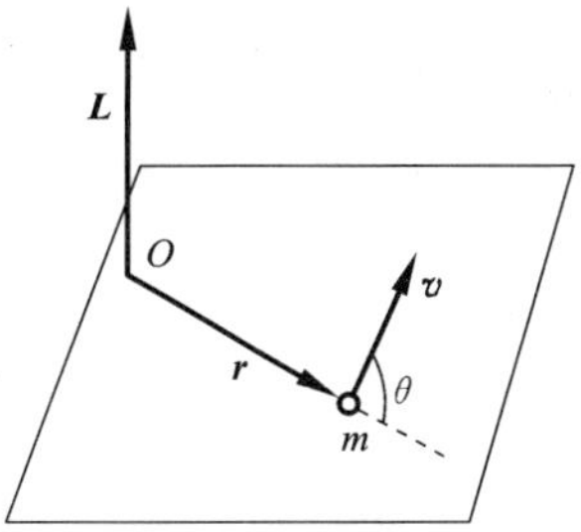

图 4-10　质点的角动量

角动量是矢量，大小为 $L=rmv\sin\theta$，式中 θ 为质点动量与质点位置矢量的夹角。角动量的方向可以用右手螺旋定则来确定。在国际单位制中，角动量的单位是 $\mathrm{kg\cdot m^2\cdot s^{-1}}$。

关于角动量有以下几点说明：

(1) 大到天体，小到基本粒子，都具有转动的特征。虽然 18 世纪定义了角动量，直到 20 世纪人们才开始认识到角动量是自然界最基本最重要的概念之一，它不仅仅在经典力学中很重要，在近代物理中的运用更广泛。

例如，电子绕核运动，具有轨道角动量，电子本身还有自旋运动，具有自旋角动量，等等。原子、分子和原子核系统的基本性质之一，是它们的角动量仅具有一定的不连续的量值。这叫作角动量的量子化。因此，在这种系统的性质描述中，角动量起着主要的作用。

(2) 角动量不仅与质点的运动有关，还与参考点有关。对于不同的参考点，同一质点有不同的位置矢量，因而角动量也不相同。因此在说明一个质点的角动量时，必须指明是相对于哪一个参考点而言的。

(3) 角动量的定义式 $\boldsymbol{L}=\boldsymbol{r}\times\boldsymbol{P}=\boldsymbol{r}\times m\boldsymbol{v}$ 与力矩的定义式 $\boldsymbol{M}=\boldsymbol{r}\times\boldsymbol{F}$ 形式相同，故角动量有时

也称为动量矩,即动量对转轴的矩。

(4) 若质点做圆周运动,$\boldsymbol{v}\perp\boldsymbol{r}$,且在同一平面内,则角动量的大小为 $L=mrv=mr^2\omega$,写成矢量形式为 $\boldsymbol{L}=mr^2\boldsymbol{\omega}$。

(5) 质点做匀速直线运动时,尽管位置矢量 $\boldsymbol{r}$ 变化,但是质点的角动量 $\boldsymbol{L}$ 保持不变。

2. 质点的角动量定理

引起质点动量改变的原因是力,引起质点角动量改变的原因是力矩。关于力矩的概念,中学物理中已做了初步介绍,这里对力矩的概念做进一步介绍。

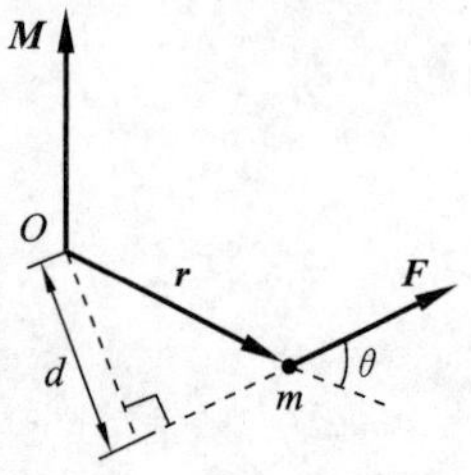

图 4-11　质点的力矩

如图 4-11 所示,设质点的质量为 m,在合力 $\boldsymbol{F}$ 的作用下运动,$\boldsymbol{F}$ 对参考点 O 的力矩 $\boldsymbol{M}$ 的大小为

$$M=Fd=Fr\sin\theta$$

参考点 O 至 $\boldsymbol{F}$ 的作用线的垂直距离 d 称为力臂。力矩也是一个矢量,其定义为

$$\boldsymbol{M}=\boldsymbol{r}\times\boldsymbol{F} \tag{4-14}$$

力矩的大小为 $M=Fd=Fr\sin\theta$,其中 θ 为力 $\boldsymbol{F}$ 和位置矢量 $\boldsymbol{r}$ 的夹角。

力矩垂直于 $\boldsymbol{r}$ 和 $\boldsymbol{F}$ 决定的平面,其指向按右手螺旋定则确定。

在国际单位制中,力矩的单位是 N·m(牛·米)。

下面讨论力矩与质点角动量之间的关系。由于角动量 $\boldsymbol{L}=\boldsymbol{r}\times\boldsymbol{P}=\boldsymbol{r}\times m\boldsymbol{v}$,左右两边对时间求导,可得

$$\frac{\mathrm{d}\boldsymbol{L}}{\mathrm{d}t}=\frac{\mathrm{d}}{\mathrm{d}t}(\boldsymbol{r}\times m\boldsymbol{v})=\boldsymbol{r}\times\frac{\mathrm{d}}{\mathrm{d}t}(m\boldsymbol{v})+\frac{\mathrm{d}\boldsymbol{r}}{\mathrm{d}t}\times m\boldsymbol{v}$$

而

$$\frac{\mathrm{d}\boldsymbol{r}}{\mathrm{d}t}\times\boldsymbol{v}=\boldsymbol{v}\times\boldsymbol{v}=\boldsymbol{0}$$

故有

$$\frac{\mathrm{d}\boldsymbol{L}}{\mathrm{d}t}=\frac{\mathrm{d}}{\mathrm{d}t}(\boldsymbol{r}\times m\boldsymbol{v})=\boldsymbol{r}\times\frac{\mathrm{d}}{\mathrm{d}t}(m\boldsymbol{v})=\boldsymbol{r}\times\boldsymbol{F}$$

由力矩

$$\boldsymbol{M}=\boldsymbol{r}\times\boldsymbol{F}$$

得

$$\boldsymbol{M}=\frac{\mathrm{d}\boldsymbol{L}}{\mathrm{d}t} \tag{4-15}$$

上式说明,作用于质点的合力对参考点 O 的力矩,等于质点对该点 O 的角动量随时间的变化率,也就是说力矩的作用是导致质点角动量发生变化的原因,这个结论叫作质点的**角动量定理**,式(4-15)常称为角动量定理的微分形式。

若合外力矩的作用时间从 t_1 到 t_2,对应角动量从 $\boldsymbol{L}_1$ 变化到 $\boldsymbol{L}_2$,式(4-15)也可写成 $\boldsymbol{M}\mathrm{d}t=\mathrm{d}\boldsymbol{L}$,将此式两边积分可得

$$\int_{t_1}^{t_2}\boldsymbol{M}\mathrm{d}t=\boldsymbol{L}_2-\boldsymbol{L}_1 \tag{4-16}$$

$\int_{t_1}^{t_2}\boldsymbol{M}\mathrm{d}t$ 为质点在时间间隔 $\Delta t=t_2-t_1$ 内所受合外力矩的**冲量矩**。式(4-16) 称为角动量定

理的积分形式。它表明,在从 t_1 到 t_2 时间内作用在质点上合外力矩的冲量矩,等于这段时间内质点角动量的增量。

3. 质点的角动量守恒定律

根据质点(或质点系)的角动量定理,如果质点(或质点系)所受的合外力矩为零,即 $\boldsymbol{M}=\boldsymbol{0}$,则 $\frac{\mathrm{d}\boldsymbol{L}}{\mathrm{d}t}=\boldsymbol{0}$,因而,$\boldsymbol{L}$ 为常矢量。

这就是说,如果对于某一固定参考点,质点(或质点系)所受到的合外力矩的矢量和为零,则此质点(或质点系)对于该参考点的角动量保持不变。这就是质点(或质点系)的**角动量守恒定律**。

关于质点(或质点系)角动量守恒有以下几点说明:

(1) 质点(或质点系)的角动量守恒定律的条件是 $\boldsymbol{M}=\boldsymbol{0}$,这可能有两种情况:合力为零;合力不为零,但合外力矩为零。例如,质点做匀速圆周运动就是第二种情况。质点做匀速圆周运动时,作用于质点的合力是指向圆心的有心力,故其力矩为零,所以质点做匀速圆周运动时,它对圆心的角动量是守恒的。不仅如此,只要作用于质点的力是有心力,有心力对力心的力矩总是零,所以,在有心力作用下质点对力心的角动量都是守恒的。太阳系中行星的轨道为椭圆,太阳位于两焦点之一,太阳作用于行星的引力是指向太阳的有心力,因此若以太阳为参考点 O,则行星的角动量是守恒的。

特例:① 在向心力的作用下,质点对力心的角动量都是守恒的;

② 匀速直线运动。

(2) 角动量守恒定律是物理学的另一基本规律。在研究天体运动和微观粒子运动时,角动量守恒定律起着重要作用。

二、刚体绕定轴转动的角动量和角动量定理

对于一个绕定轴转动的刚体来说,刚体的任一个质点都以相同的角速度相对于转轴做圆周运动。如图 4-12 所示,当刚体以角速度 ω 绕定轴 Oz 转动时,其中任一质元 Δm_i 的位矢为 $\boldsymbol{r}_i$,速度为 $\boldsymbol{v}_i$,质元 Δm_i 对 Oz 轴的角动量为 $m_i v_i r_i = m_i r_i^2 \omega$,整个刚体对定轴 Oz 的角动量为

$$\boldsymbol{L} = \sum_i m_i \boldsymbol{r}_i^2 \boldsymbol{\omega} = \left(\sum_i m_i \boldsymbol{r}_i^2\right)\boldsymbol{\omega}$$

式中,$\sum_i m_i \boldsymbol{r}_i^2$ 等于刚体绕轴 Oz 的转动惯量 J。于是刚体对定轴 Oz 的角动量为

$$\boldsymbol{L}=J\boldsymbol{\omega} \tag{4-17}$$

式中,$\boldsymbol{L}$ 为矢量,方向与 $\boldsymbol{\omega}$ 同向。

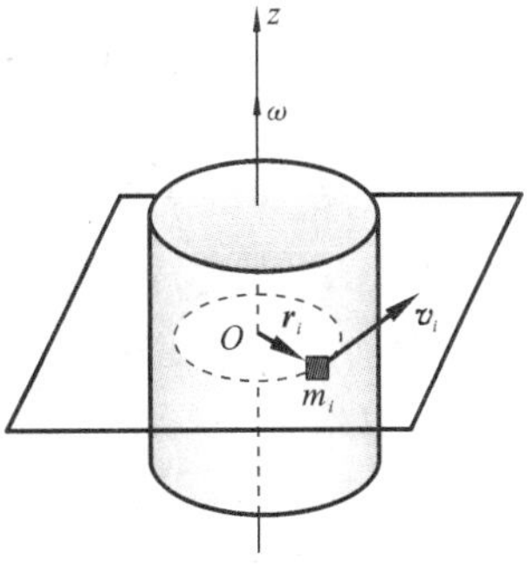

图 4-12　刚体绕定轴的角动量

由刚体的转动定律知道

$$\boldsymbol{M}=J\boldsymbol{\alpha}=J\frac{\mathrm{d}\boldsymbol{\omega}}{\mathrm{d}t}$$

则

$$\boldsymbol{M}=\frac{\mathrm{d}(J\boldsymbol{\omega})}{\mathrm{d}t}=\frac{\mathrm{d}\boldsymbol{L}}{\mathrm{d}t} \tag{4-18}$$

式(4-18)表明,刚体绕某定轴转动时,作用于刚体的合外力矩等于刚体绕此定轴的角动量随时间的变化率,也称为角动量定理的微分形式。这是转动定律的另一种表达方式,但意义更加普遍。

设有一转动惯量为 J 的刚体绕定轴转动,在合外力矩 $\boldsymbol{M}$ 的作用下,在时间间隔 $\Delta t=t_2-t_1$ 内,角速度由 $\boldsymbol{\omega}_1$ 变为 $\boldsymbol{\omega}_2$,由式(4-18)可得

$$\boldsymbol{M}\mathrm{d}t=\mathrm{d}\boldsymbol{L}$$

两边积分,得

$$\int_{t_1}^{t_2}\boldsymbol{M}\mathrm{d}t=\boldsymbol{L}_2-\boldsymbol{L}_1=J\boldsymbol{\omega}_2-J\boldsymbol{\omega}_1 \tag{4-19}$$

式中,$\int_{t_1}^{t_2}\boldsymbol{M}\mathrm{d}t$ 叫作力矩在时间间隔 $\Delta t=t_2-t_1$ 内对给定轴的冲量矩,又叫角冲量。如果刚体在转动过程中对转轴的转动惯量发生变化,在 Δt 时间内,转动惯量由 J_1 变为 J_2,则式(4-19)变为

$$\int_{t_1}^{t_2}\boldsymbol{M}\mathrm{d}t=\boldsymbol{L}_2-\boldsymbol{L}_1=J_2\boldsymbol{\omega}_2-J_1\boldsymbol{\omega}_1 \tag{4-20}$$

上式表明,作用在物体上的冲量矩等于角动量的增量,这就是角动量定理的积分形式。

三、角动量守恒定律

已知

$$\boldsymbol{M}=\frac{\mathrm{d}\boldsymbol{L}}{\mathrm{d}t}$$

当 $\boldsymbol{M}=\boldsymbol{0}$ 时,

$$\frac{\mathrm{d}\boldsymbol{L}}{\mathrm{d}t}=\boldsymbol{0}$$

有

$$\boldsymbol{L}=J\boldsymbol{\omega}=\text{常矢量} \tag{4-21}$$

上式说明,刚体绕定轴转动时,如果所受到的合外力矩 $\boldsymbol{M}=\boldsymbol{0}$,则刚体对此转轴的角动量将保持不变,这就是刚体定轴转动的**角动量守恒定律**。

关于角动量守恒有以下几点说明:

(1) 角动量守恒条件是某一过程中 $\boldsymbol{M}=\boldsymbol{0}$。

(2) $\boldsymbol{L}=J\boldsymbol{\omega}$ 不变,包括两种情况:J、$\boldsymbol{\omega}$ 均不变;J、$\boldsymbol{\omega}$ 均变,但 $J\boldsymbol{\omega}$ 不变。

(3) 角动量守恒定律、动量守恒定律和能量守恒定律是自然界中的普遍规律,不仅适用于宏观物体的机械运动,而且适用于原子、原子核和基本粒子(如电子、中子、原子、光子)等微观粒子的运动。

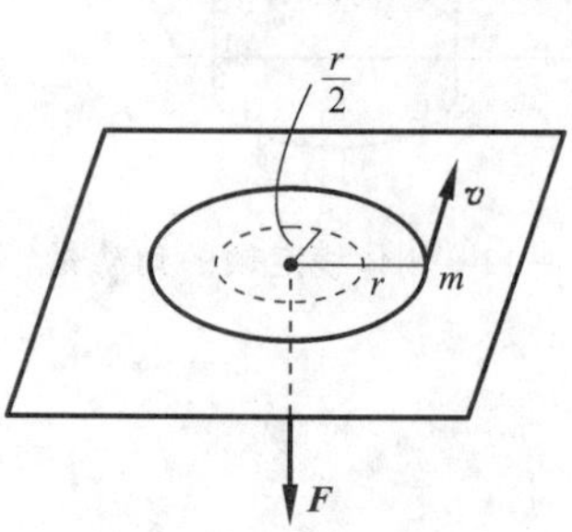

图 4-13　例 4-3 图

例 4-3　如图 4-13 所示,轻绳一端系着质量为 m 的质点,另一端穿过光滑水平桌面上的小孔 O 用力 $\boldsymbol{F}$ 拉着。质点原来以等速率 v 做半径为 r 的圆周运动,当 $\boldsymbol{F}$ 拉动绳子向正下方移动 $\frac{r}{2}$ 时,求质点的角速度 ω_2。

解　以 m 为研究对象,对 m 进行受力分析:质点受重力、桌面支持力、绳的作用力等作用力。

可见转动中，合外力矩 $\boldsymbol{M}=\boldsymbol{0}$，角动量守恒，即 $\boldsymbol{L}=$ 常矢量。即

$$J_1\omega_1=J_2\omega_2$$

可得

$$mr^2\left(\frac{v}{r}\right)=m\left(\frac{r}{2}\right)^2\omega_2$$

解得

$$\omega_2=4\frac{v}{r}$$

4-4　力矩的功　刚体绕定轴转动的动能定理

一、力矩的功

当质点在外力作用下发生位移时，力对质点做了功。与之相似，刚体在外力矩的作用下发生转动时，力矩也对刚体做了功。由于在转动研究中，使用角量比使用线量方便，在功的表达式中力以力矩的形式出现，力做的功也就是力矩的功。

如图 4-14 所示，刚体绕定轴转动，设力 $\boldsymbol{F}$ 作用在刚体 P 点，在力 $\boldsymbol{F}$ 作用下刚体有一角位移 $\mathrm{d}\theta$，力的作用点的位移为 $\mathrm{d}\boldsymbol{r}$，则力 $\boldsymbol{F}$ 在该位移中做的功为

$$\begin{aligned}\mathrm{d}W&=\boldsymbol{F}\cdot\mathrm{d}\boldsymbol{r}=F\mathrm{d}r\cos\alpha=F\mathrm{d}r\cos\left(\frac{\pi}{2}-\varphi\right)\\&=F\mathrm{d}r\sin\varphi=Fr\sin\varphi\mathrm{d}\theta=M\mathrm{d}\theta\end{aligned}\tag{4-22}$$

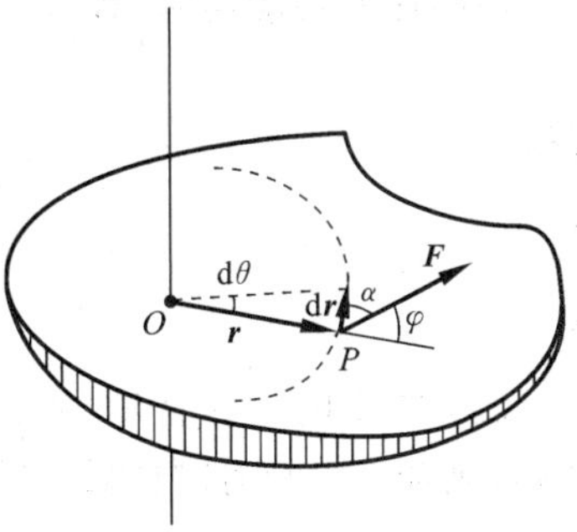

图 4-14　力矩的功

在力矩作用下，刚体的角度从 θ_1 变化为 θ_2 过程中，力矩的功为

$$W=\int_{\theta_1}^{\theta_2}M\mathrm{d}\theta\tag{4-23}$$

由此可见，力对刚体所做的功可用力矩对角量积分来表示，叫作力矩的功。

对力矩做功有以下几点说明：

(1) 恒力矩的功 $W=M(\theta_2-\theta_1)$；

(2) 力矩的功是力矩的空间积累效应；

(3) 内力矩的功之和为零(因为刚体运动过程当中，任意两点之间的距离不发生改变)；

(4) 力矩的功率：$P=\dfrac{\mathrm{d}W}{\mathrm{d}t}=\dfrac{M\mathrm{d}\theta}{\mathrm{d}t}=M\omega$。

二、转动动能

如图 4-15 所示，刚体绕过 O 点的轴(垂直于图面)转动，角速度为 ω，在转动中刚体各个质元都具有动能，刚体转动动能等于各个质元动能之和。

设各质元质量为 $\Delta m_1,\Delta m_2,\Delta m_3,\cdots$，与轴距离为 $r_1,r_2,r_3,\cdots$，则整个刚体的转动动能为

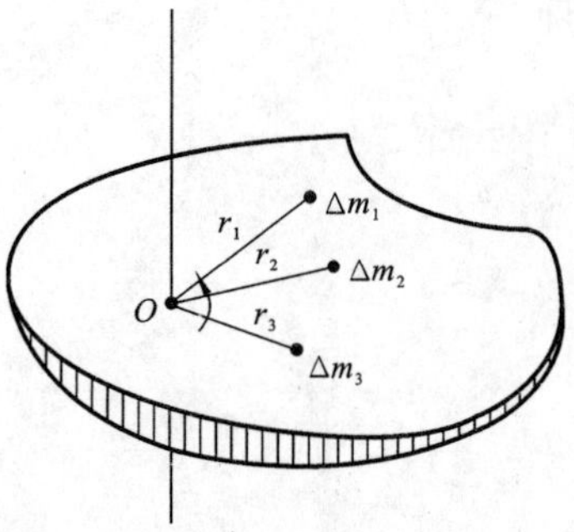

图 4-15 刚体的转动动能

$$E_k = \frac{1}{2}\Delta m_1(r_1\omega)^2 + \frac{1}{2}\Delta m_2(r_2\omega)^2 + \frac{1}{2}\Delta m_3(r_3\omega)^2 + \cdots$$
$$= \frac{1}{2}[\Delta m_1 r_1^2 + \Delta m_2 r_2^2 + \Delta m_3 r_3^2 + \cdots]\omega^2$$
$$= \frac{1}{2}\left[\sum_i \Delta m_i r_i^2\right]$$
$$= \frac{1}{2}J\omega^2$$

即

$$E_k = \frac{1}{2}J\omega^2 \tag{4-24}$$

上式表明刚体绕某定轴转动的动能，等于刚体对该转轴的转动惯量与其角速度平方之积的一半。

对于刚体，其动能 $E_k=\frac{1}{2}J\omega^2$；对于质点，其动能 $E_k=\frac{1}{2}mv^2$。两者的动能表达式在形式上一致。

三、刚体定轴转动的动能定理

由刚体的转动定律，有

$$M=J\alpha$$

可得

$$M=J\frac{d\omega}{dt}=J\frac{d\omega}{d\theta}\cdot\frac{d\theta}{dt}=J\omega\frac{d\omega}{d\theta}$$

即

$$dW=Md\theta=J\omega d\omega$$

设上式中的 J 为常量，那么在时间 Δt 内，合外力矩对刚体做功，使得刚体的角速度从 ω_1 变为 ω_2，则合外力矩对刚体做的功为

$$\int_{\theta_1}^{\theta_2} M d\theta = \int_{\omega_1}^{\omega_2} J\omega d\omega$$

可得

$$W=\frac{1}{2}J\omega_2^2-\frac{1}{2}J\omega_1^2 \tag{4-25}$$

上式表明，合外力矩对刚体所做的功等于刚体转动动能增量，这个结论称为刚体的**转动动能定理**。

例 4-4 如图 4-16 所示，长为 l、质量为 m 的匀质细杆，可绕光滑水平轴 O 转动。起初杆水平静止。求：

(1) $t=0$ 时，角加速度 α；

(2) 杆到竖直位置时，角速度 ω；

(3) 杆从水平位置到竖直位置过程中外力矩的功；

(4) 杆从水平位置到竖直位置过程中杆受冲量矩的大小。

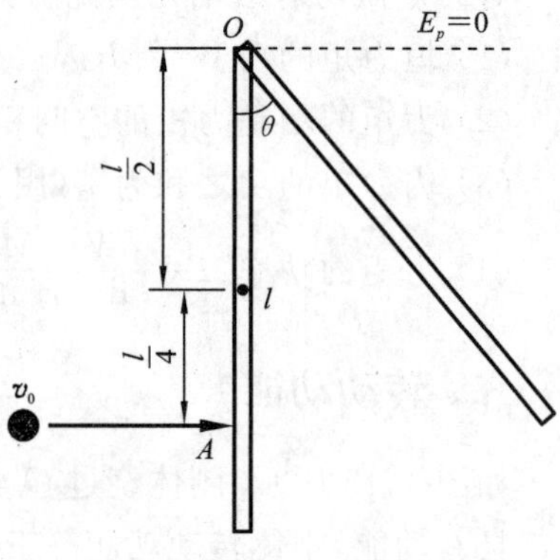

图 4-16 例 4-4 图

解　(1) 由 $M=J\alpha$ 即 $mg\,\frac{l}{2}=\frac{1}{3}ml^2\alpha$，得

$$\alpha=\frac{3g}{2l}$$

(2) 以细杆、大地为系统，其能量方程有 $0=\frac{1}{2}J\omega^2-\frac{1}{2}mgl$，得

$$\omega=\sqrt{\frac{mgl}{J}}=\sqrt{\frac{mgl}{\frac{1}{3}ml^2}}=\sqrt{\frac{3g}{l}}$$

(3) $W=\frac{1}{2}J\omega^2-0=\frac{1}{2}mgl$；

(4) 冲量矩 $=J\omega-0=\frac{1}{3}ml^2\sqrt{\frac{3g}{l}}=m\sqrt{\frac{gl^3}{3}}$。

表 4-2 列出了质点运动与刚体定轴转动的常用物理量。

表 4-2　质点运动与刚体定轴转动对照表

质点运动		刚体定轴转动	
速度	$\boldsymbol{v}=\frac{\mathrm{d}\boldsymbol{r}}{\mathrm{d}t}$	角速度	$\boldsymbol{\omega}=\frac{\mathrm{d}\boldsymbol{\theta}}{\mathrm{d}t}$
加速度	$\boldsymbol{\alpha}=\frac{\mathrm{d}\boldsymbol{v}}{\mathrm{d}t}$	角加速度	$\boldsymbol{\alpha}=\frac{\mathrm{d}\boldsymbol{\omega}}{\mathrm{d}t}$
力	$\boldsymbol{F}$	力矩	$\boldsymbol{M}$
质量	m	转动惯量	$J=\int \boldsymbol{r}^2\mathrm{d}m$
动量	$\boldsymbol{p}=m\boldsymbol{v}$	角动量	$L=J\boldsymbol{\omega}$
牛顿第二定律	$\boldsymbol{F}=m\boldsymbol{a}$ $\boldsymbol{F}=\frac{\mathrm{d}\boldsymbol{p}}{\mathrm{d}t}$	转动定律	$\boldsymbol{M}=\boldsymbol{J\alpha}$ $\boldsymbol{M}=\frac{\mathrm{d}\boldsymbol{L}}{\mathrm{d}t}$
动量定理	$\int\boldsymbol{F}\mathrm{d}t=m\boldsymbol{v}_2-m\boldsymbol{v}_1$	角动量定理	$\int\boldsymbol{M}\mathrm{d}t=J\boldsymbol{\omega}_2-J\boldsymbol{\omega}_1$
动量守恒定律	$\boldsymbol{F}=0, m\boldsymbol{v}=$恒矢量	角动量守恒定律	$\boldsymbol{M}=\boldsymbol{0}, J\boldsymbol{\omega}=$恒矢量
动能	$\frac{1}{2}mv^2$	转动动能	$\frac{1}{2}J\omega^2$
功	$W=\int\boldsymbol{F}\cdot\mathrm{d}\boldsymbol{r}$	力矩的功	$W=\int\boldsymbol{M}\mathrm{d}\boldsymbol{\theta}$
功率	$P=\boldsymbol{F}\cdot\boldsymbol{v}$	力矩的功率	$P=\boldsymbol{M}\cdot\boldsymbol{\omega}$
动能定理	$W=\frac{1}{2}mv_2^2-\frac{1}{2}mv_1^2$	转动动能定理	$W=\frac{1}{2}J\omega_2^2-\frac{1}{2}\omega_1^2$

习　题

4-1　对于定轴转动刚体上的不同点来说,具有相同值的物理量有(　　)。

A. 线速度、法向加速度、切向加速度　　B. 切向加速度、角位移、角速度

C. 角位移、角速度、角加速度　　D. 角速度、角加速度、线速度

4-2　有一任意形状的刚体,可绕定轴转动,刚体上作用有 $\boldsymbol{F}_1$ 和 $\boldsymbol{F}_2$ 两个力,其合力为 $\boldsymbol{F}$,对轴的力矩为 $\boldsymbol{M}$。

(1) 当 $\boldsymbol{F}=\mathbf{0}$ 时,$\boldsymbol{M}$ 也等于零　　(2) 当 $\boldsymbol{F}=\mathbf{0}$ 时,$\boldsymbol{M}$ 不一定等于零

(3) 当 $\boldsymbol{M}=\mathbf{0}$ 时,$\boldsymbol{F}$ 一定等于零　　(4) 当 $\boldsymbol{M}=\mathbf{0}$ 时,$\boldsymbol{F}$ 不一定等于零

在上述说法中正确的是(　　)。

A. (2)　　B. (1)(3)　　C. (4)　　D. (2)(4)

4-3　均匀细棒 OA 可绕通过其一端 O 而与棒垂直的水平固定光滑轴转动,如图 4-17 所示,今使棒从水平位置由静止开始自由下落,在棒摆到竖直位置的过程中,下述说法正确的是(　　)。

A. 角速度从小到大,角加速度不变

B. 角速度从小到大,角加速度从小到大

C. 角速度从小到大,角加速度从大到小

D. 角速度不变,角加速度为零

4-4　一圆盘绕通过盘心且垂直于盘面的水平轴转动,轴间摩擦不计。如图 4-18 所示,射来两颗质量相同、速度大小相同、方向相反并在一条直线上的子弹,它们同时射入圆盘并且留在盘内,则子弹射入后的瞬间,圆盘和子弹系统的角动量 L 以及圆盘的角速度 ω 的变化情况为(　　)。

A. L 不变,ω 增大　　B. 两者均不变

C. L 不变,ω 减小　　D. 两者均不确定

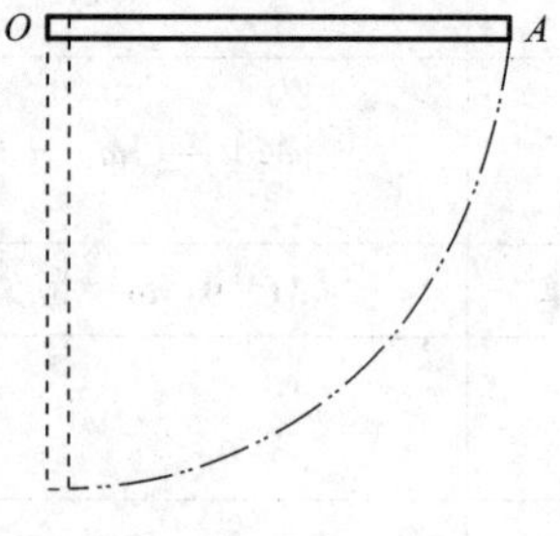

图 4-17　题 4-3 图

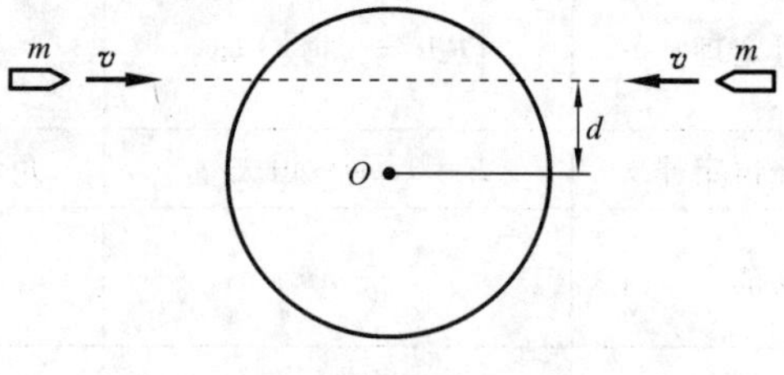

图 4-18　题 4-4 图

4-5　花样滑冰运动员可绕自身的竖直转轴转动,开始时两臂伸开,角速度为 ω_0,转动惯量为 J_0,当他将两臂收回时,角速度变为 $\frac{5}{2}\omega_0$,此时他的转动惯量为(　　)。

A. $\frac{5}{2}J_0$　　B. $\frac{2}{\sqrt{5}}J_0$　　C. $\frac{2}{5}J_0$　　D. $\frac{\sqrt{2}}{5}J_0$

4-6　关于力矩有以下几种说法：

(1) 对某个定轴转动刚体而言，内力矩不会改变刚体的角加速度；

(2) 一对作用力和反作用力对同一轴的力矩之和必为零；

(3) 质量相等，形状和大小不同的两个刚体，在相同力矩的作用下，它们的运动状态一定相同。

对上述说法下述判断正确的是(　　)。

A. 只有(2)是正确的　　　　B. (1)(2)是正确的

C. (2)(3)是正确的　　　　D. (1)(2)(3)都是正确的

4-7　两个均质圆盘 A 和 B 的密度分别为 ρ_A 和 ρ_B，若 $\rho_A>\rho_B$，但两圆盘的质量与厚度相同，如果两盘对通过盘心且垂直于盘面轴的转动惯量各为 J_A 和 J_B，则(　　)。

A. $J_A>J_B$　　B. $J_A<J_B$　　C. $J_A=J_B$　　D. 不能确定 J_A、J_B 哪个大

4-8　假设卫星环绕地球中心做椭圆运动，则在运动过程中，卫星对地球中心的(　　)。

A. 角动量守恒，动能守恒　　　　B. 角动量守恒，机械能守恒

C. 角动量不守恒，机械能守恒　　D. 角动量不守恒，动量也不守恒

4-9　一飞轮以转速 $n=1500\ \mathrm{r\cdot min^{-1}}$ 转动(表示每分钟 1500 转)，受到制动后均匀地减速，经 $t=50$ s 后静止。

(1) 求角加速度 α 和飞轮从制动开始到静止所转过的转数 N；

(2) 求制动开始后 $t=25$ s 时飞轮的角速度 ω；

(3) 设飞轮的半径 $r=1$ m，求在 $t=25$ s 时飞轮边缘上一点的速度和加速度。

4-10　如图 4-19 所示，圆盘的质量为 m，半径为 R。求：

(1) 以点 O 为中心，将半径为 $\dfrac{R}{2}$ 的部分挖去，剩余部分对 OO 轴的转动惯量；

(2) 剩余部分对 $O'O'$ 轴(即通过圆盘边缘且平行于盘中心轴)的转动惯量。

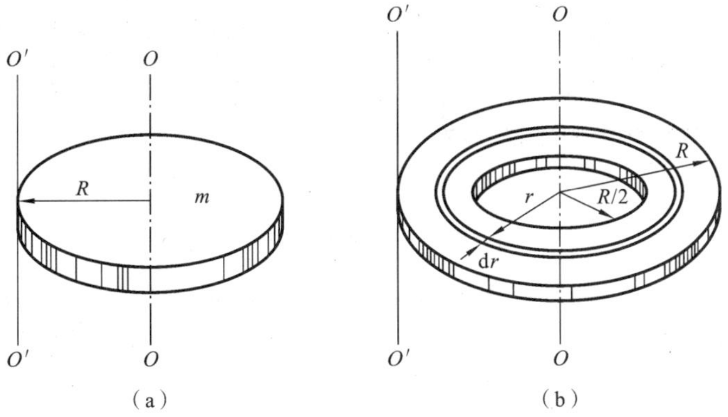

图 4-19　题 4-10 图

4-11　一飞轮在时间 t 内转过角度 $\theta=at+bt^3-ct^4$，式中 a,b,c 都是常量，求它的角速度及角加速度。

4-12　一燃气轮机在试车时，燃气作用在涡轮上的力矩为 $2.03\times0^3\ \mathrm{N\cdot m}$，涡轮的转动惯量为 $25.0\ \mathrm{kg\cdot m^2}$。当轮的转速由 $2.80\times10^3\ \mathrm{r\cdot min^{-1}}$ 增大到 $1.12\times10^4\ \mathrm{r\cdot min^{-1}}$ 时，所经历的时间 t 为多少？

4-13 一半径为 R、质量为 m 的匀质圆盘，平放在粗糙的水平桌面上。设圆盘与桌面间的摩擦因数为 μ，圆盘最初以角速度 ω_0 绕通过中心且垂直盘面的轴旋转，问它将经过多少时间才停止转动？

4-14 如图 4-20 所示，在倾角为 θ 的光滑斜面的顶端固定一定滑轮，用一根绳绕若干圈后引出，系一质量为 M 的物体，已知滑轮的质量为 m，半径为 R，滑轮可看作均匀圆盘，滑轮的轴没有摩擦，试求物体 M 沿斜面下滑的加速度 a。

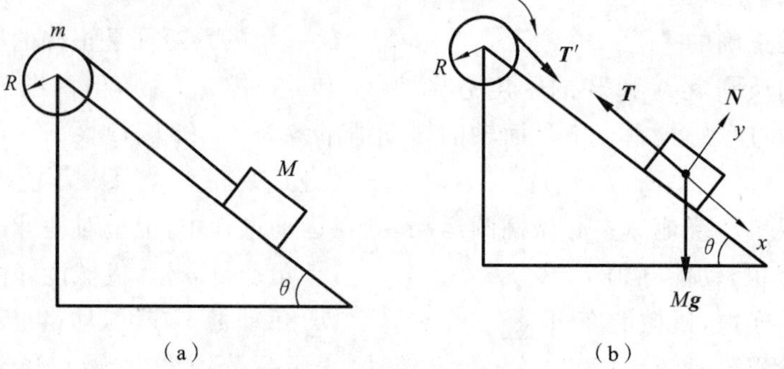

图 4-20 题 4-14 图

4-15 如图 4-21 所示装置，定滑轮的半径为 r，绕转轴的转动惯量为 J，滑轮两边分别悬挂质量为 m_1 和 m_2 的物体 A、B。A 置于倾角为 θ 的斜面上，它和斜面间的摩擦因数为 μ，设绳的质量及伸长均不计，绳与滑轮间无滑动，滑轮轴光滑。若 B 向下做加速运动，求：

(1) 其下落加速度的大小；

(2) 滑轮两边绳子的张力。

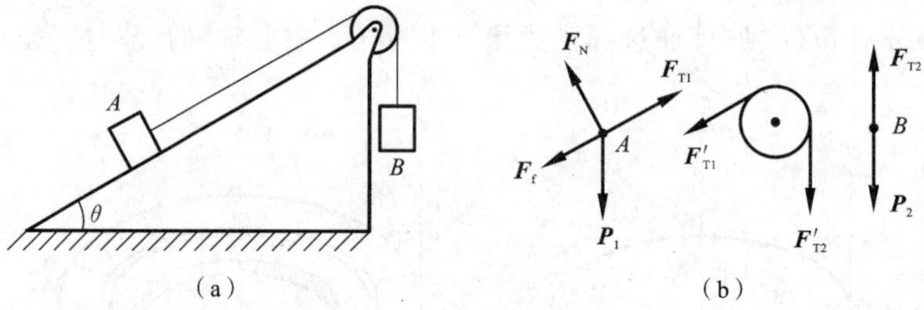

图 4-21 题 4-15 图

4-16 如图 4-22 所示，一质量为 m 的子弹以水平速度射入一静止长棒的下端，长棒的顶端固定，子弹穿出后速度损失 3/4，求子弹穿出后，棒的角速度(已知棒长为 l，质量为 M)。

4-17 如图 4-23 所示，长为 l 的均匀细杆，绕过其一端 O 并与杆垂直的水平轴转动，设转轴光滑。当杆从水平位置由静止释放时，求当杆与水平线成 θ 角时，杆的质心的速度。

4-18 如图 4-24 所示，质量 $m_1=16$ kg 的实心圆柱体 A，其半径为 $r=15$ cm，可以绕其固定水平轴转动，阻力忽略不计。一条轻的柔绳绕在圆柱体上，其另一端系一个质量 $m_2=8$ kg 的物体 B，求：

(1) 物体由静止开始下降 1 s 后的距离；

(2) 绳的张力 T。

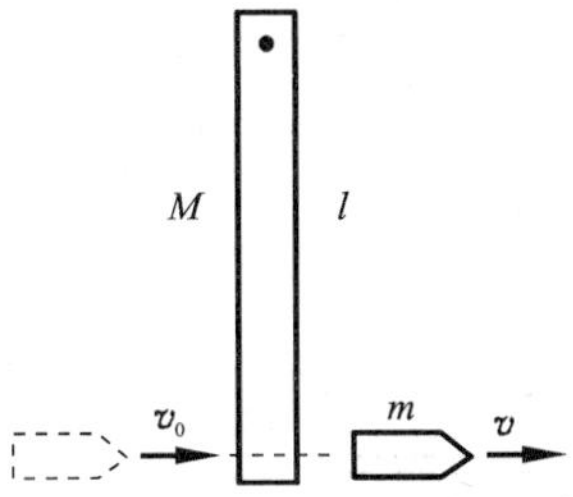

图 4-22　题 4-16 图

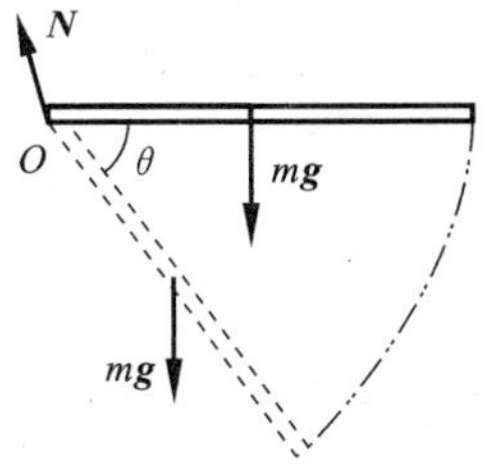

图 4-23　题 4-17 图

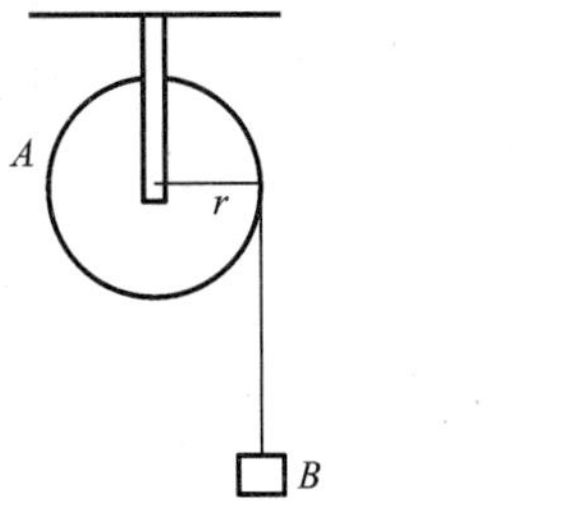

图 4-24　题 4-18 图

4-19　一半径为 R、质量为 m 的匀质圆盘，以角速度 ω 绕其中心轴转动，现将它平放在一水平板上，盘与板表面的摩擦因数为 μ。

(1) 求圆盘所受的摩擦力矩。

(2) 问经多少时间后，圆盘转动才能停止？

4-20　如图 4-25 所示，质量很小、长度为 l 的均匀细杆，可绕过其中心 O 并与纸面垂直的轴在竖直平面内转动。当细杆静止于水平位置时，有一只小虫以速率 v_0 垂直落在距点 O 为 $l/4$ 处，并背离点 O 向细杆的端点 A 爬行。设小虫与细杆的质量均为 m。问：欲使细杆以恒定的角速度转动，小虫应以多大速率向细杆端点爬行？

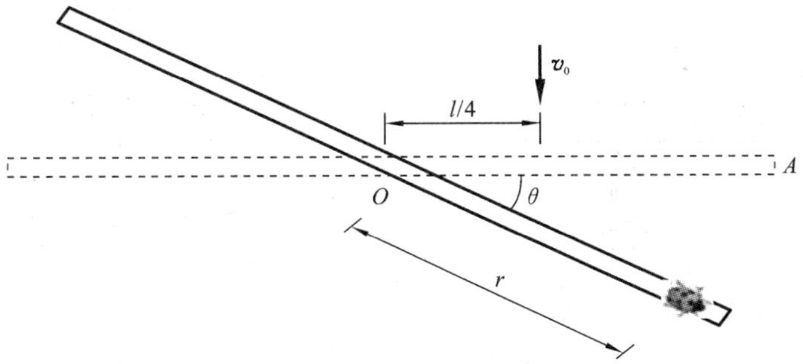

图 4-25　题 4-20 图

4-21　如图 4-26 所示，一质量为 m'、半径为 R 的均匀圆盘，通过其中心且与盘面垂直的水平轴以角速度 ω 转动，若在某时刻，一质量为 m 的小碎块从盘边缘裂开，且恰好沿垂直方向上抛，问它可能达到的高度是多少？破裂后圆盘的角动量为多大？

4-22　如图 4-27 所示，在光滑的水平面上有一木杆，其质量 $m_1=1.0\ \mathrm{kg}$，长 $l=40\ \mathrm{cm}$，可绕通过其中点并与之垂直的轴转动。一质量为 $m_2=10\ \mathrm{g}$ 的子弹，以 $v=2.0\times10^2\ \mathrm{m\cdot s^{-1}}$ 的速度射入杆端，其方向与杆及轴正交。若子弹陷入杆中，试求所得到的角速度。

4-23　半径分别为 r_1、r_2 的两个薄伞形轮，它们各自对通过盘心且垂直盘面转轴的转动惯量为 J_1 和 J_2。开始时轮 Ⅰ 以角速度 ω_0 转动，问与轮 Ⅱ 成正交啮合后(见图 4-28)，两轮的角速度分别为多大？

4-24　一质量为 $20.0\ \mathrm{kg}$ 的小孩，站在一半径为 $3.00\ \mathrm{m}$、转动惯量为 $450\ \mathrm{kg\cdot m^2}$ 的静止水平转台的边缘上，此转台可绕通过转台中心的竖直轴转动，转台与轴间的摩擦不计。如果此小孩相对转台以 $1.00\ \mathrm{m\cdot s^{-1}}$ 的速率沿转台边缘行走，问转台的角速率有多大？

4-25　质量为 m 的子弹，穿过如图 4-29 所示的摆，速率由 v 减少到 $\frac{1}{2}v$，已知摆的质量为 m'，长度为 l 的均匀细棒的质量也为 m'，求子弹的最小速度应为多少？

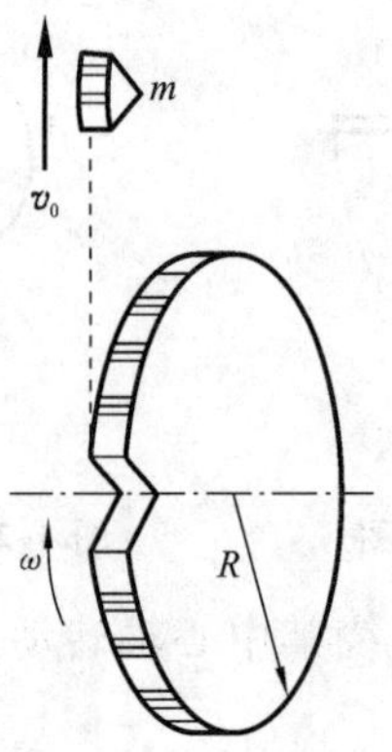

图 4-26 题 4-21 图

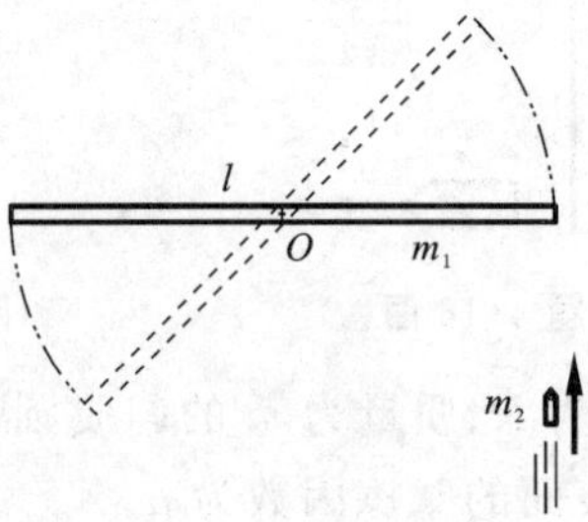

图 4-27 题 4-22 图

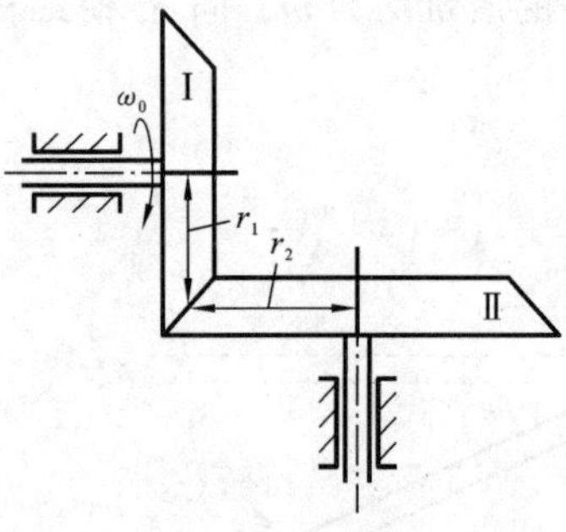

图 4-28 题 4-23 图

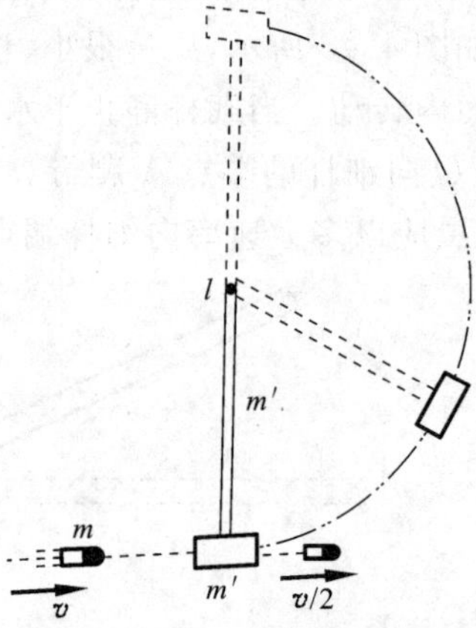

图 4-29 题 4-25 图

4-26 为使运行中的飞船停止绕其中心轴的转动,可在飞船的侧面对称地安装两个切向控制喷管,利用喷管高速喷射气体来制止旋转。若飞船绕其中心轴的转动惯量 $J=2.0\times10^3$ $kg\cdot m^2$,旋转的角速度 $\omega=0.2\ rad\cdot s^{-1}$,喷口与轴线之间的距离 $r=1.5$ m;喷气以恒定的流量 $Q=1.0\ kg\cdot s^{-1}$ 和速率 $u=50\ m\cdot s^{-1}$ 从喷口喷出,问为使该飞船停止旋转,喷气应喷射多长时间?

4-27 一质量为 m'、半径为 R 的转台,以角速度 ω_A 转动,转轴的摩擦略去不计。有一质量为 m 的蜘蛛垂直地落在转台边缘上,设蜘蛛下落前距转台很近。求:

(1) 此时,转台的角速度 ω_B 为多少?

(2) 若蜘蛛随后慢慢地爬向转台中心,当它离转台中心的距离为 r 时,转台的角速度 ω_C 为多少?

4-28 一质量为 1.12 kg、长为 1.0 m 的均匀细棒,支点在棒的上端点,开始时棒呈自由悬挂状态。以 100 N 的力打击它的下端点,打击时间为 0.02 s。

(1) 若打击前棒是静止的,求打击时其角动量的变化;

(2) 棒的最大偏转角。

4-29 我国 1970 年 4 月 24 日发射了第一颗人造卫星,其近地点为 4.39×10^5 m、远地点为 2.38×10^6 m。试计算卫星在近地点和远地点的速率。(设地球半径为 6.38×10^6 m)

4-30　地球对自转轴的转动惯量为 0.33 m_ER^2，其中 m_E 为地球的质量，R 为地球的半径。设 n 为一年中的天数（$n=365$），ΔT 为一天中周期的增加量。

（1）求地球自转时的动能；

（2）由于潮汐的作用，地球自转的速度逐渐减小，一年内自转周期增加 3.5×10^{-5} s，求潮汐对地球的平均力矩。

4-31　如图 4-30 所示，一质量为 m 的小球由一绳索系着，以角速度 ω_0 在无摩擦的水平面上做半径为 r_0 的圆周运动。如果在绳的另一端作用一竖直向下的拉力，使小球做半径为$\frac{r_0}{2}$的圆周运动。试求：

（1）小球的新角速度；

（2）拉力所做的功。

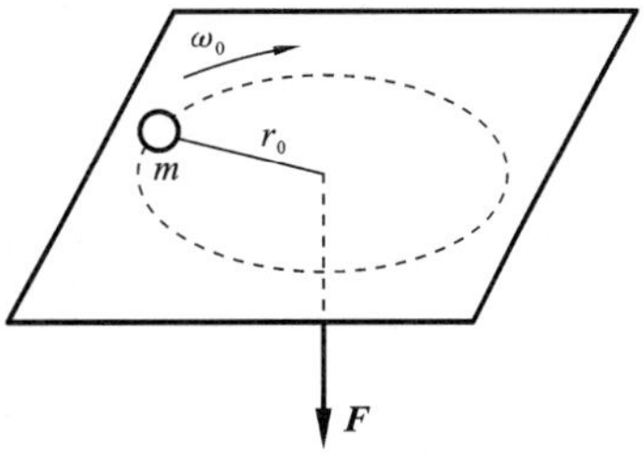

图 4-30　题 4-31 图

第2篇　电　磁　学

第 5 章　静　电　场

电磁学是物理学的一个分支，它是研究电磁现象规律及其应用的科学，人类真正对于电磁现象的系统研究是近二百年的事。

现在电磁学已成为许多物理理论和应用科学的基础，电工学、无线电、电子学、电子信息、电子计算机等就是以电磁学为基础发展起来的。电磁学、电能被广泛地应用在国防、科学技术、工农业生产和日常生活之中。因此，电能对一个国家的国民经济发展起着重要的作用，可以说现代人一天也离不开电。

5-1　电荷的量子化　电荷守恒定律

一、电荷的量子化

1897 年汤姆孙在实验室中测得阴极射线粒子的电荷与质量之比时，发现该结果比氢离子的电量与质量之比要大 2000 倍，这种离子就被称为电子。汤姆孙是电子的发现者，1996 年我们把电子的电荷 e 与电子质量 m 之比称为它的荷质比，又叫**比荷**。1913 年美国物理学家密立根完成了著名的油滴实验，并证明了质子、电子所带电荷分别为 $\pm e$，e 是自然界中所有带电体电量的最小单位，称为**基本电荷**，即任何一个带电体乃至微观粒子所带电量都是基本电荷 e 的整数倍。

$$q=\pm ne\ (n\ 为正整数) \tag{5-1}$$

这表明，任何带电体所带电量只能是基本电荷 e 的整数倍，而不能取连续变化的值，这一特性称为**电荷的量子化**。

电子电荷的绝对值 e 叫**元电荷**，又叫电荷的量子。电荷的单位名称为库[仑]，单位符号为 C。实验测得 $e\approx 1.602\times 10^{-19}$ C。

二、电荷守恒定律

简单地说，在一个封闭系统内，不管发生了什么过程，系统电量的总和保持不变，这就是**电荷守恒定律**。或者说电荷既不能被创造，也不能被消灭。电荷守恒定律不但适用于宏观电磁现象，在微观世界范围内也适用，它也是物理学的基本定律之一。

20 世纪 60 年代，由美国物理学家盖尔曼提出的有关粒子结构的夸克模型，认为还存在具有 $\pm\dfrac{e}{3}$、$\pm\dfrac{2e}{3}$ 电荷的带电粒子，这样的粒子称为夸克。由于夸克的禁闭现象，在实验室里不会发现单个具有分数电荷的粒子。

因此，在经典电磁学范围内可以认为 e 是基本电荷，由于 e 很小，有时也可以认为电荷是连续变化的。

5-2　库仑定律

一、点电荷

点电荷是指这样的带电体，它的线度与它和其他带电体之间的距离相比很小，以致该带电体本身的形状和大小对于所研究的问题来说，可以忽略。它和质点很相似，也是一个理想化的模型。

二、库仑定律

如图 5-1 所示，假设在真空中有两个点电荷 q_1、q_2，它们之间的距离为 r，实验表明它们之间存在相互作用力，其大小与两点电荷的乘积成正比，与两点电荷之间距离的平方成反比，作用力的方向在两点电荷的连线上，同号电荷间为斥力，异号电荷间为引力，这就是**库仑定律**。其数学形式为

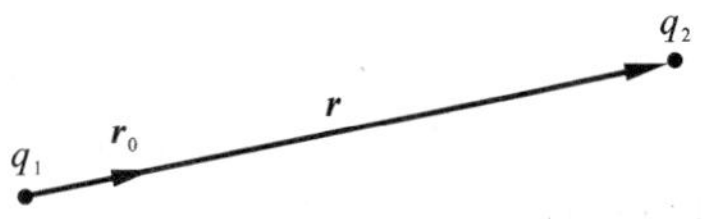

图 5-1　库仑定律

$$\boldsymbol{F}=\frac{1}{4\pi\varepsilon_0}\cdot\frac{q_1q_2}{r^2}\boldsymbol{r}_0 \tag{5-2}$$

式中，$\boldsymbol{r}_0$ 为从 q_1 指向 q_2 的单位矢量，ε_0 为真空中的电容率（又称为真空中的介电常数），$\varepsilon_0=8.85\times10^{-12}\ \mathrm{C^2\cdot N^{-1}\cdot m^{-2}}=8.85\times10^{-12}\ \mathrm{F\cdot m^{-1}}$。

三、电荷的连续分布

电荷可以连续分布在带电体的整个体积中（体分布），也可以分布在带电体的表面（面分布），也可连续分布在一细长棒上（线分布），从而我们可以引入体电荷密度、面电荷密度、线电荷密度：

体电荷密度：$\rho=\dfrac{\mathrm{d}q}{\mathrm{d}V}$；

面电荷密度：$\sigma=\dfrac{\mathrm{d}q}{\mathrm{d}S}$；

线电荷密度：$\lambda=\dfrac{\mathrm{d}q}{\mathrm{d}l}$。

一般情况下，库仑定律还可写成

$$\boldsymbol{F}=\frac{q_0}{4\pi\varepsilon_0}\int\frac{\mathrm{d}q}{r^3}\boldsymbol{r}$$

5-3　电场强度

一、静电场

实验表明，电荷（包括运动电荷）间的相互作用力是电磁力，它是通过这些电荷在其周围空

间所产生的实在的场而实现的,并且这种相互作用是以有限的速度传播的。实验证实这个速度即光速,$c_0=3\times10^8$ m/s。

电荷在其周围产生的场称为电磁场,而静止电荷产生的不随时间变化的稳定电场称为**静电场**。

法拉第在19世纪30年代提出了电场概念,认为一个电荷周围存在着由它产生的电场,其他电荷受这一电荷的作用力就是通过这个电场给予的,这种作用方式可表示为

$$\text{电荷}(q_A)\rightleftharpoons\text{电场}\rightleftharpoons\text{电荷}(q_B)$$

二、电场强度

电场中某点的电场强度 $\boldsymbol{E}$ 等于位于该点处的单位试验电荷 q_0 所受的电场力。电场强度的数学表示式为

$$\boldsymbol{E}=\frac{\boldsymbol{F}}{q_0} \tag{5-3}$$

其量纲为 $\dim E=\dfrac{\dim F}{\dim q}=\dfrac{MLT^{-2}}{IT}=MLT^{-3}I^{-1}$,单位为 N·C^{-1},也可以用 V·m^{-1},后者用得更多。

三、点电荷的电场强度

点电荷是最简单的带电体,任何复杂的带电体都可视为大量点电荷的集合,因此点电荷的场强是最基本的场强。

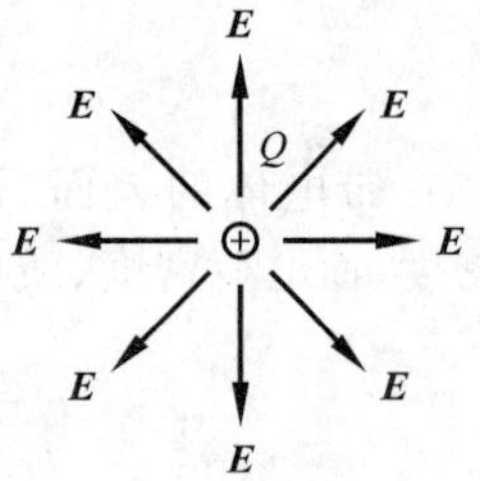

图 5-2　点电荷的电场强度

如图5-2所示,设场源电荷的电量为 Q,将试验电荷 q_0 置于距场源距离 r 远处,由库仑定律可知

$$\boldsymbol{F}=\frac{q_0 Q}{4\pi\varepsilon_0}\frac{\boldsymbol{r}_0}{r^2}$$

所以

$$\boldsymbol{E}=\frac{q_0 Q}{4\pi\varepsilon_0}\frac{\boldsymbol{r}_0}{r^2}\frac{1}{q_0}$$

式中,$\boldsymbol{r}_0=\dfrac{\boldsymbol{r}}{r}$,所以

$$\boldsymbol{E}=\frac{Q\boldsymbol{r}}{4\pi\varepsilon_0 r^3} \tag{5-4}$$

显然点电荷的电场具有对称性。

四、电场强度叠加原理

如果场源电荷(即产生场强的电荷)不是一个而是多个,每一个电荷都要激发电场,得到激发电场 $Q_1,Q_2,\cdots,Q_i,\cdots,Q_n$,试验电荷 q_0 在场中任一点均受到由 $Q_1,Q_2,\cdots,Q_i,\cdots,Q_n$ 激发电场的作用,则 q_0 所受电场力分别为 $\boldsymbol{F}_1,\boldsymbol{F}_2,\cdots,\boldsymbol{F}_i,\cdots,\boldsymbol{F}_n$。

则合力

$$\boldsymbol{F}=\boldsymbol{F}_1+\boldsymbol{F}_2+\cdots+\boldsymbol{F}_i+\cdots+\boldsymbol{F}_n=\sum_{i=1}^{n}\boldsymbol{F}_i$$

由于

$$\begin{aligned}\boldsymbol{E} &= \frac{\boldsymbol{F}_1}{q_0}+\frac{\boldsymbol{F}_2}{q_0}+\cdots+\frac{\boldsymbol{F}_i}{q_0}+\cdots+\frac{\boldsymbol{F}_n}{q_0}\\ &= \boldsymbol{E}_1+\boldsymbol{E}_2+\cdots+\boldsymbol{E}_i+\cdots+\boldsymbol{E}_n\\ &= \sum_{i=1}^{n}\boldsymbol{E}_i\end{aligned}$$

即

$$\boldsymbol{E}=\sum_{i=1}^{n}\boldsymbol{E}_i=\sum_{i=1}^{n}\frac{Q_i\boldsymbol{r}}{4\pi\varepsilon_0 r^3} \tag{5-5}$$

点电荷系所激发的电场中某点处的电场强度等于各个点电荷单独存在时对该点所激发的电场强度的矢量和，这就是**场强的叠加原理**。

如图 5-3 所示，对于电荷连续分布的点电荷系的场强，由点电荷场强公式可得

$$\mathrm{d}\boldsymbol{E}=\frac{1}{4\pi\varepsilon_0}\cdot\frac{\mathrm{d}q}{r^2}\boldsymbol{r}_0$$

所以

$$\boldsymbol{E}=\int\mathrm{d}\boldsymbol{E}=\int\frac{1}{4\pi\varepsilon_0}\cdot\frac{\mathrm{d}q}{r^2}\boldsymbol{r}_0=\int\frac{\boldsymbol{r}}{4\pi\varepsilon_0 r^3}\mathrm{d}q \tag{5-6}$$

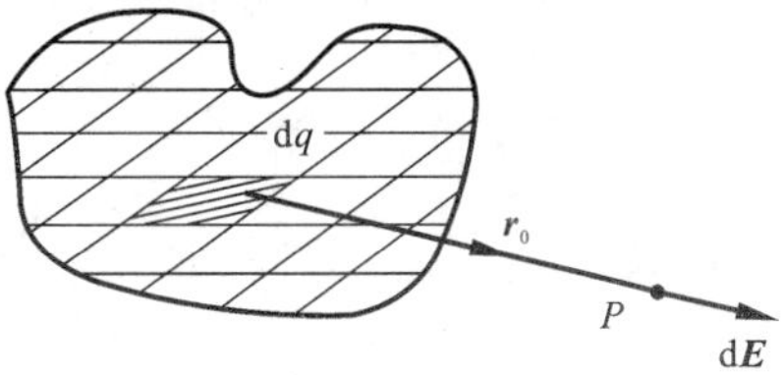

图 5-3　点电荷系的场强

① 若 $\mathrm{d}q=\rho\mathrm{d}V$，$\boldsymbol{E}=\int_V\mathrm{d}\boldsymbol{E}=\int_V\frac{\rho}{4\pi\varepsilon_0}\frac{\boldsymbol{r}_0}{r^2}\mathrm{d}V$；

② 若 $\mathrm{d}q=\sigma\mathrm{d}S$，$\boldsymbol{E}=\int_S\mathrm{d}\boldsymbol{E}=\int_S\frac{\sigma}{4\pi\varepsilon_0}\frac{\boldsymbol{r}_0}{r^2}\mathrm{d}S$；

③ 若 $\mathrm{d}q=\lambda\mathrm{d}l$，$\boldsymbol{E}=\int_l\mathrm{d}\boldsymbol{E}=\int_l\frac{\lambda}{4\pi\varepsilon_0}\frac{\boldsymbol{r}_0}{r^2}\mathrm{d}l$。

五、电偶极子的电场强度

如图 5-4 所示，求电偶极子两电荷延长线上一点 P 和中垂面上一点 P' 的场强，P 和 P' 到两点电荷中点的距离均为 r。

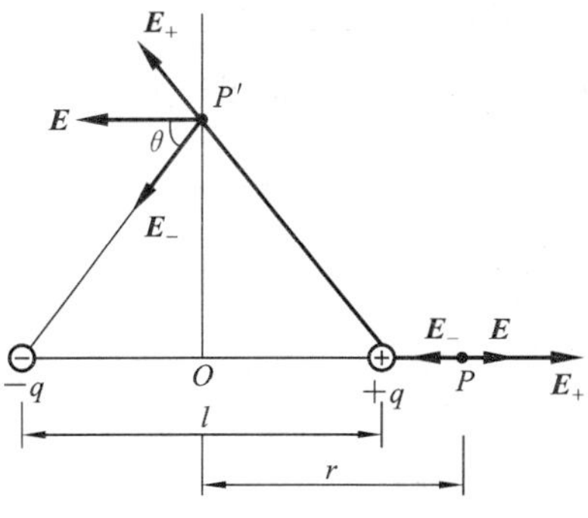

图 5-4　电偶极子的电场强度

由一对间距为 l 的等量异号点电荷 $\pm q$ 组成的电荷系统称为**电偶极子**。从 $-q$ 指向 $+q$ 的矢量 $\boldsymbol{l}$ 称为电偶极子的轴。令 $\boldsymbol{p}=q\boldsymbol{l}$ 为**电偶极矩**，简称电矩。

(1) 求 P 点的场强。

将 P 点选在 $\pm q$ 一侧，因 P 点到 $\pm q$ 的距离为 $r\mp\frac{l}{2}$，$+q$ 和 $-q$ 在 P 点激发的场强分别为

$$E_+=\frac{q}{4\pi\varepsilon_0}\cdot\frac{1}{\left(r-\frac{l}{2}\right)^2}$$

$$E_-=\frac{q}{4\pi\varepsilon_0}\cdot\frac{1}{\left(r+\frac{l}{2}\right)^2}$$

所以 $E=E_{+}+E_{-}=\frac{q}{4\pi\varepsilon_0}\left[\frac{1}{\left(r-\frac{l}{2}\right)^2}-\frac{1}{\left(r+\frac{l}{2}\right)^2}\right]$，方向由 O 点指向 P 点。

(2) 求 P' 点的场强。

显然 $\boldsymbol{E}=\boldsymbol{E}_{+}+\boldsymbol{E}_{-}$，如图 5-4 所示。

又 P' 点到 $\pm q$ 的距离均为 $\sqrt{r^2+\frac{l^2}{4}}$，所以 $E_{+}=E_{-}=\frac{1}{4\pi\varepsilon_0}\frac{q}{r^2+\frac{l^2}{4}}$，但方向不同。

以 P' 为原点建立 $P'xy$ 坐标系，则

$$E_{+x}=-E_{+}\cos\theta,\quad E_{-x}=-E_{-}\cos\theta$$
$$E_{+y}=E_{+}\sin\theta,\quad E_{-y}=-E_{-}\sin\theta$$

所以 $\boldsymbol{E}$ 在 x、y 上的分量为

$$E_x=E_{+x}+E_{-x}=-2E_{+}\cos\theta$$
$$E_y=E_{+y}+E_{-y}=0$$

所以 P' 的场强 $E=-2E_{+}\cos\theta$，由几何关系可知 $\cos\theta=\frac{l}{\sqrt{r^2+\frac{l^2}{4}}}$，所以

$$E=-\frac{1}{2\pi\varepsilon_0}\frac{ql}{\left(r^2+\frac{l^2}{4}\right)^{\frac{3}{2}}}$$

式中，“—”表示 $\boldsymbol{E}$ 沿 x 轴反方向。对于电偶极子而言，$\pm q$ 之间的距离 l 比场点到它们的距离 r 小得多，即 $r\gg l$，因此 $\left(r^2+\frac{l^2}{4}\right)^{\frac{3}{2}}=r^3$。

由于 $\boldsymbol{p}=q\boldsymbol{l}$，所以中垂面上 P' 点的场强可表示为

$$\boldsymbol{E}=\frac{-\boldsymbol{p}}{2\pi\varepsilon_0 r^3}\tag{5-7}$$

同理，延长线上 P 点的场强可表示为

$$\boldsymbol{E}=\frac{\boldsymbol{p}}{2\pi\varepsilon_0 r^3}\tag{5-8}$$

式(5-7)中的负号表示中垂面上任一点的 $\boldsymbol{E}$ 的方向与电偶极矩 $\boldsymbol{p}$ 的方向相反。

例 5-1 如图 5-5 所示，有一均匀带电细棒，棒长为 l，线电荷密度为 λ，求棒长延长线上一点 O 处的场强。设 O 点至棒最近一端的距离为 l_a。

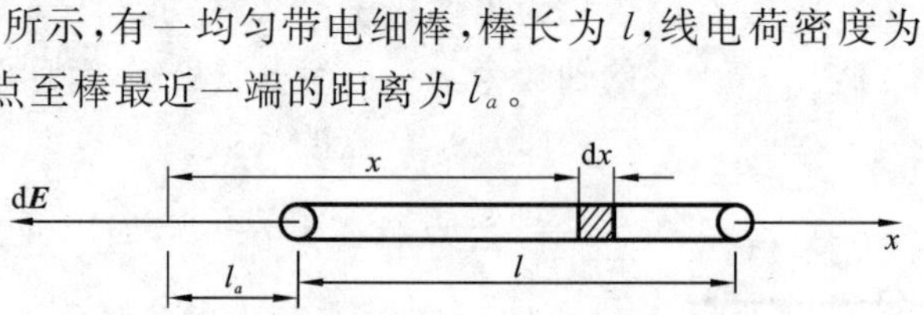

图 5-5 例 5-1 图

解 在棒上取一线元 $\mathrm{d}x$，则有 $\mathrm{d}q=\lambda\mathrm{d}x$，这一电荷元在 O 点的场强为

$$\mathrm{d}E=\frac{1}{4\pi\varepsilon_0}\frac{q}{x^2}=\frac{1}{4\pi\varepsilon_0}\frac{\lambda\mathrm{d}x}{x^2}$$

$$E=\int\mathrm{d}E=\frac{1}{4\pi\varepsilon_0}\int_{l_a}^{l_a+l}\frac{\lambda\,\mathrm{d}x}{x^2}=\frac{\lambda}{4\pi\varepsilon_0}\left(\frac{1}{l_a}-\frac{1}{l_a+l}\right)=\frac{q}{4\pi\varepsilon_0 l_a^2\left(1+\frac{l}{l_a}\right)}$$

讨论：如果 $l_a \gg l$，则上式变成 $E=\frac{q}{4\pi\varepsilon_0 l_a^2}$，相当于棒上所有电荷都集中在一点时点电荷所产生的场强表达式。

5-4　电场强度的通量　高斯定理

在实际的问题中电场的分布往往是非常复杂的，这时需要用图示的方法来描述场强的分布，为此引入电力线的概念来形象地表示电场，电力线又叫**电场线**。

一、电场线

在任何电场中，每一点的场强 $\boldsymbol{E}$ 都有一定的方向，例如在图 5-6 所示的两个等值异号电荷的电场中，任一点 P 的场强方向就是正、负电荷在该点产生的合场强的方向。

因此，可以在电场中画出一系列曲线，使这些曲线上每一点的切线方向都和该点场强 $\boldsymbol{E}$ 的方向一致，这些曲线称为电场线。图 5-7 所示即等值异号电荷电场中的一条电场线。

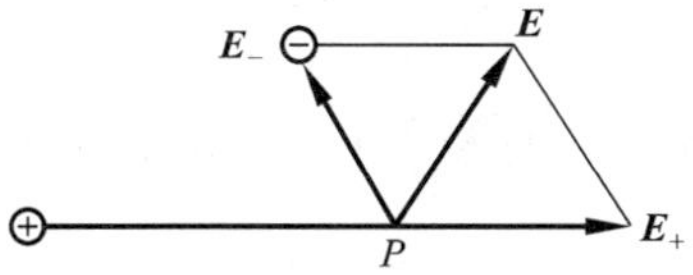

图 5-6　等值异号电荷的电场

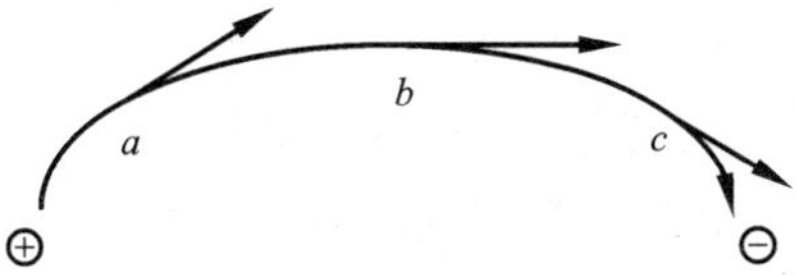

图 5-7　电场线

为了使电场线不仅能表示电场中各点场强的方向，而且能表示各点场强的大小，可以对电场线密度做如下规定：电场中任一点场强的大小等于该点附近垂直通过单位面积的电场线数。

如图 5-8 所示，通过面积元 $\mathrm{d}S_\perp$ 的电场线数 $\mathrm{d}N$ 可表示为

$$\mathrm{d}N=E\mathrm{d}S_\perp$$

即

$$E=\frac{\mathrm{d}N}{\mathrm{d}S_\perp} \tag{5-9}$$

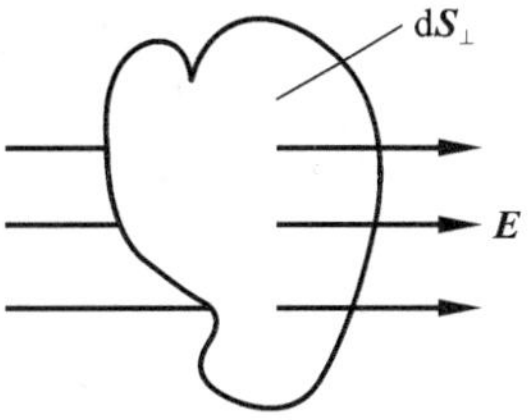

图 5-8　电场线密度

式中，E 的大小等于电场线密度，因此场强大的地方电场线就密，场强小的地方电场线就稀。

图 5-9～图 5-11 所示为几种典型的带电体的电场线。

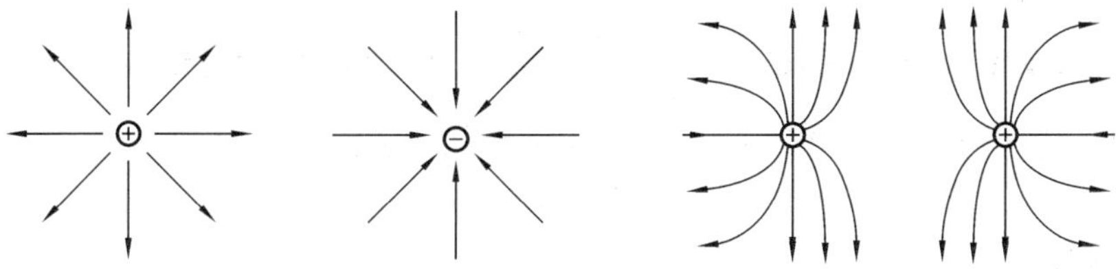

（a）正电荷电场线　（b）负电荷电场线　（c）等值正电荷电场线

图 5-9　典型带电体的电场线

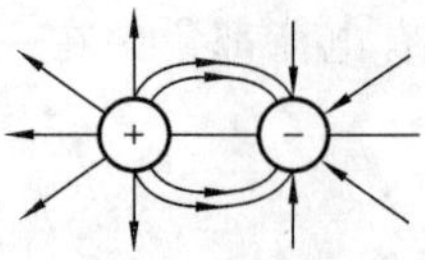

图 5-10　电偶极子的电场线

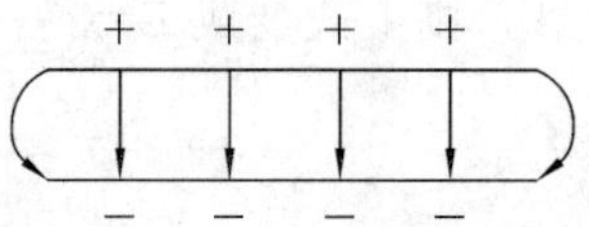

图 5-11　等值异号平行板电荷的电场线

由于平行板中间部分电场线是均匀分布的,因此场强在中间处也是均匀的。

注意:

(1) 电场线是人为画出来的,并非电场中有电场线存在。

(2) 静电场中电场线是从正电荷出发终止于负电荷,或一直延伸到无穷远处,它也可从无穷远处出发到负电荷终止,但它不会在没有电荷处中断。

(3) 在没有点电荷的空间里,任何两条电场线都不会相交。

(4) 电场线不形成闭合曲线。

二、电场强度通量

我们把垂直通过电场中某一个面的电场线数叫作通过该面的电场强度通量 Φ_e,简称为通过该面的电通量。

(1) 对于匀强电场($\boldsymbol{E}$ 的大小方向处处相同),若曲面 S 是垂直于 $\boldsymbol{E}$ 的截面或 S 的单位法线矢量 $\boldsymbol{n}_0 /\!/ \boldsymbol{E}$,如图 5-12 所示,则

$$\Phi_e = ES$$

(2) 对于匀强电场,若曲面 S 的方向(即 $\boldsymbol{n}_0$ 的方向)和 $\boldsymbol{E}$ 的方向有一夹角 θ,如图 5-13 所示。取 S 在垂直场强平面上的投影,即

$$S_\perp = S\cos\theta$$

则

$$\Phi_e = ES_\perp = ES\cos\theta = \boldsymbol{E} \cdot \boldsymbol{S}$$

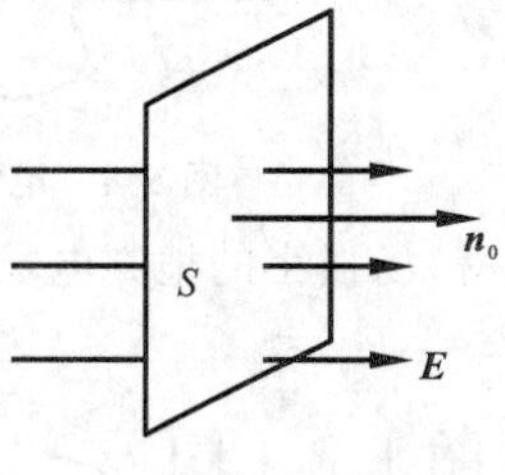

图 5-12　曲面垂直于均匀场强的情况

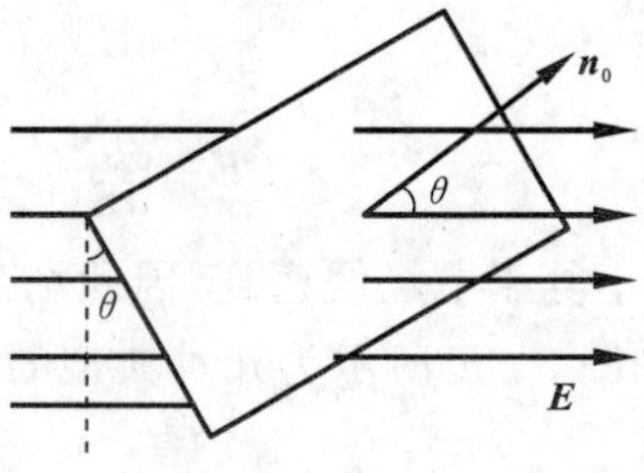

图 5-13　曲面与均匀场强存在夹角 θ 的情况

(3) 如图 5-14 所示,对于非匀强电场,并且面 S 是任意曲面。则有

$$\mathrm{d}\Phi_e = E\mathrm{d}S \cdot \cos\theta = \boldsymbol{E} \cdot \mathrm{d}\boldsymbol{S}$$

两边积分,得

$$\Phi_e = \int \mathrm{d}\Phi_e = \int E\cos\theta \mathrm{d}S = \int \boldsymbol{E} \cdot \mathrm{d}\boldsymbol{S}$$

注意:对于闭合曲线的情况,整个空间被其划分为内外两部分,电场线就有“穿进”和“穿出”的区别。所以我们规定:对于闭合曲线总是取它的外法线矢量为正,如图 5-15 所示。

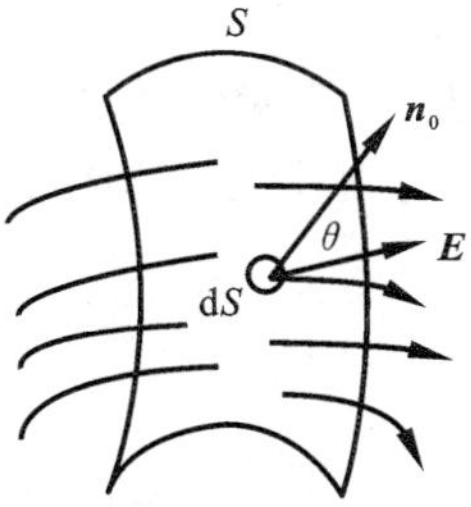

图 5-14　非匀强电场中任意曲面的情况

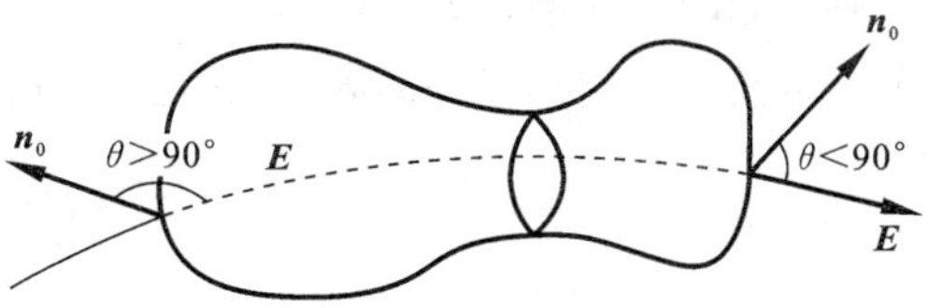

图 5-15　电通量的正负

在电力线穿出曲面的地方，$\theta<90°$，$\cos\theta>0$，电通量 $d\Phi_e$ 为正；

在电力线穿入曲面的地方，$\theta>90°$，$\cos\theta<0$，电通量 $d\Phi_e$ 为负。

整个封闭曲面的电场强度的通量为

$$d\Phi_e = \boldsymbol{E}\cdot d\boldsymbol{S}$$

显然，当曲面内无电荷时，有

$$\oiint_S \boldsymbol{E}\cdot d\boldsymbol{S} = 0$$

例 5-2　如图 5-16 所示，求通过三棱柱体的电通量。

解　三棱柱体的表面由 $MNPOM(S_1)$，$MNQM(S_2)$，$OPRO(S_3)$，$MORQM(S_4)$及 $NPRQN(S_5)$组成，所以

$$\Phi_e = \Phi_{e1} + \Phi_{e2} + \Phi_{e3} + \Phi_{e4} + \Phi_{e5}$$

显然

$$\Phi_{e1} = ES_1\cos\pi = -ES_1$$

$$\Phi_{e2} = \Phi_{e3} = \Phi_{e4} = \int_S \boldsymbol{E}\cdot d\boldsymbol{S} = E\cos 90°\cdot S = 0$$

$$\Phi_{e5} = \int_S \boldsymbol{E}\cdot d\boldsymbol{S} = E\cos\theta\cdot S_5$$

$$S_5\cos\theta = S_1$$

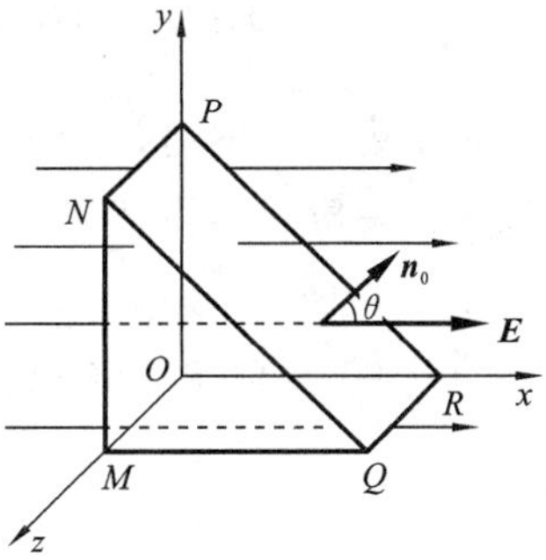

图 5-16　例 5-2 图

所以

$$\Phi_{e5} = ES_1$$

所以

$$\Phi_e = \Phi_{e1} + \Phi_{e2} + \Phi_{e3} + \Phi_{e4} + \Phi_{e5} = -ES + ES = 0$$

再次说明 $\Phi_e = \oiint_S \boldsymbol{E}\cdot d\boldsymbol{S} = 0$（即封闭面内无电荷）。

三、高斯定理

1．立体角

如图 5-17 所示，平面角元 $d\theta$ 可以用弧度来量度，即

$$d\theta = \frac{d\,\overset{\frown}{l_1}}{r_1} = \frac{d\,\overset{\frown}{l_2}}{r_2}$$

式中，r_1、r_2 是以平面角元 $d\theta$ 的顶角 O 为圆心的任意两个同心圆的半径。$d\,\overset{\frown}{l_1}$ 和 $d\,\overset{\frown}{l_2}$ 为 $d\theta$ 在同心圆内对应的弧长，可见只要 $d\theta$ 一定，其比值$\frac{d\,\overset{\frown}{l_1}}{r_1} = \frac{d\,\overset{\frown}{l_2}}{r_2}$也确定，且与半径的选择无关，一个圆对

圆心所张的平面角为 2π。

如图 5-18 所示,在三维空间中我们有对应的立体角元 $\mathrm{d}\Omega$,在半径为 r_1 和 r_2 的两个球面上分别取任意的对应面积元 $\mathrm{d}\boldsymbol{S}_1$ 和 $\mathrm{d}\boldsymbol{S}_2$,它们的方向就是自球心指向面积元的矢径 $\boldsymbol{r}$ 的方向。类似平面角元,我们有 $\mathrm{d}\boldsymbol{S}_1$ 和 $\mathrm{d}\boldsymbol{S}_2$ 对球心 O 所张的立体角元:

$$\mathrm{d}\Omega=\frac{\mathrm{d}S_1}{r_1^2}=\frac{\mathrm{d}S_2}{r_2^2} \tag{5-10}$$

只要 $\mathrm{d}\Omega$ 确定,比值$\frac{\mathrm{d}S_1}{r_1^2}=\frac{\mathrm{d}S_2}{r_2^2}$也确定,且与球面的半径无关。显然一个球面对球心所张的立体角为

$$\Omega=\int\mathrm{d}\Omega=\int\frac{\mathrm{d}S}{r^2}=\frac{1}{r^2}\int_S\mathrm{d}S=\frac{4\pi r^2}{r^2}=4\pi\text{(球面度)} \tag{5-11}$$

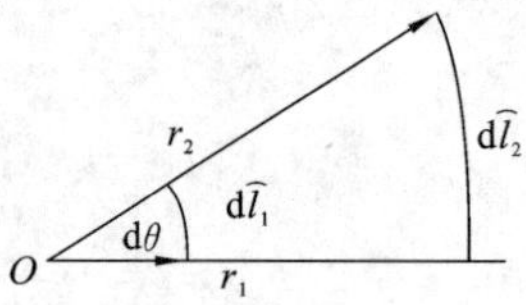

图 5-17 平面弧度

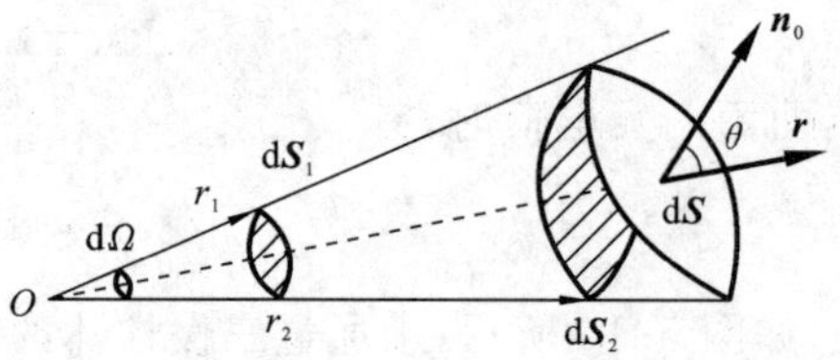

图 5-18 立体角

再来观察一下图 5-18 所示面积 $\mathrm{d}\boldsymbol{S}$ 对 O 点所张的立体角元,$\mathrm{d}\boldsymbol{S}$ 的单位法线矢量 $\boldsymbol{n}_0$ 与该处矢径 $\boldsymbol{r}$ 的夹角为 θ,则其在矢径 $\boldsymbol{r}$ 垂直方向的投影为

$$\mathrm{d}S_\perp=\mathrm{d}S\cos\theta$$

所以 $\mathrm{d}\boldsymbol{S}$ 对 O 点所张的立体角为

$$\mathrm{d}\Omega=\frac{\mathrm{d}S_\perp}{r^2}=\frac{\mathrm{d}S\cos\theta}{r^2} \tag{5-12}$$

(图中 $\mathrm{d}\boldsymbol{S}_2$ 就是 $\mathrm{d}S_\perp$)

2. 高斯定理的证明

(1) 场源电荷为点电荷时。

如图 5-19 所示,以点电荷 q 为中心作一个半径为 R 的闭合球面,显然由场强公式可知,球面上任一点的场强为

$$\boldsymbol{E}=\frac{1}{4\pi\varepsilon_0}\frac{q}{R^2}\boldsymbol{n}_0$$

所以整个闭合球面的电通量为

$$\begin{aligned}\Phi_e&=\oiint_S\boldsymbol{E}\cdot\mathrm{d}\boldsymbol{S}=\frac{q}{4\pi\varepsilon_0}\oiint_S\frac{1}{R^2}\boldsymbol{n}_0\cdot\mathrm{d}\boldsymbol{S}=\frac{q}{4\pi\varepsilon_0R^2}\oiint_S\mathrm{d}S\\&=\frac{q}{4\pi\varepsilon_0R^2}\int_S\mathrm{d}S=\frac{q}{\varepsilon_0}\end{aligned}$$

即

$$\Phi_e=\oiint_S\boldsymbol{E}\cdot\mathrm{d}\boldsymbol{S}=\frac{q}{\varepsilon_0} \tag{5-13}$$

设想包围点电荷的曲面是任意闭合曲面,如图 5-20 所示。

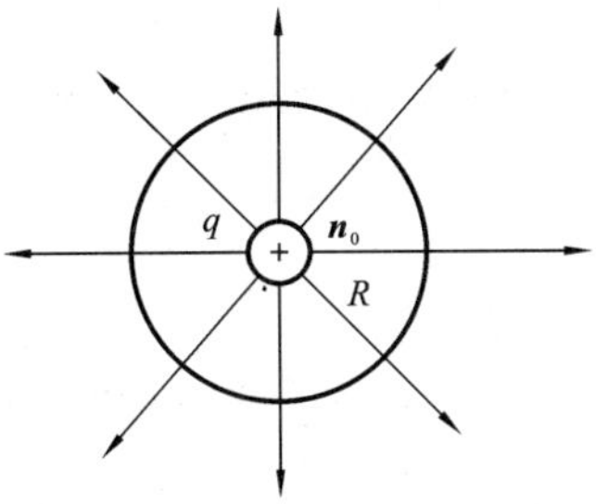

图 5-19　场源电荷为点电荷

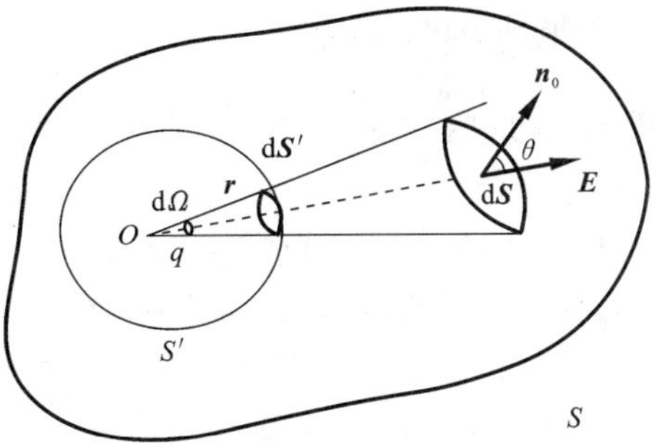

图 5-20　任意闭合曲面内的点电荷

在包围场源电荷 q 的闭合曲面内，以 q 为球心作任一半径的球面 $\boldsymbol{S}'$，在 S' 上取面元 $\mathrm{d}\boldsymbol{S}'$，得到其对点 O 所张立体角 $\mathrm{d}\Omega$，延长这个立体角元的锥面，使它在闭合曲面上截出一个面元 $\mathrm{d}\boldsymbol{S}$，设 $\mathrm{d}\boldsymbol{S}$ 到点电荷 q（即 O 点）的距离为 r，$\mathrm{d}\boldsymbol{S}$ 的方向（即单位法线 $\boldsymbol{n}_0$）与矢径 $\boldsymbol{r}$（或 $\boldsymbol{E}$）的夹角为 θ，则通过 $\mathrm{d}\boldsymbol{S}$ 的电通量为

$$\mathrm{d}\Phi=\boldsymbol{E}\cdot\mathrm{d}\boldsymbol{S}=\frac{q}{4\pi\varepsilon_0}\cdot\frac{\cos\theta\mathrm{d}S}{r^2}=\frac{q}{4\pi\varepsilon_0}\cdot\frac{\mathrm{d}S_\perp}{r^2}=\frac{q}{4\pi\varepsilon_0}\mathrm{d}\Omega$$

所以，通过整个闭合曲面 S 的电通量为

$$\Phi_\mathrm{e}=\oint\!\!\!\oint_S\mathrm{d}\Phi_\mathrm{e}=\frac{q}{4\pi\varepsilon_0}\oint\!\!\!\oint_S\mathrm{d}\Omega=\frac{q}{4\pi\varepsilon_0}4\pi=\frac{q}{\varepsilon_0}$$

即同样有

$$\Phi_\mathrm{e}=\oint\!\!\!\oint_S\boldsymbol{E}\mathrm{d}\boldsymbol{S}=\frac{q}{\varepsilon_0}\tag{5-14}$$

结论：在场源电荷为点电荷的电场中，对任一包围着点电荷的闭合曲面，其电通量等于点电荷 q 除以真空介电常数 ε_0。

注意，如果点电荷 q 不在闭合曲面内，如图 5-21 所示，则由于它产生的电场线从曲面的一边穿进而从另一边穿出，因此电通量的代数和为零。

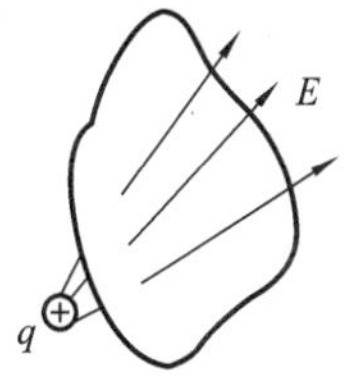

图 5-21　点电荷不在闭合曲面内

所以当闭合曲面内不含净电荷时，必有

$$\Phi_\mathrm{e}=\oint\!\!\!\oint_S\boldsymbol{E}\mathrm{d}\boldsymbol{S}=0$$

(2) 场源电荷为任意电荷时（均在闭合曲面内）。

将任意电荷视为许多点电荷的集合，则

$$\oint\!\!\!\oint_S\boldsymbol{E}\cdot\mathrm{d}\boldsymbol{S}=\oint\!\!\!\oint_S\boldsymbol{E}_1\cdot\mathrm{d}\boldsymbol{S}+\oint\!\!\!\oint_S\boldsymbol{E}_2\cdot\mathrm{d}\boldsymbol{S}+\cdots+\oint\!\!\!\oint_S\boldsymbol{E}_n\cdot\mathrm{d}\boldsymbol{S}=\Phi_{\mathrm{e}1}+\Phi_{\mathrm{e}2}+\cdots+\Phi_{\mathrm{e}n}$$

式中，$\Phi_{\mathrm{e}1},\Phi_{\mathrm{e}2},\cdots,\Phi_{\mathrm{e}n}$ 是分别由 $q_1,q_2,\cdots,q_i,\cdots,q_n$ 产生的电通量。即

$$\oint\!\!\!\oint\boldsymbol{E}\cdot\mathrm{d}\boldsymbol{S}=\frac{1}{\varepsilon_0}\sum_{i=1}^{n}q_i\tag{5-15}$$

式中，$\sum\limits_{i=1}^{n}q_i$ 是闭合曲面内所含电荷的代数和。

式(5-15)表明：对于真空中的静电场，穿过任意闭合曲面的电场强度通量等于该闭合曲面所包围的所有电荷的代数和除以 ε_0。这就是真空中静电场的高斯定理。

四、高斯定理的应用

一般对于均匀电场或当电场对称分布时,我们就可以选取合适的闭合曲面即高斯面来求电场强度。

例 5-3 求均匀带电球壳内外的场强。

解 设球壳所带总电量为 q,半径为 R。

(1) 求球壳外任一点 P 的场强。以带电球壳的球心为中心,以 $r(r>R)$为半径作一个球面,如图 5-22(a)所示,此球面即为高斯面。由高斯定理得

$$\Phi_e = \oint\!\!\!\oint_S \boldsymbol{E} \cdot \mathrm{d}\boldsymbol{S} = \frac{q}{\varepsilon_0}$$

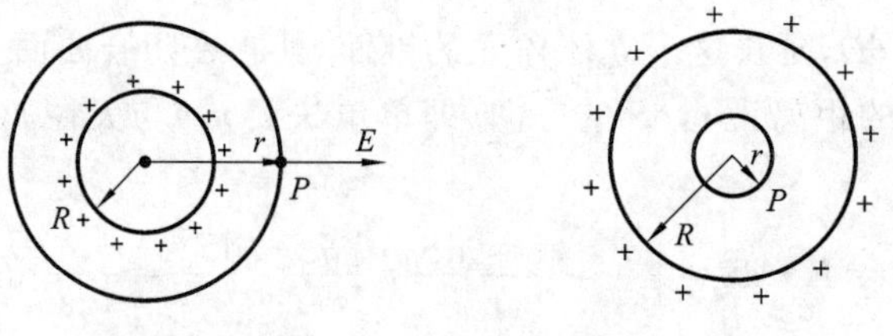

(a) 球壳外任一点的场强　　(b) 球壳内任一点的场强

图 5-22　例 5-3 图

且同一球面处各点场强大小相等,所以

$$\Phi_e = \oint\!\!\!\oint_S \boldsymbol{E} \cdot \mathrm{d}\boldsymbol{S} = E\oint\!\!\!\oint \mathrm{d}S = E \cdot 4\pi r^2 = \frac{q}{\varepsilon_0}$$

所以 $E=\dfrac{q}{4\pi\varepsilon_0 r^2}$,方向沿半径向外。

可见均匀带电球壳外任一点 P 的场强与电荷全部集中在球心的点电荷产生的场强相同。

(2) 求球壳内任一点 $P(r<R)$的场强。同上,可作一高斯面如图 5-22(b)所示,则

$$\Phi_e = \oint\!\!\!\oint_S \boldsymbol{E} \cdot \mathrm{d}\boldsymbol{S} = 4\pi r^2 E$$

但球壳内无点电荷,故

$$\oint\!\!\!\oint_S \boldsymbol{E} \cdot \mathrm{d}\boldsymbol{S} = \frac{q}{\varepsilon_0} = 0$$

所以 $E=0$,即均匀带电球壳内场强为零,显然在球壳上 $r=R$ 处,场强数值有一突变,如图 5-23 所示。

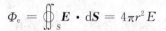

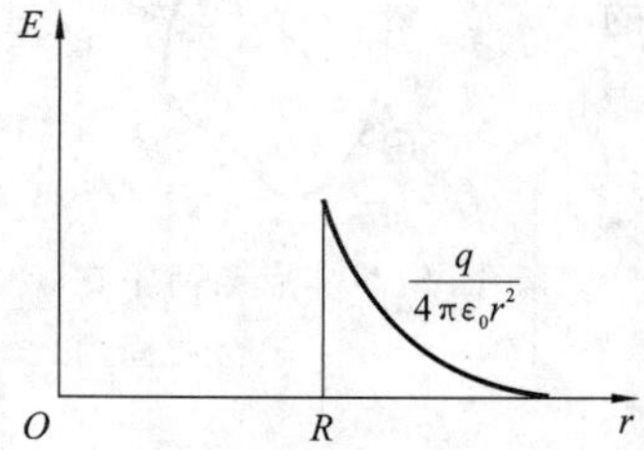

图 5-23　E-r 关系图

以上讨论对 $q<0$ 完全适用,只是此时壳外场强 $\boldsymbol{E}$ 的方向与 $q>0$ 时刚好相反,壳内场强 $\boldsymbol{E}$ 仍然为零。

例 5-4 求无限大均匀带电平面外的电场分布。

解 如图 5-24 所示,设面电荷密度为 σ,作一轴线与平面垂直,两底面与带电平面等远的圆柱面为高斯面,设该柱面的底面积为 S。

高斯面的电通量为

$$\Phi = \oint\!\!\!\oint \boldsymbol{E} \cdot \mathrm{d}\boldsymbol{S} = \int_{\text{侧}} \boldsymbol{E} \cdot \mathrm{d}\boldsymbol{S} + \int_{\text{左底}} \boldsymbol{E} \cdot \mathrm{d}\boldsymbol{S} + \int_{\text{右底}} \boldsymbol{E} \cdot \mathrm{d}\boldsymbol{S}$$

显然第一项由于 $d\boldsymbol{S}\perp\boldsymbol{E}$ 故为 0。

第二、三两项 $\boldsymbol{E}$ 和 $d\boldsymbol{S}$ 方向相同，故 $\Phi=2ES$。

由高斯定理 $\Phi=2ES=\frac{\sigma S}{\varepsilon_0}$，所以

$$E=\frac{\sigma}{2\varepsilon_0} \tag{5-16}$$

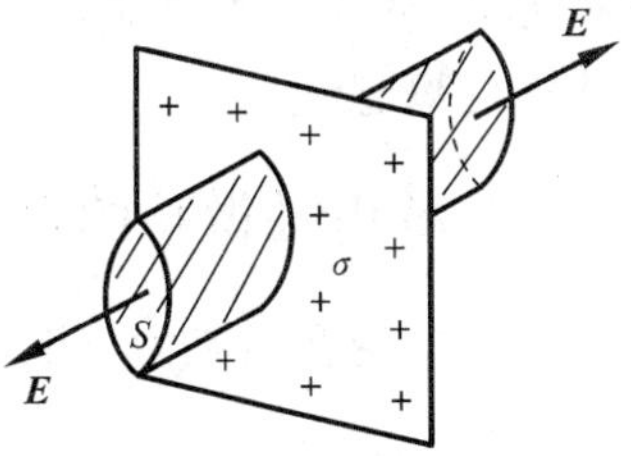

图 5-24　例 5-4 图

例 5-5　求两个无限大分别带有均匀等量异号电荷平行板之间的场强。

解　如图 5-25 所示，平行板之间的场强为

$$E=E_A+E_B=\frac{\sigma}{2\varepsilon_0}+\frac{\sigma}{2\varepsilon_0}=\frac{\sigma}{\varepsilon_0} \tag{5-17}$$

场强方向垂直于平行板。平行板外场强互相抵消，为零，这个结论以后常常要用到。

例 5-6　设有一无限长均匀带电直线，单位长度上的电荷，即电荷线密度为 λ，求距离直线为 r 处的电场强度。

解　作高斯面如图 5-26 所示，由高斯定理：

$$\oiint \boldsymbol{E}\cdot d\boldsymbol{S}=\frac{\sum q}{\varepsilon_0}=\frac{\lambda h}{\varepsilon_0}$$

$$\begin{aligned}\Phi_e&=\oiint \boldsymbol{E}\cdot d\boldsymbol{S}=\int_{侧面}\boldsymbol{E}\cdot d\boldsymbol{S}+\int_{上底}\boldsymbol{E}\cdot d\boldsymbol{S}+\int_{下底}\boldsymbol{E}\cdot d\boldsymbol{S}\\&=\int_{侧面}\boldsymbol{E}\cdot d\boldsymbol{S}+0+0=E\int dS=E\cdot 2\pi rh\end{aligned}$$

因为对于上、下底面 $\theta=\frac{\pi}{2}$，$\cos\theta=0$，所以，后两项为 0，对于侧面，$\theta=0$，$\cos\theta=1$，且 E 为恒矢量。所以 $E\cdot 2\pi rh=\frac{\lambda h}{\varepsilon_0}$，即

$$E=\frac{\lambda}{2\pi r\varepsilon_0} \tag{5-18}$$

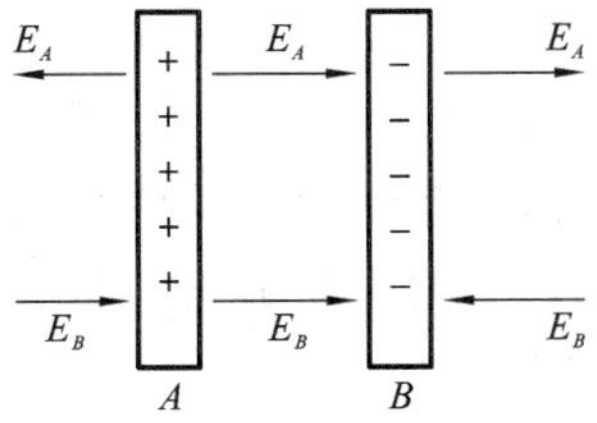

图 5-25　例 5-5 图

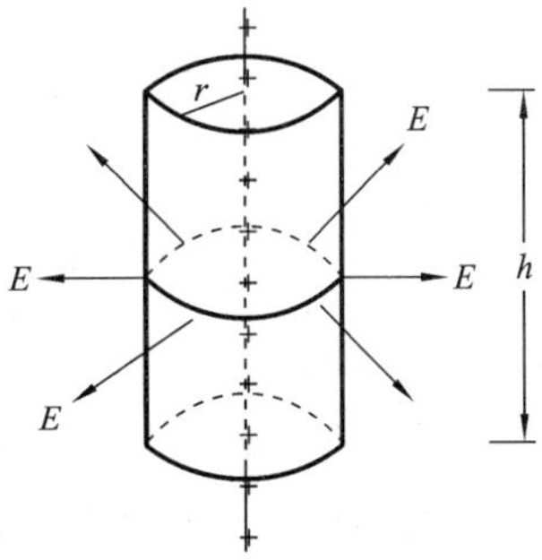

图 5-26　例 5-6 图

5-5　静电场的环路定理　电势能

我们知道，万有引力(重力)和弹性力等保守力对质点做功只与起始和终末位置有关，而与

路径无关,从而引入势能概念。同样我们认为静电场力也具有保守力做功的特点,所以可引入电势能的概念。

一、静电场做功的特点

首先讨论在场源为点电荷的静电场中电场力做功的情况。如图 5-27 所示,试验电荷 q_0 在电场力的作用下由 A 点沿任意路径 $\overset{\frown}{ACB}$ 到达 B 点,在路径上任一点 C 的附近取一位移元 $\mathrm{d}\boldsymbol{l}$,它和该点的场强 $\boldsymbol{E}$ 的夹角为 θ,与场源 q 的距离为 r,则所受的电场力 $\boldsymbol{F}=q_0\boldsymbol{E}$。

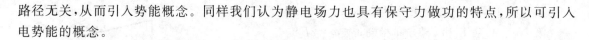

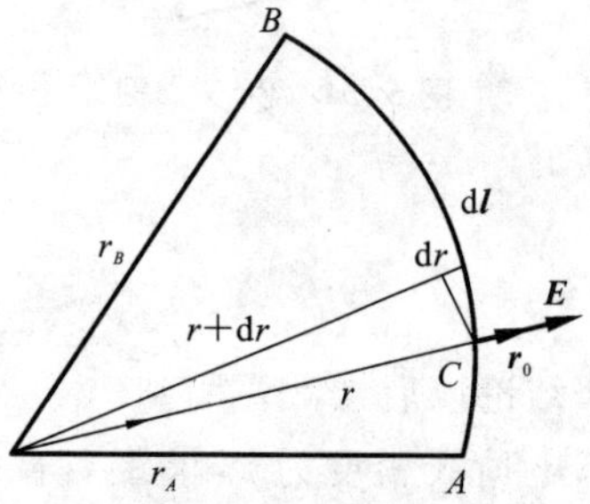

图 5-27 静电场做功

变力 $\boldsymbol{F}$ 在 $\mathrm{d}l$ 段所做的元功为

$$\mathrm{d}w=q_0\boldsymbol{E}\cdot\mathrm{d}\boldsymbol{l}$$

又 $\boldsymbol{E}=\dfrac{1}{4\pi\varepsilon_0}\dfrac{q}{r^2}\boldsymbol{r}_0$,所以

$$\mathrm{d}w=\frac{1}{4\pi\varepsilon_0}\frac{qq_0}{r^2}\boldsymbol{r}_0\cdot\mathrm{d}\boldsymbol{l}$$

显然 $\boldsymbol{r}_0\cdot\mathrm{d}\boldsymbol{r}=\mathrm{d}l\cos\theta=\mathrm{d}r$(此时 $\boldsymbol{r}_0$ 和 $\boldsymbol{r}$ 的夹角为 0)。

所以

$$\mathrm{d}w=\frac{1}{4\pi\varepsilon_0}\frac{qq_0}{r^2}\mathrm{d}r$$

所以

$$w=\int\mathrm{d}w=\int_{r_A}^{r_B}\frac{qq_0}{4\pi\varepsilon_0}\frac{\mathrm{d}r}{r^2}=\frac{qq_0}{4\pi\varepsilon_0}\left(\frac{1}{r_A}-\frac{1}{r_B}\right)$$

此式说明,当电荷 q_0 在电荷 q 的电场中运动时,电场力所做的功只取决于运动电荷的始末位置,而与路径无关。

我们可以证明,静电场的这一重要特性不仅对点电荷的电场成立,而且对于任何带电体系的电场都成立。我们将产生电场的带电体分成许多电荷元,每一个电荷元都可以看成点电荷,由场强叠加原理

$$\boldsymbol{E}=\sum_{i=1}^{n}\boldsymbol{E}_i=\boldsymbol{E}_1+\boldsymbol{E}_2+\cdots+\boldsymbol{E}_i+\cdots+\boldsymbol{E}_n$$

得

$$w=\int_A^B q_0\boldsymbol{E}\cdot\mathrm{d}\boldsymbol{l}=\int_A^B q_0\boldsymbol{E}_1\cdot\mathrm{d}\boldsymbol{l}+\int_A^B q_0\boldsymbol{E}_2\cdot\mathrm{d}\boldsymbol{l}+\cdots \tag{5-19}$$

上式每一项都与路径无关,所以它们的代数和必然与路径无关。由此得出结论:试验电荷 q_0 在静电场中从一点沿任意路径运动到另一点时,静电场力对它所做的功仅与试验电荷 q_0 及路径的起点和终点的位置有关,而与电荷经历的路径无关。

二、静电场的环路定理

从上面的讨论可知静电场力也是一种保守力,静电场也是保守场。静电场做功与路径无关的特点也可以用环路定理加以说明。

如图 5-28 所示,单位正试验电荷在静电场中沿闭合曲线 L 移动一周,则电场力做功的数值为 $\oint\boldsymbol{E}\cdot\mathrm{d}\boldsymbol{l}$。

在 L 上任取两点 A 和 B，把 L 分为 L_1 和 L_2 两部分，显然就有

$$\oint \boldsymbol{E}\cdot \mathrm{d}\boldsymbol{l} = \int_{L_1} \boldsymbol{E}\cdot \mathrm{d}\boldsymbol{l} + \int_{L_2} \boldsymbol{E}\cdot \mathrm{d}\boldsymbol{l}$$
$$= \int_{A(L_1)}^{B} \boldsymbol{E}\cdot \mathrm{d}\boldsymbol{l} + \int_{B(L_2)}^{A} \boldsymbol{E}\cdot \mathrm{d}\boldsymbol{l}$$
$$= \int_{A(L_1)}^{B} \boldsymbol{E}\cdot \mathrm{d}\boldsymbol{l} - \int_{A(L_2)}^{B} \boldsymbol{E}\cdot \mathrm{d}\boldsymbol{l}$$

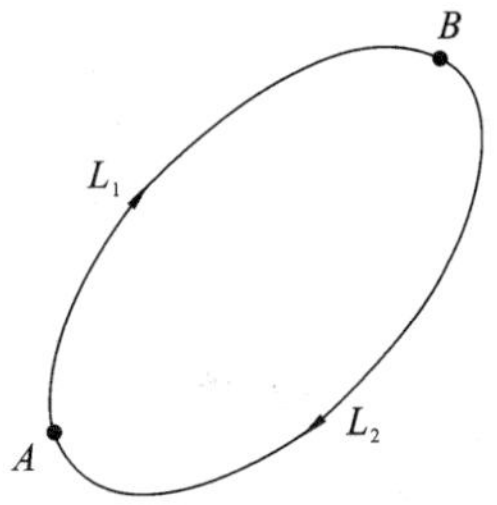

图 5-28　环路定理

显然

$$\int_{A(L_1)}^{B} \boldsymbol{E}\cdot \mathrm{d}\boldsymbol{l} = \int_{A(L_2)}^{B} \boldsymbol{E}\cdot \mathrm{d}\boldsymbol{l}$$

所以

$$\oint \boldsymbol{E}\cdot \mathrm{d}\boldsymbol{l} = 0 \tag{5-20}$$

在任一静电场中，场强沿任一闭合回路的线积分为 0。这就是静电场的**环路定理**。

显然，环路定理与“静电场力做功与路径无关”是等价的。这是静电场中与高斯定理并列的又一个重要定理。

三、电势能

我们知道，在重力场中外力反抗重力对物体所做的功转变为地球和物体所组成的系统能量，即重力势能。

在静电场中外力反抗静电力所做的功将变为场源电荷 q 所产生的静电场和试验电荷 q_0 这一系统的能量，也具有势能的性质，称为**电势能**。

当外力对系统做功(即静电场力做负功)时，系统的电势能增加。当外力对系统做负功(即静电场力做正功)时，系统的电势能减少。一般来说，试验电荷 q_0 在静电场中移动时，电荷 q 及其产生的电场并无变化，因此习惯上把系统的电势能看作等于电荷 q_0，认为电荷在静电场中任一位置具有一定的电势能(又叫电位能)，而把电场力所做的功作为电势能改变的量度。

设 E_{PA} 和 E_{PB} 分别表示试验电荷 q_0 在电场中 A 点和 B 点的电势能，则试验电荷从 A 点移动到 B 点时，电场力所做的功为

$$W_{AB} = E_{PA} - E_{PB} = -(E_{PB} - E_{PA})$$

或

$$q_0 \int_{AB} \boldsymbol{E}\cdot \mathrm{d}\boldsymbol{l} = E_{PA} - E_{PB} = -(E_{PB} - E_{PA}) \tag{5-21}$$

电势能和重力势能一样，是一个相对量，因此，要决定电荷在电场中某一点电势能的值，也必须选择一个电势能参考点，并设该点的电势能为 0。这个参考点的选择是任意的，视方便而定。

如果选取 q_0 在 B 点处的电势能为 0，即 $E_{PB}=0$，则有

$$E_{PA} = q_0 \int_{AB} \boldsymbol{E}\cdot \mathrm{d}\boldsymbol{l} \tag{5-22}$$

该式表明，试验电荷 q_0 在电场中某点处的电势能，在数值上等于把它从该点移动到零势能处静电场力所做的功。电势能单位为焦耳(J)。

注意：斥力场中的电势能是正的；引力场中的电势能是负的。

5-6 电　势

一、电势

由上节讨论可知，试验电荷 q_0 在电场中某点的电势能与 q_0 的大小有关，但比值 E_{PA}/q_0 和 q_0 无关，只和 A 点在电场中的位置有关，所以可以用这个比值来描述电场，并把它称为电势，以符号 V_A 表示。电场中 A 点和 B 点的电势分别为 $V_A=E_{PA}/q_0$，$V_B=E_{PB}/q_0$。

因此，A、B 两点的电势差为

$$V_A - V_B = E_{PA}/q_0 - E_{PB}/q_0 = \int_A^B \boldsymbol{E} \cdot \mathrm{d}\boldsymbol{l} \tag{5-23}$$

所以 A 点电势为

$$V_A = \int_A^B \boldsymbol{E} \cdot \mathrm{d}\boldsymbol{l} + V_B$$

B 点电势通常叫作参数电势，原则上可取任意值。为方便起见，通常选取 B 点在无限远处，并令 $E_{PB}=E_{P\infty}=0$，$V_B=V_\infty=0$，则场中 A 点的电势为

$$V_A = \int_{A\infty} \boldsymbol{E} \cdot \mathrm{d}\boldsymbol{l} = \int_A^\infty \boldsymbol{E} \cdot \mathrm{d}\boldsymbol{l} \tag{5-24}$$

或

$$V_A = -\int_{\infty A} \boldsymbol{E} \cdot \mathrm{d}\boldsymbol{l} = -\int_\infty^A \boldsymbol{E} \cdot \mathrm{d}\boldsymbol{l}$$

可见静电场中某点的电势在数值上等于放在该点的单位正电荷的电势能，或者说等于单位正电荷从该点经过任意路径移到无限远处电场力所做的功。还可以说场中某点 A 的电势在数值上等于把单位正试验电荷从无限远处移到 A 点时电场力所做功的负值。

静电场中任意两点 A、B 的电势差为

$$V_{AB} = V_A - V_B$$

在实际工作中常常令大地或电子仪器的外壳的电位为 0，这样，任何导体接地以后，该导体的电位也必为 0。在电子仪器中各点的电位值等于它们与公共地线或机壳之间的电位差。只要测出这些电位差的值就很容易判断仪器是否正常工作。这一原则为修理各种电器提供了不可缺少的重要依据。

在国际单位制中，电势单位为伏特(V)，1 伏特=1 焦耳/1 库仑。

二、电势的叠加原理

设场源电荷为 $q_1, q_2, \cdots, q_n$，由场强叠加原理，该静电场中任一点 A 的场强为 $\boldsymbol{E} = \sum_{i=1}^{n} \boldsymbol{E}_i$，所以

$$\begin{aligned} V_A &= \int_A^\infty \boldsymbol{E} \cdot \mathrm{d}\boldsymbol{l} = \int_A^\infty \sum_{i=1}^{n} \boldsymbol{E}_i \cdot \mathrm{d}\boldsymbol{l} \\ &= \int_A^\infty \boldsymbol{E}_1 \cdot \mathrm{d}\boldsymbol{l} + \int_A^\infty \boldsymbol{E}_2 \cdot \mathrm{d}\boldsymbol{l} + \cdots + \int_A^\infty \boldsymbol{E}_i \cdot \mathrm{d}\boldsymbol{l} + \cdots + \int_A^\infty \boldsymbol{E}_n \cdot \mathrm{d}\boldsymbol{l} \end{aligned}$$

$$= V_1 + V_2 + \cdots + V_i + \cdots + V_n$$
$$= \sum_{i=1}^{n} V_i$$

即

$$V_A = \sum_{i=1}^{n} V_i \tag{5-25}$$

又 $V_i = \dfrac{1}{4\pi\varepsilon_0}\dfrac{q_i}{r_i}$，故

$$V_A = \sum_{i=1}^{n} \frac{1}{4\pi\varepsilon_0}\frac{q_i}{r_i} \tag{5-26}$$

如图 5-29 所示，若电荷是连续分布的，则有

$$\mathrm{d}V = \frac{1}{4\pi\varepsilon_0}\frac{\mathrm{d}q}{r}$$

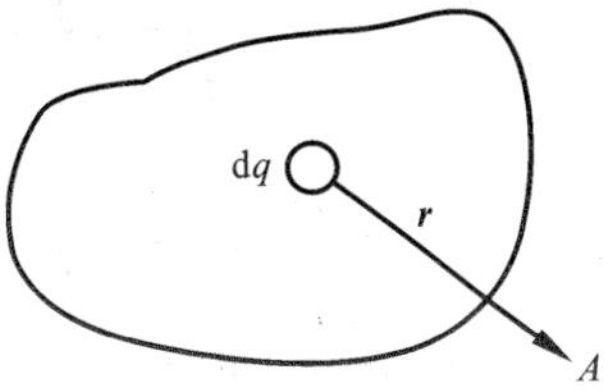

图 5-29　点 A 处的电势

所以

$$V = \frac{1}{4\pi\varepsilon_0}\int \frac{\mathrm{d}q}{r} = \frac{1}{4\pi\varepsilon_0}\int_V \frac{\rho \mathrm{d}V}{r}$$
$$= \frac{1}{4\pi\varepsilon_0}\iiint \frac{\rho(x,y,z)}{r}\mathrm{d}x\mathrm{d}y\mathrm{d}z$$

或

$$V = \frac{1}{4\pi\varepsilon_0}\int \frac{\mathrm{d}q}{r} = \frac{1}{4\pi\varepsilon_0}\int_S \frac{\sigma \mathrm{d}S}{r} = \frac{1}{4\pi\varepsilon_0}\iint \frac{\sigma(x,y)}{r}\mathrm{d}x\mathrm{d}y$$

或

$$V = \frac{1}{4\pi\varepsilon_0}\int \frac{\mathrm{d}q}{r} = \frac{1}{4\pi\varepsilon_0}\int_l \frac{\lambda \mathrm{d}l}{r} \tag{5-27}$$

三、电势的计算、举例

例 5-7　求均匀带电球壳的电位。设球壳半径为 R，所带电荷为 q，A 点到球壳中心 O 的距离为 r。

解　当 $r<R$ 时，$E_{内}=0$；当 $r>R$ 时，$E_{外}=\dfrac{q}{4\pi\varepsilon_0 r^2}$。

由电势的定义

$$V_A = \int_A^{\infty} \boldsymbol{E}\cdot \mathrm{d}\boldsymbol{l}$$

若 A 点在球壳外，这时 $r>R$。由于 A 点的场强方向为矢径 $\boldsymbol{r}$ 的方向，又由于电场力做功与路径无关，因此可选择积分路径沿 $\boldsymbol{r}$ 方向。这时 $\mathrm{d}\boldsymbol{l}=\mathrm{d}\boldsymbol{r}$，即

$$V_A = \int_A^{\infty} E\cdot \mathrm{d}l = \int_r^{\infty} E\mathrm{d}r = \int_r^{\infty} \frac{q}{4\pi\varepsilon_0 r^2}\mathrm{d}r = \frac{q}{4\pi\varepsilon_0 r} \tag{5-28}$$

若 A 点在球壳内，这时 $r<R$，且 $E_{内}=0$，所以

$$V_A = \int_A^{\infty} \boldsymbol{E}\cdot \mathrm{d}\boldsymbol{l} = \int_A^{R} \boldsymbol{E}\cdot \mathrm{d}\boldsymbol{l} + \int_R^{\infty} \boldsymbol{E}\cdot \mathrm{d}\boldsymbol{l}$$
$$= \int_R^{\infty} \boldsymbol{E}\cdot \mathrm{d}\boldsymbol{l} = \int_R^{\infty} \frac{q}{4\pi\varepsilon_0}\frac{\mathrm{d}r}{r^2} = \frac{q}{4\pi\varepsilon_0 R} \tag{5-29}$$

也就是说球壳内任意一点的电势为一常数。均匀带电球壳的电位 V 随距离 r 变化的关系曲线如图 5-30 所示。

例 5-8 求离开电偶极子较远处任意一点的电势。

解 如图 5-31 所示，由电势叠加原理，有

$$V_P=\frac{q}{4\pi\varepsilon_0 r_1}-\frac{q}{4\pi\varepsilon_0 r_2}=\frac{q(r_2-r_1)}{4\pi\varepsilon_0 r_1 r_2}$$

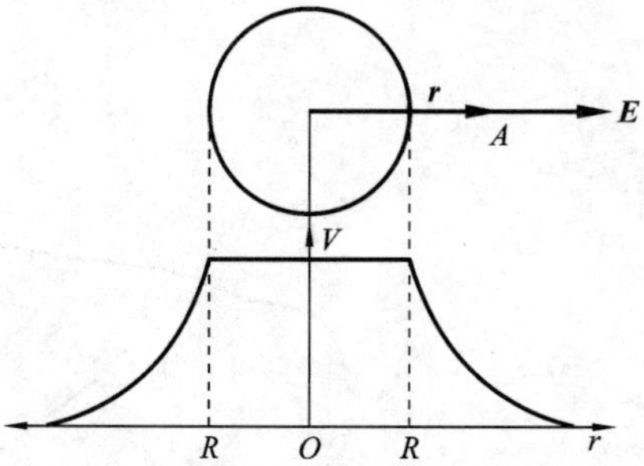

图 5-30 例 5-7 图

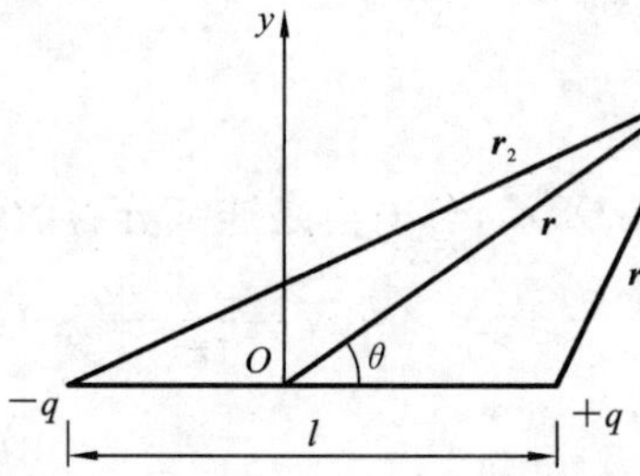

图 5-31 例 5-8 图

一般 $r_1 \gg l, r_2 \gg l$，则 $r_1 r_2 \approx r^2, r_2-r_1 \approx l\cos\theta$，所以

$$V=\frac{ql\cos\theta}{4\pi\varepsilon_0 r^2}=\frac{p\cos\theta}{4\pi\varepsilon_0 r^2}=\frac{1}{4\pi\varepsilon_0}\frac{\boldsymbol{p}\cdot\boldsymbol{r}}{r^3} \tag{5-30}$$

式中，$\boldsymbol{p}=q\boldsymbol{l}$ 为电偶极矩。

讨论：若 r 一定，当 $\theta=\pm\frac{\pi}{2}$ 时，即在电偶极子轴的中垂面上，电势处处为 0；当 $\theta=0$ 时，$\boldsymbol{p}$ 沿 $\boldsymbol{l}$ 正方向，电位最高；当 $\theta=\pi$ 时，$\boldsymbol{p}$ 沿 $\boldsymbol{l}$ 负方向，电位最低(绝对值最大)。

在直角坐标系中，$r^2=x^2+y^2$，$\cos\theta=\frac{x}{\sqrt{x^2+y^2}}$，代入式(5-30)可得

$$V=\frac{\boldsymbol{p}\cdot\boldsymbol{r}}{4\pi\varepsilon_0 r^3}=\frac{px}{4\pi\varepsilon_0(x^2+y^2)^{3/2}}$$

5-7 电场强度与电势梯度

一、等势面

电场强度是从场力角度来描述场中各点的性质，而电位则是从能量的角度来描述场中各点的性质，显然它们都是描述场中各点性质的物理量，因此它们之间一定存在着内在的联系。

$V_A=V_{A\infty}=\int_A^{\infty}\boldsymbol{E}\cdot\mathrm{d}\boldsymbol{l}$ 反映的是场强的分布与电位的关系，即积分关系。

这一节我们将用图示和分析的方法，研究静电场中各点的场强和电位之间的关系。我们知道电场线是为了形象地描述电场中各点场强的分布而引入的一个物理概念。同样，为了形象地描述电场中各点场强的分布，我们将引入等势面的概念。

顾名思义，静电场中电位相等的点连接起来所构成的曲面，称为等势面，又称等位面。几种

典型电场的等位面如下：

（1）点电荷产生的电场，其等位面是以点电荷为中心的一组同心球面，如图 5-32 所示。

（2）匀强电场的等位面，如图 5-33 所示。

图 5-32　点电荷的等位面

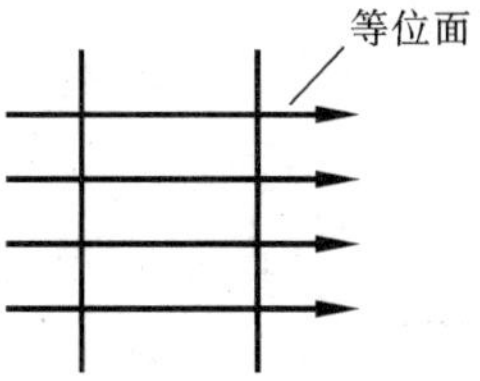

图 5-33　匀强电场的等位面

（3）两个带等量异号电荷的等位面。（略）

（4）两平行板上带等量异号电荷时的等位面，如图 5-34 所示。

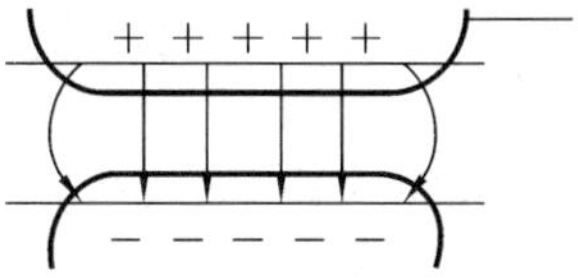

图 5-34　平行板的等位面

在等位面上将试验电荷 q_0 从 A 点移到 B 点，因为 $V_A=V_B$，电场力做功 $W_{AB}=q(V_A-V_B)=0$。所以在等位面上移动电荷时，电场力做功为 0。若 q_0 在等位面上移动一位移元为 $\mathrm{d}\boldsymbol{l}$，电场力做功则为

$$\mathrm{d}W=q_0\boldsymbol{E}\cdot\mathrm{d}\boldsymbol{l}=q_0E\cos\theta\mathrm{d}l=0$$

必然有 $\cos\theta=0$，即 $\theta=\frac{\pi}{2}$，$\boldsymbol{E}$ 垂直于 $\mathrm{d}\boldsymbol{l}$，也就是说等位面上任一点的场强方向必与等位面垂直。

我们规定：画等位面时，相邻的等位面之间具有相等的电位差，所以等位面越密的地方场强越大，等位面越稀的地方场强越小。场强的方向总是垂直于等位面，并且自高电位指向低电位。

二、电场强度与电势梯度

如图 5-35 所示，Ⅰ和Ⅱ为静电场中靠得很近的两个等位面，其电位分别为 V，$V+\Delta V$，且 $\Delta V<0$。A、B 两点分别位于等位面Ⅰ和Ⅱ上且两点靠得很近，间距为 Δl，这时它们之间的场强 $\boldsymbol{E}$ 认为是不变的。

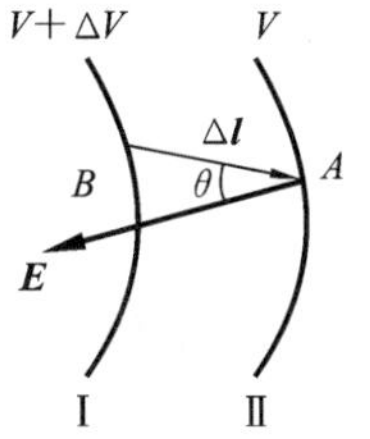

图 5-35　电场强度

设 $\Delta\boldsymbol{l}$ 和 $\boldsymbol{E}$ 夹角为 θ，则当单位正电荷由点 A 移到点 B 时，电场所做的功为

$$q_0(V_A-V_B)=q_0\boldsymbol{E}\cdot\Delta\boldsymbol{l}=q_0E\cos\theta\Delta l$$

又 $V_A-V_B=V-(V+\Delta V)=-\Delta V$，所以

$$-\Delta V=E\cos\theta\Delta l=E_l\Delta l\quad 或\ E_l=-\frac{\Delta V}{\Delta l}$$

式中，E_l 表示 E 在 Δl 上的分量。该式负号说明沿场强方向，电位由高到低；逆着场强的方向，电位由低到高。

当 $\Delta l\to0$ 时，$\lim\limits_{\Delta l\to\infty}\frac{\Delta V}{\Delta l}=\frac{\partial V}{\partial l}$，则有

$$E_l=-\frac{\partial V}{\partial l}\tag{5-31}$$

式中，$\frac{\partial V}{\partial l}$是电势沿 l 方向的方向导数（偏导数），即电场中某一点的场强沿任一方向的分量，等

于该点的电势沿该方向的方向导数的负值。

注意:等位面上电位是相等的,所以等位面上$\frac{\partial V}{\partial l}=0$,也就是说电场中某一点的电位沿等位面的方向导数的值为0,也可以说等位面上任一点场强的切向分量为0。

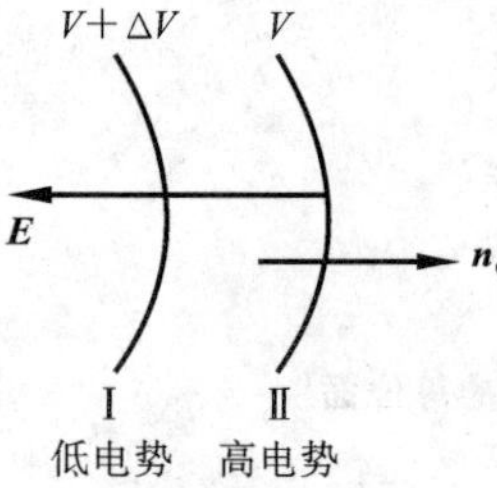

图 5-36 电势梯度

如图 5-36 所示,两等势面相距很近,且 $dV<0$。$\boldsymbol{n}_0$ 为等位面的单位法线矢量,其方向由低电势指向高电势。由以上讨论可知:电场强度 $\boldsymbol{E}$ 沿法线方向的分量为$\boldsymbol{E}_n=-\frac{\partial V}{\partial n}\boldsymbol{n}_0$(对任意一点都成立)。写成矢量

$$\boldsymbol{E}=\boldsymbol{E}_n=-\frac{\partial V}{\partial n}\boldsymbol{n}_0 \tag{5-32}$$

显然$E_x=-\frac{\partial V}{\partial x},E_y=-\frac{\partial V}{\partial y},E_z=-\frac{\partial V}{\partial z}$,因此

$$\boldsymbol{E}=-\left(\frac{\partial V}{\partial x}\boldsymbol{i}+\frac{\partial V}{\partial y}\boldsymbol{j}+\frac{\partial V}{\partial z}\boldsymbol{k}\right)=-\mathbf{grad}V=-\nabla V \tag{5-33}$$

数学上把标量函数 $f(x,y,z)$的梯度 $\mathbf{grad}f(x,y,z)$定义为

$$\mathbf{grad}f(x,y,z)=\frac{\partial f(x,y,z)}{\partial x}\boldsymbol{i}+\frac{\partial f(x,y,z)}{\partial y}\boldsymbol{j}+\frac{\partial f(x,y,z)}{\partial z}\boldsymbol{k}$$

所以我们常说场强 $\boldsymbol{E}$ 等于电势梯度的负值。

例 5-9 如图 5-37 所示,正电荷 q 均匀地分布在半径为 R 的细圆环上,计算在环的轴线上与环心 O 相距 x 处点 P 的电势 V。

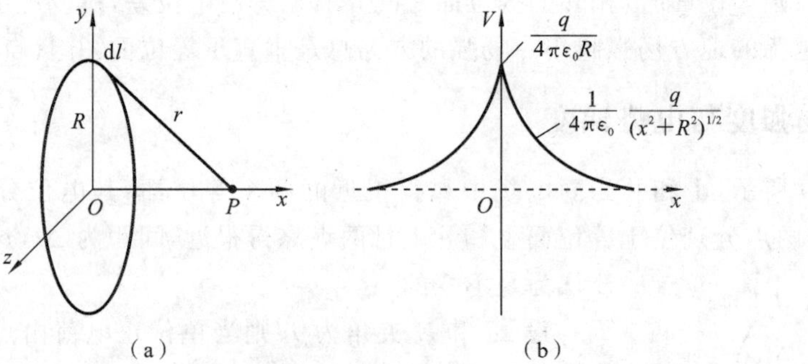

图 5-37 例 5-9 图

解 设圆环在图 5-37(a)所示的 Oyz 平面上,坐标原点与环心重合,在圆环上取一线元 dl,其电荷线密度为λ,所以电荷元 $dq=\lambda dl=\frac{q}{2\pi R}dl$,把它代入式(5-27),有

$$V_P=\frac{1}{4\pi\varepsilon_0}\int\frac{dq}{r}=\frac{1}{4\pi\varepsilon_0}\int_0^{2\pi R}\frac{q}{2\pi R}\frac{1}{r}dl=\frac{1}{4\pi\varepsilon_0}\frac{q}{r}=\frac{1}{4\pi\varepsilon_0}\frac{q}{\sqrt{x^2+R^2}}$$

图 5-37(b)给出了 x 轴上的电势 V 随坐标 x 变化的关系曲线。

例 5-10 利用 $\boldsymbol{E}$ 和 $\boldsymbol{V}$ 的关系求均匀带电细圆环轴线上任意一点 P 的场强。

解 由上例可知

$$V_P=\frac{1}{4\pi\varepsilon_0}\frac{q}{(x^2+R^2)^{\frac{1}{2}}}$$

所以

$$E_P = E_x = -\frac{\partial V}{\partial x} = -\frac{\partial}{\partial x}\left[\frac{1}{4\pi\varepsilon_0}\frac{q}{(x^2+R^2)^{\frac{1}{2}}}\right]$$

习　　题

5-1　电荷面密度均为 $+\sigma$ 的两块无限大均匀带电的平行平板如图 5-38 所示放置，其周围空间各点电场强度 E（设电场强度方向向右为正、向左为负）随位置坐标 x 变化的关系曲线为（　　）。

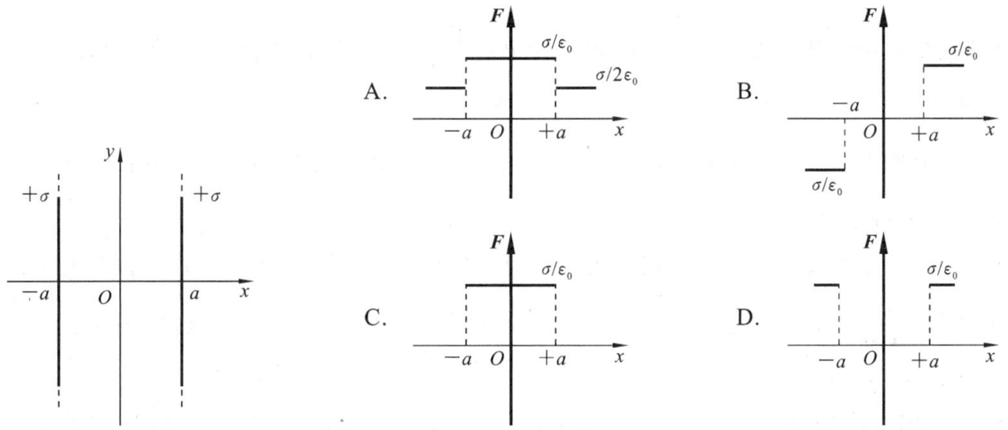

图 5-38　题 5-1 图

5-2　下列说法正确的是（　　）。

A. 闭合曲面上各点电场强度都为零时，曲面内一定没有电荷

B. 闭合曲面上各点电场强度都为零时，曲面内电荷的代数和必定为零

C. 闭合曲面的电通量为零时，曲面上各点的电场强度必定为零

D. 闭合曲面的电通量不为零时，曲面上任意一点的电场强度都不可能为零

5-3　下列说法正确的是（　　）。

A. 电场强度为零的点，电势也一定为零

B. 电场强度不为零的点，电势也一定不为零

C. 电势为零的点，电场强度也一定为零

D. 电势在某一区域内为常量，则电场强度在该区域内必定为零

5-4　在一个带负电的带电棒附近有一个电偶极子，其电偶极矩 $\boldsymbol{p}$ 的方向如图 5-39 所示。当电偶极子被释放后，该电偶极子将（　　）。

A. 沿逆时针方向旋转至电偶极矩 $\boldsymbol{p}$ 水平指向棒尖端而停止

B. 沿逆时针方向旋转至电偶极矩 $\boldsymbol{p}$ 水平指向棒尖端，同时沿电场线方向朝着棒尖端移动

C. 沿逆时针方向旋转至电偶极矩 $\boldsymbol{p}$ 水平指向棒尖端，同时逆电场线方向朝远离棒尖端移动

D. 沿顺时针方向旋转至电偶极矩 $\boldsymbol{p}$ 沿棒尖端水平朝外，同时沿电场线方向朝着棒尖端移动

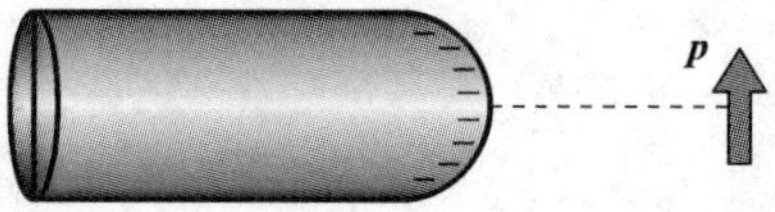

图 5-39　题 5-4 图

5-5　精密实验表明，电子与质子电量差值的最大范围不会超过$\pm 10^{-21}e$，而中子电量与零差值的最大范围也不会超过$\pm 10^{-21}e$，由最极端的情况考虑，一个有 8 个电子、8 个质子和 8 个中子构成的氧原子所带的最大可能净电荷是多少？若将原子视作质点，试比较两个氧原子间的库仑力和万有引力的大小。

5-6　三个正电荷分别处于边长为 0.01 cm 的等边三角形的顶角上，它们之间的相互作用力分别为 0.049 N，0.078 N，0.118 N，求它们的电量各为多少？

5-7　在电场中某一点的电场强度定义为 $\boldsymbol{E}=\dfrac{\boldsymbol{F}}{q_0}$，若该点没有试验电荷，那么该点的电场如何？为什么？

5-8　根据点电荷场强公式 $\boldsymbol{E}=\dfrac{q}{4\pi\varepsilon_0 r^2}\boldsymbol{r}_0$，当考查点和点电荷的距离 $r\to 0$ 时，则 $E\to\infty$。这时有没有物理意义？为什么？

5-9　在真空中有 A、B 两点，相距为 d，板面积为 S，分别带有电量 $+q$，$-q$，有人说两板的作用力 $f=\dfrac{q^2}{4\pi\varepsilon_0 d^2}$，又有人说 $f=qE$，而 $E=\dfrac{\sigma}{\varepsilon_0}$，$\sigma=\dfrac{q}{S}$，所以 $f=\dfrac{q^2}{\varepsilon_0 S}$，试问这两种说法对吗？为什么？到底 f 为多少？

5-10　用细线悬一质量为 0.2×10^{-3} kg 的小球，将其置于两个竖直放的均匀带电平行板间，设小球带电量为 6×10^{-9} C，欲使悬挂小球的线与场强的夹角成 60°，求两板间场强大小。

5-11　电荷以线密度 λ 均匀分布在长为 L 的直线上，求带电直线的中垂线上与带电线距为 R 的点的场强大小。

5-12　两条相互平行的无限长均匀带有相反电荷的导线相距为 a，电荷线密度为 λ，求两导线构成的平面上任一点的场强。(设这一点到其中任一条导线的垂直距离为 x)。

5-13　若电荷 Q 均匀地分布在长为 L 的细棒上。求证：

(1) 在棒的延长线，且离棒中心为 r 处的电场强度大小为 $E=\dfrac{1}{\pi\varepsilon_0}\cdot\dfrac{Q}{4r^2-L^2}$；

(2) 在棒的垂直平分线上，离棒为 r 处的电场强度大小为 $E=\dfrac{1}{2\pi\varepsilon_0}\cdot\dfrac{Q}{r\sqrt{4r^2+L^2}}$。

若棒为无限长(即 $L\to\infty$)，试将结果与无限长均匀带电直线的电场强度做比较。

5-14　一半径为 R 的半球壳，均匀地带有电荷，电荷面密度为 σ，求球心处电场强度的大小。

5-15　设均匀电场中，场强 $\boldsymbol{E}$ 与半径为 R 的半球面的轴平行。试计算通过此半球面的电场强度通量。

5-16　在均匀电场中有一半径为 R 的圆柱面，其轴线与场强 $\boldsymbol{E}$ 平行，求通过圆柱面的电场强度的通量。

5-17　高斯面外无电荷，高斯面内 $\sum q=0$，高斯面上的场强是否一定为零？

5-18　如果高斯面上的场强处处为零，能否肯定高斯面内任一点都没有电荷？

5-19　两个均匀带电的同心球面，半径分别为 0.10 m 和 0.30 m，小球带电 1.0×10^{-8} C，大球带电 1.5×10^{-8} C，求离开球心为① 5×10^{-2} m，② 0.20 m，③ 0.50 m 处电场强度为多少？这个带电球面产生的电场强度是否是距球心距离的连续函数？

5-20　两个带有等量异号电荷的无限大同轴圆柱面，半径分别为 R_1 和 R_2（$R_2>R_1$），单位长度上的电量为 λ，求离轴线为 r 处的电场强度。提示：考虑① $r<R_1$，② $R_1<r<R_2$，③ $r>R_2$ 三种情况。

5-21　回答下列问题：

(1) 场强为零处，电势是否一定为零？

(2) 电势为零处，场强是否一定为零？

(3) 电势高的地方场强是否一定大？

(4) 电势相等处场强是否一定相等？

(5) 在电势不变的空间内电场强度是否为零？

5-22　半径为 R 的无限长直圆柱体，体内均匀带电，体密度为 $\rho(\rho>0)$。求柱体内、外的场强分布，并画出 E-r 曲线。

5-23　两个同心球面，半径分别为 10 cm、30 cm。内球面均匀带正电荷 1.6×10^{-8} C，外球面带有正电荷 1.5×10^{-8} C，求离球心距离分别为 20 cm、50 cm 的两点的电势。

5-24　外力将电量 $q=1.7\times10^{-8}$ C 的点电荷从电场中 A 点移到 B 点，做功 5.0×10^{-6} J。问 A、B 两点间的电势差为多少？A、B 两点哪点电势高？若设 B 点电势为零，问 A 点的电势为多大？

5-25　一个球形雨滴半径为 0.40 mm，带电量 1.6×10^{-12} C，它表面的电势有多大？两个这样的雨滴相遇后合并为一个较大的雨滴，这个雨滴表面的电势又是多大？

5-26　两个同心球面的半径分别为 R_1 和 R_2，各自所带电量为 Q_1 和 Q_2，求：

(1) 各区域电势分布，并画出分布曲线；

(2) 两球间的电势差为多少？

第 6 章　静电场中的导体与电介质

前一章，我们讨论了静电场的基本性质。这一章用这些基本性质进一步研究静电场和物质的相互作用。

物体按其电学性质分为金属导体、绝缘体、半导体三类：金属原子中最外层电子可以摆脱原子核的束缚而在整个导体中自由运动，因而这类物质中存在大量的自由电子。绝缘体原子中外层电子被原子核紧紧地束缚着，它们只能在原子或分子范围内做微小的位移，这样的电荷称为束缚电荷。半导体的性质介于上述二者之间。

我们先来研究金属导体，它的特点是含有大量自由电子，在静电场作用下，自由电子将做宏观定向运动。这种宏观定向运动在很短时间内就会停止，电荷不再改变。我们称该导体处于静电平衡态。

6-1　静电场中的导体

一、静电感应

我们把金属导体放在外电场中，如图 6-1 所示，导体中每一个自由电子都将受到电场力的作用，其方向与场强方向相反，这样整个导体中的自由电子，将在无规则热运动的基础上叠加一个宏观的定向运动，导体中的电荷便重新分布，与外电场相垂直的两个侧面上将出现等量异号的正负电荷。

如图 6-2 所示，在外电场作用下引起导体中电荷重新分布而呈现的带电现象，叫作静电感应现象。由静电感应产生的电荷称为**感应电荷**。此时导体沿着电场方向的两个侧面将产生等量异号的电荷，并由此在导体内重新建立起附加电场 $\boldsymbol{E}'$，$\boldsymbol{E}'$ 的方向和 $\boldsymbol{E}$ 刚好相反，这样导体内部任一点的场强就是 $\boldsymbol{E}$ 和 $\boldsymbol{E}'$ 的叠加。

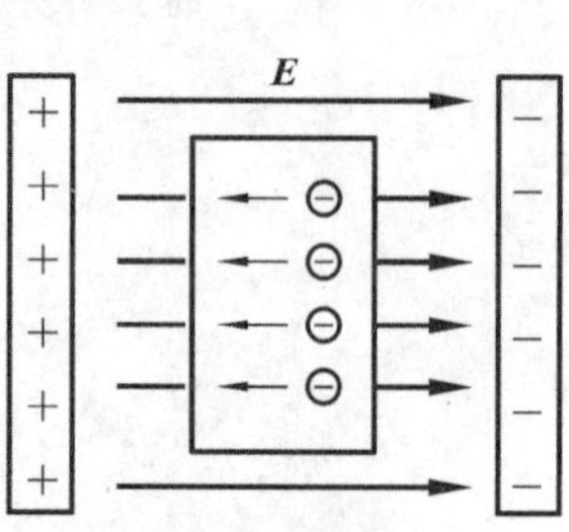

图 6-1　感应电荷

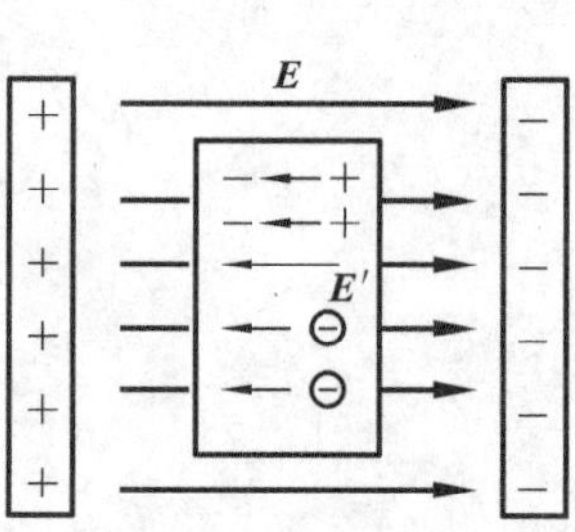

图 6-2　附加电场

开始时 $\boldsymbol{E}'<\boldsymbol{E}$，导体内部合成场强不为零，因而自由电子继续向左边移动，同时 $\boldsymbol{E}'$ 随之增

大。一直到内部 $\boldsymbol{E}'=\boldsymbol{E}$，即导体内部各处合场强均为零，如图 6-3 所示。这时不但导体内部没有电荷做定向运动，表面也没有电荷做定向运动。导体内部自由电子无定向运动的状态，叫**导体的静电平衡**。

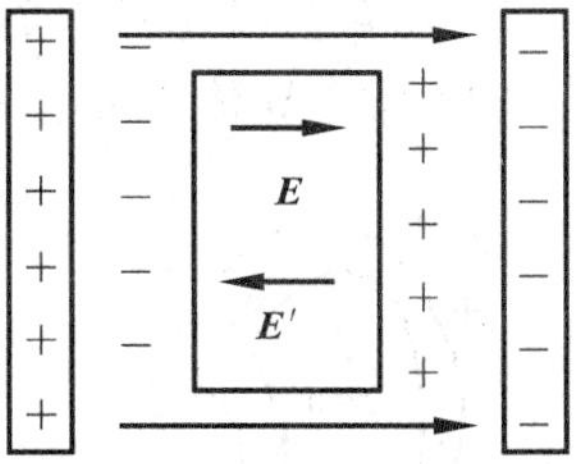

图 6-3　导体的静电平衡

二、静电平衡条件

由上面讨论可知，静电平衡的条件如下：

① 导体内任何一点场强为零，即

$$\boldsymbol{E}_{内}=\boldsymbol{0} \tag{6-1}$$

② 导体表面任何一点场强的切向分量为零，即场强方向垂直于该点的表面。

$$E_l=-\frac{\partial V}{\partial l}=0 \tag{6-2}$$

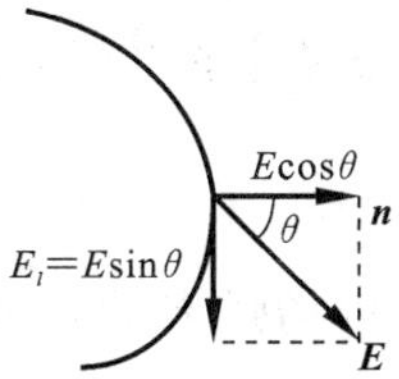

图 6-4　静电平衡条件

导体内部每一个自由电子所受到的合力为零时它才没有宏观的运动，即 $\boldsymbol{F}=q\boldsymbol{E}=\boldsymbol{0}$（$q$ 为电子电量），这就要求导体内部的每一点上 $\boldsymbol{E}=\boldsymbol{0}$。

我们还要求导体表面上的电场强度处处垂直于表面。如图 6-4 所示，若有 $\boldsymbol{E}$ 不垂直于表面，$\boldsymbol{E}$ 沿表面的切向分量 $E_l=E\sin\theta\neq0$，这个分量将使自由电子沿表面移动，与平衡状态的前提相矛盾，即必有

$$E_l=-\frac{\partial V}{\partial l}=0$$

三、静电平衡状态下导体的性质

1. 导体是等位体，导体表面是等位面

设 A、B 两点为导体内任意两点，则

$$V_A-V_B=\int_A^B \boldsymbol{E}_{内}\cdot \mathrm{d}\boldsymbol{l}$$

又因 $\boldsymbol{E}_{内}=\boldsymbol{0}$，所以

$$\int_A^B \boldsymbol{E}_{内}\cdot \mathrm{d}\boldsymbol{l}=0$$

因此有

$$V_A=V_B$$

也就是说导体内部任意两点电位相等，即导体是等位体。

再设 A、B 为导体表面上任意两点，积分路径选在表面上，则

$$V_A-V_B=\int_A^B \boldsymbol{E}\cdot \mathrm{d}\boldsymbol{l}=\int_A^B E_l\mathrm{d}l$$

且 $E_l=0$，所以 $\int_A^B E_l\mathrm{d}l=0$，则

$$V_A=V_B$$

也就是说导体表面上任意两点电位相等，即导体表面是等位面。

2. 电荷只能分布在导体的表面

(1) 实心导体所带电荷只能分布在导体的外表面。

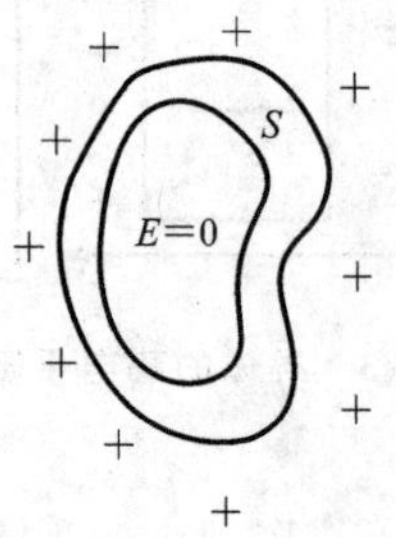

图 6-5 实心导体

如图 6-5 所示,在实心导体内任取一个高斯面 S(闭合曲面),有

$$\oiint \boldsymbol{E} \cdot d\boldsymbol{S} = \frac{1}{\varepsilon_0}\sum q_i \tag{6-3}$$

又静电平衡时导体内任意点 $\boldsymbol{E}$ 为零,所以

$$\oiint \boldsymbol{E} \cdot d\boldsymbol{S} = \frac{1}{\varepsilon_0}\sum q_i = 0$$

所以

$$\sum q_i = 0$$

这说明闭合曲面 S 内的净电荷为 0,又此高斯面 S 是在导体内任意选取的,这就说明在静电平衡状态下,实心导体内没有净电荷,即荷电实心导体的电荷只能分布在外表面上。

(2) 当空腔导体内无电荷时,导体所带电荷只能分布在外表面上。

如图 6-6(a)所示,在空腔导体内任取一个高斯面,因静电平衡时导体内场强 $\boldsymbol{E}$ 处处为零,所以

$$\oiint \boldsymbol{E} \cdot d\boldsymbol{S} = \frac{1}{\varepsilon_0}\sum q_i = 0$$

即导体内表面没有净电荷。如图 6-6(b)所示,假设内表面 A、B 两点处电荷为 $+q$、$-q$,则有自 A 出发终止在 B 的电场线,此时空腔内场强便不为零,所以

$$\int_A^B \boldsymbol{E} \cdot d\boldsymbol{l} \neq 0$$

则 $V_A \neq V_B$,这显然违背了等位体的结论,所以电荷只能分布在外表面上。

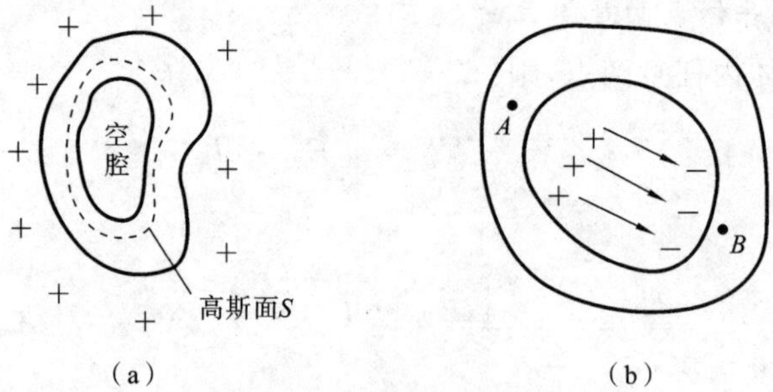

图 6-6 空腔导体内无电荷

(3) 空腔导体内有电荷时,其电荷分布在内外表面上。

如图 6-7(a)所示,假设空腔导体内有一电荷 $+q$,分别作高斯面 S_1 和 S_2,有

$$\oiint_{S_2} \boldsymbol{E} \cdot d\boldsymbol{S} = \frac{q}{\varepsilon_0}$$

$$\oiint_{S_1} \boldsymbol{E} \cdot d\boldsymbol{S} = \frac{1}{\varepsilon_0}\sum q_i$$

由于 $\boldsymbol{E}=\boldsymbol{0}$,因此

$$\frac{1}{\varepsilon_0}\sum q_i = 0$$

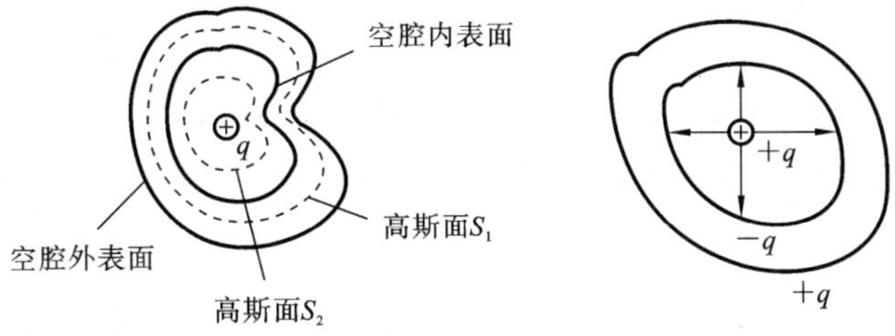

图 6-7　空腔导体内有电荷

这说明被 S_1 包围的电荷代数和为零，因此导体空腔的内表面必有感应电荷 $-q$，如图 6-7(b)所示。

同时，外表面也会有感应电荷 $+q$。

总之，在静电平衡时，导体所带的电荷只能分布在表面上，对实心导体或空腔内无电荷的空腔导体电荷只能分布在外表面上，对腔内有电荷存在的空腔，其电荷分布在内外表面上。

3. 导体表面附近的场强总是垂直于该处导体的表面

静电平衡时，导体内部场强处处为零，若导体表面有电荷分布，则场强在导体表面上有突变，所以一般不考虑导体表面处的场强，只考虑导体表面附近的场强。又电场线是垂直于等位面的，且导体表面是等位面，因此导体表面附近的场强总是垂直于该处导体的表面。

如图 6-8 所示，设导体表面之外附近空间某一点 P 处的场强为 $\boldsymbol{E}_P$，该点附近电荷面密度为 σ，取一个扁圆柱体形的高斯面，使圆柱的侧面 S_3 与导体表面垂直，左底面 S_2、右底面 S_1 都与表面平行，且右底面 S_1 通过 P 点，左底面 S_2 在导体内部。

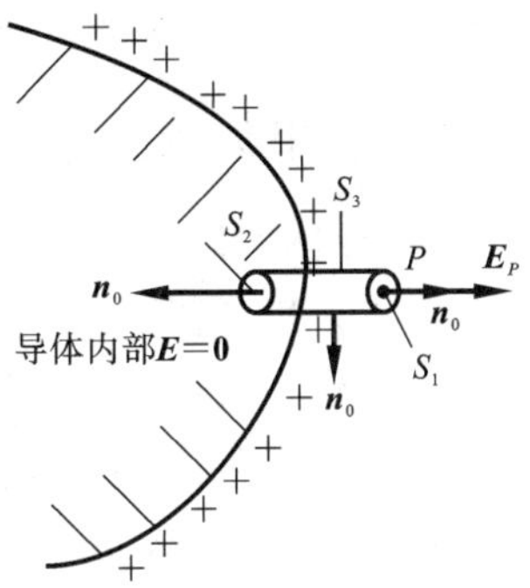

图 6-8　导体表面附近的场强

由高斯定理：

$$\oiint \boldsymbol{E}\cdot \mathrm{d}\boldsymbol{S}=\int_{S_1}E\cos\theta \mathrm{d}S+\int_{S_2}E\cos\theta \mathrm{d}S+\int_{S_3}E\cos\theta \mathrm{d}S$$

考虑 S_1，由于导体表面上场强处处与表面垂直，即与表面法线平行，故 $\cos\theta=1$，又因 S_1 很小，场强可视为常矢量。所以

$$\int_{S_1}\boldsymbol{E}\cdot \mathrm{d}\boldsymbol{S}=\int_{S_1}E\cos\theta \mathrm{d}S=ES_1$$

因导体内部场强处处为 0，故

$$\int_{S_2}E\cos\theta \mathrm{d}S=0$$

考虑 S_3 是圆柱侧面，场强与 S_3 的法线垂直，故 $\cos\theta=0$，所以

$$\int_{S_3}E\cos\theta \mathrm{d}S=0$$

综上，有

$$\oint \boldsymbol{E}\cdot \mathrm{d}\boldsymbol{S}=ES_1+0+0=\frac{\sigma S_1}{\varepsilon_0}$$

$$ES_1=\frac{1}{\varepsilon_0}\sigma S_1$$

所以

$$E=\frac{\sigma}{\varepsilon_0} \tag{6-4}$$

式中,σ 为电荷面密度,$\sigma>0$ 则 $\boldsymbol{E}$ 与 S_1 法线同向,$\sigma<0$ 则 $\boldsymbol{E}$ 与 S_1 法线反向。也就是说导体表面电荷面密度 σ 越大,表面附近场强越大;电荷面密度 σ 越小,表面附近场强越小。

四、尖端放电

我们已经知道均匀带电球壳是一个等位体,当选无限远处为零电位的参考点时,其电位为

$$V=\frac{q}{4\pi\varepsilon_0 R}$$

式中,q 为总电量;R 为球壳的半径。

又 $\sigma=\frac{q}{4\pi R^2}$,所以 $q=\sigma\cdot 4\pi R^2$。即

$$V=\frac{4\pi R^2\sigma}{4\pi\varepsilon_0 R}=\frac{R\sigma}{\varepsilon_0}$$

即

$$\sigma=\frac{\varepsilon_0 V}{R}(V\text{ 为电位}) \tag{6-5}$$

由此可知,对于孤立导体,电荷的面密度与表面曲率(曲率半径的倒数)成正比,导体表面曲率越大,电荷面密度越大;导体表面曲率越小,电荷面密度越小。即在孤立导体表面曲率非常大的尖端附近存在较大场强,甚至导致尖端放电。

五、静电屏蔽

由于导体的静电感应现象可以改变空间原来电场的分布,因此可以根据需要选择适当形状的导体,以产生所需要的电场。空腔导体内外电场的分布情况有很重要的实际应用。

1. 空腔内无带电体

假如空腔导体内有电场,如图 6-9 所示,腔内任意一点 P 处场强便不为零,这样 P 点便有电场线通过。由于电场线不能穿过导体,也不能在无电荷处中断,故只能起于空腔内表面上某一点的正电荷,而终止于另一点的负电荷。这和空腔导体内表面上无电荷分布的已知结论相矛盾。所以空腔导体内无带电体时,其空腔内任意一点场强必然为零。

还必须说明,若空腔导体外有一电荷 $+q$,如图 6-10 所示,电荷 $+q$ 要在导体的外表面产生

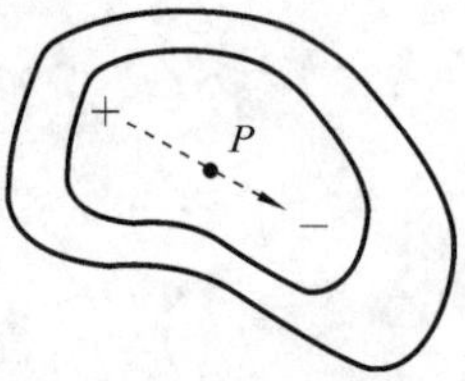

图 6-9　空腔导体内无带电体

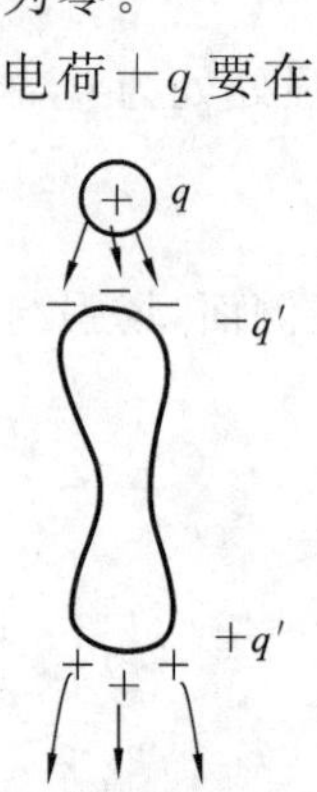

图 6-10　空腔导体外有一电荷 $+q$

感应电荷，所以空腔内的场强实际上是 $+q$ 和导体外表面上感应电荷 $+q$ 共同产生的合场强。因此，空腔导体内任意一点(无电场线通过)场强为零。

2. 空腔内有带电体

如果空腔导体的空腔内有带电体，这时空腔导体的内表面会出现与腔内带电体等量异号的电荷分布，如图 6-11 所示。因而腔内有电场，而且这一电场只取决于空腔内的带电体及空腔内表面的形状，与空腔导体外的情况无关。因为空腔导体外的电荷及其在表面上的感应电荷在腔内的合场强为零，也就是说空腔导体可以起到静电屏蔽的作用。

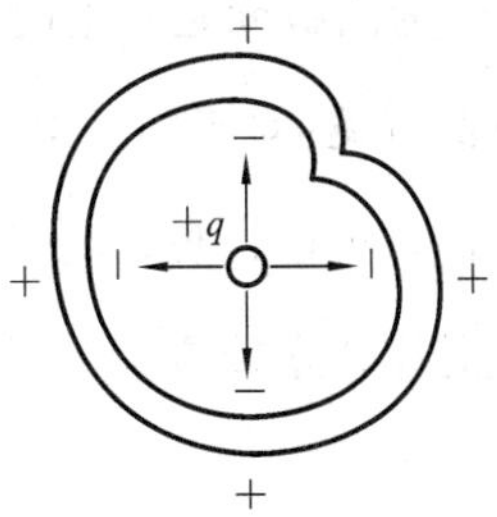

图 6-11　空腔内有带电体

6-2　静电场中的电介质

一、有介质的电容器

如图 6-12 所示，当平行板电容器两板间为真空时，极板上所带电荷 Q_0 与电势差 V_0 存在如下关系：

$$Q_0 = C_0 V_0 \quad C_0 = \frac{Q_0}{V_0}$$

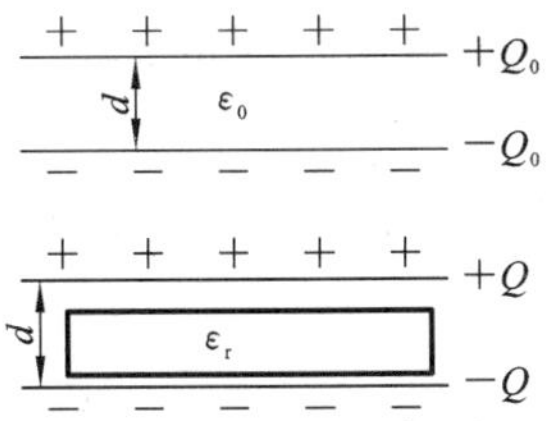

图 6-12　平行板电容器

如果以某种物理性质均匀的电介质充满两极板间，这时电介质充满电场的全部空间，可认为是无限大的电介质，并保持两极板间电势差不变。由实验测得，两板上的电荷为真空时的 ε_r 倍，即

$$Q = \varepsilon_r Q_0$$

所以

$$C = \frac{\varepsilon_r Q_0}{V_0} = \varepsilon_r C_0$$

则

$$\varepsilon_r = \frac{C}{C_0}$$

ε_r 是仅与电介质性质有关的常数，与电容器的形状无关，叫作**相对电容率**，又叫**相对介电常数**。

我们规定真空状态下的相对介电常数 $\varepsilon_{r0} = 1$，对于一切介质 $\varepsilon_r > 1$。

若极板间充满电介质后，两板上的电荷 Q_0 保持不变，这时两极板电势差为

$$V = \frac{Q_0}{C} = \frac{Q_0}{\varepsilon_r C_0} = \frac{V_0}{\varepsilon_r}$$

所以两板间的场强为

$$E = \frac{V}{d} = \frac{V_0}{\varepsilon_r d} = \frac{E_0}{\varepsilon_r} \tag{6-6}$$

式中，E_0 为两板间是真空时的场强。

由此可见，对于同一电荷，在电介质中产生的场强为在真空中产生的场强的$\frac{1}{\varepsilon_r}$。

我们还可以设想，在无限大的均匀电介质中点电荷产生的场强亦为在真空中产生的场强的$\frac{1}{\varepsilon_r}$。此时库仑定律应为

$$F=\frac{1}{4\pi\varepsilon_0\varepsilon_r}\frac{q_1q_2}{r^2}=\frac{q_1q_2}{4\pi\varepsilon_0\varepsilon_r r^2}=\frac{1}{4\pi\varepsilon}\frac{q_1q_2}{r^2} \tag{6-7}$$

式中，$\varepsilon=\varepsilon_0\varepsilon_r$，叫电介质的电容率(或介电常数)。

二、电介质的极化

1. 电介质的微观结构

从物质电结构来看，电介质的每个分子都是由带负电的电子和带正电的原子核组成。电介质中电子受原子核束缚很强，在外电场作用下只能沿电场方向相对于原子核做一微小的位移。当在远比分子线度大的距离处分析电介质中某个分子的作用时，电子轨道外激发的电场按时间平均的效果来说，可以用一个等效的负电荷来代替带负电的电子的位置，称为分子的**负电荷中心**。同样每个分子的全部正电荷，也有一个相应的**正电荷中心**。

(1) 有极分子。

即使无外电场，这种分子的正负电荷中心也是不重合的。例如，H_2O、SO_2、H_2S 等，如图 6-13 所示。

正负电荷的电量相等，所以每一个有极分子都可以视为一个等效的偶极子。

其偶极矩 $\boldsymbol{p}_{分}\neq\boldsymbol{0}$，即 $\boldsymbol{p}_{分}=q\boldsymbol{l}$，其中 q 为等效电荷的电量，$\boldsymbol{l}$ 为正负电荷中心的距离。

(2) 无极分子。

当无外电场时，这种分子的正负电荷中心是重合的。例如 H_2、N_2、CH_4 等，如图 6-14 所示。

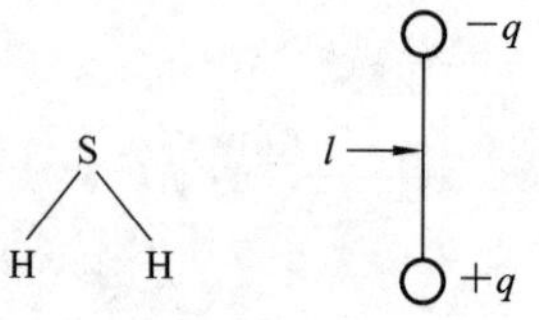

图 6-13　有极分子

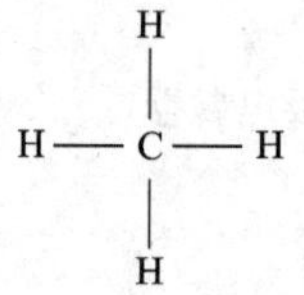

图 6-14　无极分子

由于无极分子的正负电荷中心重合，因此无外电场时分子偶极矩 $\boldsymbol{p}_{分}=\boldsymbol{0}$。当电介质未受外电场作用时，在任何一个宏观体积元(微观上仍包含大量分子)中，所有无极分子和有极分子的分子偶极矩矢量和为零，即 $\sum\boldsymbol{p}_{分}=\boldsymbol{0}$。

对于无极分子，$\boldsymbol{p}_{分}=\boldsymbol{0}$，所以

$$\sum\boldsymbol{p}_{分}=\boldsymbol{0}$$

对于有极分子，虽然其 $\boldsymbol{p}_{分}\neq\boldsymbol{0}$，但由于分子热运动，每一个分子偶极矩的取向都是杂乱无章的，所以

$$\sum\boldsymbol{p}_{分}=\boldsymbol{0}$$

2. 无极分子的位移极化

在外电场作用下，无极分子的正负电荷中心将发生微小的位移，其中正电荷中心将沿外电场方向发生位移，负电荷中心则沿外电场反方向发生位移。在外电场作用下，无极分子便形成一个电偶极子，其电偶极矩方向同外电场方向。位移大小与场强成正比，称为**位移极化**，如图 6-15 所示。

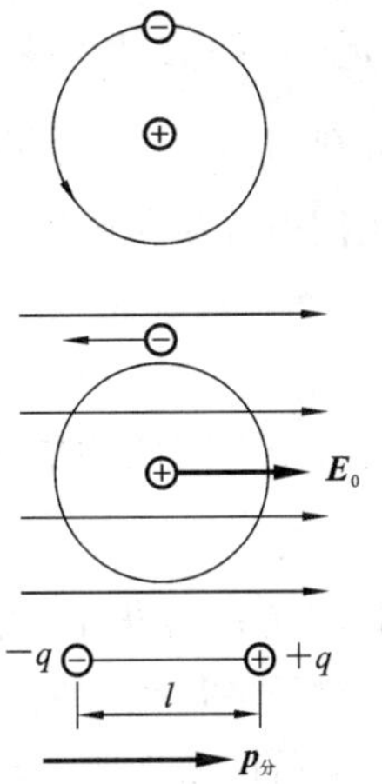

图 6-15　位移极化

对于整块均匀电介质而言，虽然每个无极分子变成一个电偶极子，但是整块电介质内部由于相邻的偶极子的正负电荷互相靠近，因而其内部仍为电中性。在与外电场垂直的两个表面上分别出现了正负电荷，如图 6-16 所示。显然这种电荷不能离开电介质而转移到其他带电体上去，也无法在介质内部自由运动，称为**束缚电荷**，也称**极化电荷**。

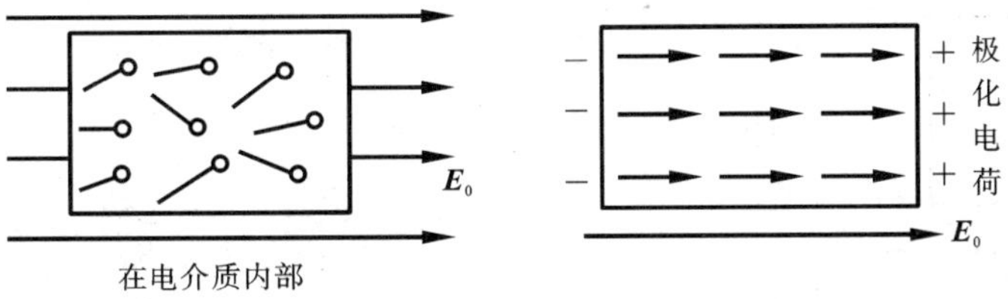

图 6-16　极化电荷

3. 有极分子的取向极化

如图 6-17 所示，对于有机分子，每个偶极子将在电场力矩作用下转向外电场方向，这时

$$\sum \boldsymbol{p}_{分} \neq \mathbf{0}$$

由于分子的无规则热运动，这种转向不是彻底的，即并不是一切分子的电偶极子都沿外电场方向排列，只是外电场越强，电偶极子沿外电场方向排列越整齐。从宏观上看，电偶极子转向的结果也是使正负电荷的分布彼此错开一段微小距离。故电介质内部在宏观上仍处于电中性，同样只是在与外电场垂直的两个端面上产生极化电荷，即取向极化，如图 6-18 所示。

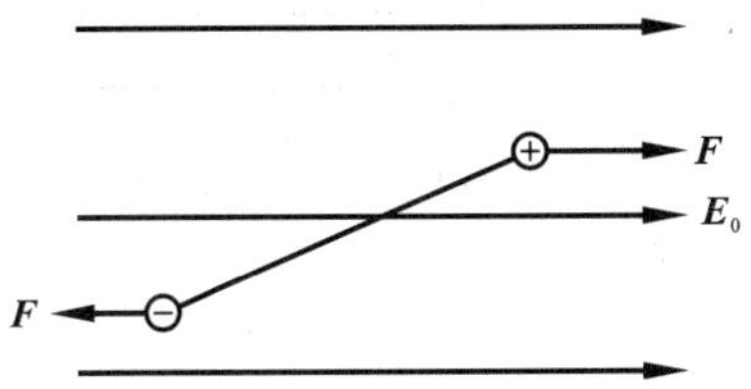

图 6-17　电偶极子转向外电场方向

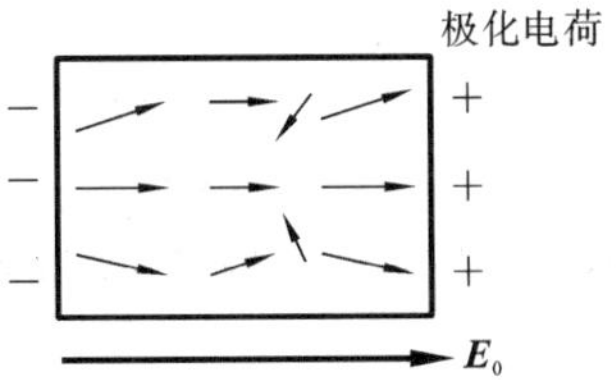

图 6-18　有极分子的取向极化

注意：当有极分子产生取向极化时，同时也存在着电荷的位移极化。若介质是不均匀的，则电介质内部也会出现束缚电荷。

三、极化强度矢量

电介质极化后，除了出现束缚电荷外，另一个重要标志是介质体积元内分子偶极矩矢量和

$\sum p_{分} \neq 0$,它和束缚电荷的出现既有联系又有不同。

在均匀介质中,体内无束缚电荷,但在任一体积元中 $\sum p_{分} \neq 0$,介质仍然是极化了的。为此我们引入极化强度矢量 $\boldsymbol{P}$。

$$\boldsymbol{P}=\lim_{\Delta V\to\infty}\frac{\sum \boldsymbol{p}_{分}}{\Delta V}(库仑/米^2) \tag{6-8}$$

对于不同的物质,$\boldsymbol{P}$ 和 $\boldsymbol{E}$ 有不同的关系。实验表明对于各向同性电介质,有

$$\boldsymbol{P}=\chi\varepsilon_0\boldsymbol{E} \tag{6-9}$$

式中,χ 为电极化率,由各点电介质性质决定,它是材料的属性。

对于平行板中的电介质,如图 6-19 所示,取一面积为 ΔS、长为 d 的柱体,这时柱体上下底面的电荷面密度为 $\pm\sigma'$,由

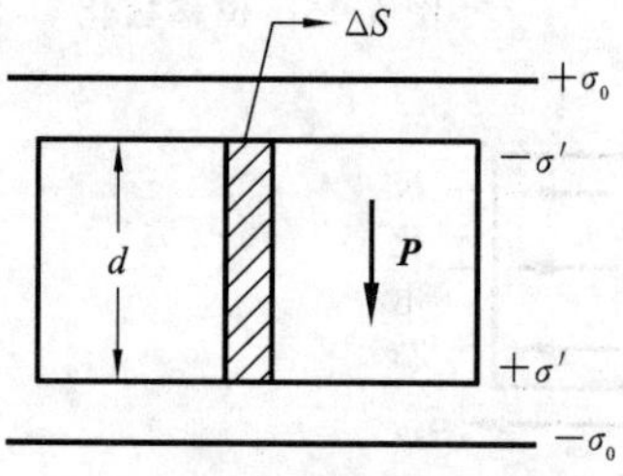

图 6-19 极化强度矢量

$$p=ql$$

则

$$\sum p=\sigma'\Delta Sd$$

所以

$$P=\frac{\sum p}{\Delta V}=\frac{\sigma'\Delta Sd}{\Delta Sd}=\sigma' \tag{6-10}$$

即平行板电容器中均匀介质的电极化强度大小等于极化产生的极化电荷面密度。

四、极化电荷 σ' 与自由电荷 σ_0 的关系

如图 6-20 所示,在充满各向同性的均匀电介质平行板中,有

$$\boldsymbol{E}=\boldsymbol{E}_0+\boldsymbol{E}'$$

即

$$E=E_0-E'=\frac{\sigma_0}{\varepsilon_0}-\frac{\sigma'}{\varepsilon_0}$$

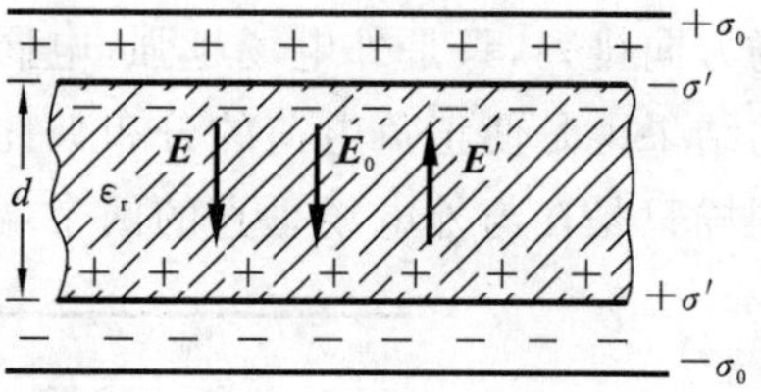

图 6-20 极化电荷与自由电荷的关系

已知 $\sigma'=P$,所以

$$E=\frac{\sigma_0-P}{\varepsilon_0} \tag{6-11}$$

由于无限大均匀电介质中的场强为真空中场强的 $\frac{1}{\varepsilon_r}$,即

$$E=\frac{E_0}{\varepsilon_r}=\frac{\sigma_0}{\varepsilon_0\varepsilon_r}$$

所以

$$\sigma_0=\varepsilon_0\varepsilon_r E=\varepsilon_0\varepsilon_r\left(\frac{\sigma_0}{\varepsilon_0}-\frac{\sigma'}{\varepsilon_0}\right)=\varepsilon_r(\sigma_0-\sigma')$$

即

$$\frac{\sigma_0}{\varepsilon_r}=\sigma_0-\sigma'$$

所以

$$\sigma'=\left(1-\frac{1}{\varepsilon_r}\right)\sigma_0 \tag{6-12}$$

或

$$\sigma'=\frac{\varepsilon_r-1}{\varepsilon_r}\sigma_0$$

两边同乘面积 S,得

$$Q'=\frac{\varepsilon_r-1}{\varepsilon_r}Q_0 \tag{6-13}$$

五、电位移矢量

将 $\sigma_0=\varepsilon_0\varepsilon_r E$ 代入式(6-11),解出

$$P=\sigma_0-\varepsilon_0 E=\varepsilon_0\varepsilon_r E-\varepsilon_0 E=(\varepsilon-\varepsilon_0)E$$

写成矢量即

$$\boldsymbol{P}=(\varepsilon-\varepsilon_0)\boldsymbol{E}$$

移项得

$$\boldsymbol{P}+\varepsilon_0\boldsymbol{E}=\varepsilon\boldsymbol{E}$$

令 $\boldsymbol{D}=\boldsymbol{P}+\varepsilon_0\boldsymbol{E}$,则有

$$\boldsymbol{D}=\varepsilon\boldsymbol{E}$$

式中,$\boldsymbol{D}$ 称为电位移矢量。$\boldsymbol{D}$ 和 $\boldsymbol{E}$ 方向一致,单位为库仑/米^2。

在充满电场的无限大均匀介质中,有

$$D=\varepsilon E=\varepsilon_0\varepsilon_r E=\sigma_0$$

所以

$$D=\sigma_0 \tag{6-14}$$

这就是说,在平行板电容器中,电位移矢量的大小等于自由电荷的面密度 σ_0。平行板电容器不充满电介质时,$D=\sigma_0$ 也成立。

在真空中,$\varepsilon_r=1$,$\varepsilon=\varepsilon_0$,$\boldsymbol{P}=\boldsymbol{0}$,所以 $\boldsymbol{E}'=\boldsymbol{0}$,$E=E_0$,此时

$$\boldsymbol{D}=\varepsilon\boldsymbol{E}=\varepsilon_0\boldsymbol{E}_0$$

注意:电场线是从任何(自由的或束缚的)正电荷出发,终止于任何(自由的或束缚的)负电荷。而电位移线只从自由的正电荷出发,终止于自由的负电荷。

由

$$\boldsymbol{P}=\chi\varepsilon_0\boldsymbol{E}=(\varepsilon-\varepsilon_0)\boldsymbol{E}$$

得 $\varepsilon-\varepsilon_0=\chi\varepsilon_0$,即

$$\varepsilon_0\varepsilon_r-\varepsilon_0=\chi\varepsilon_0$$

所以

$$\varepsilon_r=1+\chi \tag{6-15}$$

6-3 有电介质时的高斯定理

如图 6-21 所示，作一高斯面 S，则由高斯定理

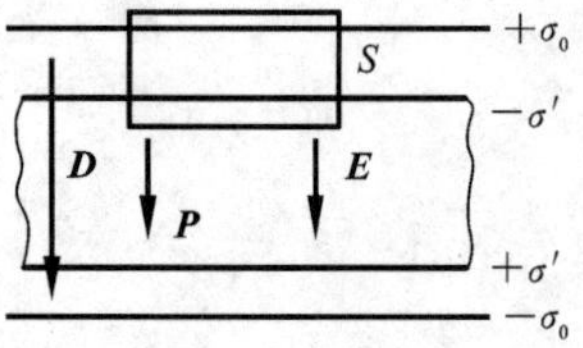

图 6-21 有电介质时的高斯定理

$$\oiint_S \boldsymbol{E}\cdot \mathrm{d}\boldsymbol{S}=\frac{1}{\varepsilon_0}(Q_0-Q')$$

由 $\sigma=\left(1-\frac{1}{\varepsilon_r}\right)\sigma_0$，两边乘面积 S，得

$$Q'=\left(1-\frac{1}{\varepsilon_r}\right)Q_0$$

代入上式得

$$\oiint_S \boldsymbol{E}\cdot \mathrm{d}\boldsymbol{S}=\frac{1}{\varepsilon_0}\left[Q_0-\left(1-\frac{1}{\varepsilon_r}\right)Q_0\right]=\frac{Q_0}{\varepsilon_0\varepsilon_r}$$

所以

$$\varepsilon_0\varepsilon_r\oiint_S \boldsymbol{E}\cdot \mathrm{d}\boldsymbol{S}=Q_0$$

又

$$\boldsymbol{D}=\varepsilon_0\varepsilon_r\boldsymbol{E}=\varepsilon\boldsymbol{E}$$

所以

$$\oiint_S \boldsymbol{D}\cdot \mathrm{d}\boldsymbol{S}=Q_0 \tag{6-16}$$

式中，$\oiint_S \boldsymbol{D}\cdot \mathrm{d}\boldsymbol{S}$ 表示通过任意闭合曲面 S 的电位移通量。式(6-16)虽是从两平行带电平板间有均匀电介质这一情形得出的，但可以证明在一般情况下 $\oiint_S \boldsymbol{D}\cdot \mathrm{d}\boldsymbol{S}=\sum_i Q_{0i}$ 仍成立。

若自由电荷是连续分布的，则有

$$\oiint_S \boldsymbol{D}\cdot \mathrm{d}\boldsymbol{S}=\int \mathrm{d}q \tag{6-17}$$

也就是说，有电介质时，在静电场中，通过任意闭合曲面的电位移通量等于该闭合曲面内所包围的自由电荷的代数和，这就是有电介质时的高斯定理。

例 6-1 如图 6-22 所示，一电容器由半径为 R_1 的长直圆柱导体和同轴的半径为 R_2 的薄壁导体圆筒组成，并在圆柱导体和薄壁导体圆筒之间充以相对电容率为 ε_r 的电介质，设圆柱导体和圆筒单位长度上的电荷分别为 $\pm\lambda$。求：

(1) 电介质中的 $\boldsymbol{E}$ 和 $\boldsymbol{D}$；

(2) 电介质内外表面的极化电荷面密度。

解 (1) 由介质中的高斯定理：

$$\oiint_S \boldsymbol{D}\cdot \mathrm{d}\boldsymbol{S}=\lambda l$$

$$D\cdot 2\pi r l=\lambda l$$

即 $D=\frac{\lambda}{2\pi r}$，由 $\boldsymbol{D}=\varepsilon_0\varepsilon_r\boldsymbol{E}$ 得

$$E=\frac{D}{\varepsilon_0\varepsilon_r}$$

所以

$$E=\frac{\lambda}{2\pi\varepsilon_0\varepsilon_r r}(R_1<r<R_2) \tag{1}$$

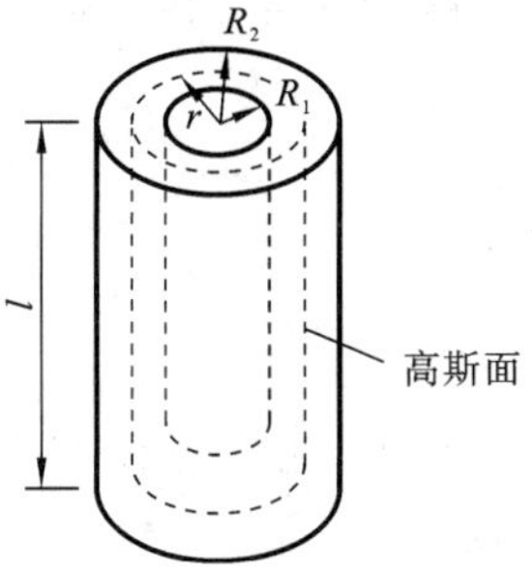

图 6-22　例 6-1 **图**

电介质中的极化强度为

$$P=(\varepsilon_r-1)\varepsilon_0 E=\frac{\varepsilon_r-1}{2\pi\varepsilon_r r}\lambda$$

(2) 由式(1)可知电介质两表面处的场强分别为

$$E_1=\frac{\lambda}{2\pi\varepsilon_0\varepsilon_r R_1}\quad (r=R_1)$$

$$E_2=\frac{\lambda}{2\pi\varepsilon_0\varepsilon_r R_2}\quad (r=R_2)$$

又 $P=\sigma'$,所以

$$\sigma'_1=(\varepsilon_r-1)\varepsilon_0 E_1=(\varepsilon_r-1)\frac{\lambda}{2\pi\varepsilon_r R_1} \tag{2}$$

$$\sigma'_2=(\varepsilon_r-1)\varepsilon_0 E_2=(\varepsilon_r-1)\frac{\lambda}{2\pi\varepsilon_r R_2} \tag{3}$$

6-4　电容　电容器

处于静电平衡状态下的导体还具有一个重要性质——导体具有容纳电荷的能力。

实验表明,要使不同形状或不同大小的导体具有相等的电位,必须使它们带上不同的电量。描述导体容纳电荷能力的物理量称为电容,以符号 C 表示。

一、孤立导体的电容

孤立导体就是该导体附近没有其他导体或带电体存在的导体。

静电平衡时,孤立导体是一个等位体,具有确定的电位 V。如果该导体所带电量 q 发生变化,导体的电位也一定发生变化,但它们的比值$\frac{q}{V}$不变。比值$\frac{q}{V}$反映了该导体容纳电量的能力,我们称这个比值为孤立导体的电容 C。

所以

$$C=\frac{q}{V} \tag{6-18}$$

其物理意义:使导体电位升高一个单位时所需的电量。电容的单位为库仑/伏特($\mathrm{C\cdot V^{-1}}$),称为法拉,符号 F。

$$\dim C=\frac{\dim Q}{\dim V}=\frac{M^{1/2}L^{3/2}T^{-1}}{M^{1/2}L^{1/2}T^{-1}}=L$$

$$1\ \mathrm{F}=10^6\ \mu\mathrm{F}=10^{12}\ \mathrm{pF}$$

例 6-2　求一个半径为 R 的孤立导体球的电容。

解 设该导体所带电量为 Q,因为

$$V=\frac{Q}{4\pi\varepsilon_0 R}$$

所以

$$C=\frac{Q}{V}=4\pi\varepsilon_0 R=\frac{1}{9\times10^9}R \tag{6-19}$$

也就是说,孤立导体的电容只与导体本身的性质有关,而与孤立导体的带电量 Q 及其电位无关。

从式(6-19)还可以看出,要使一个孤立导体的电容为 1 F,则导体球的半径将为 9×10^9 m $=9\times10^6$ km,即为地球半径的 1400 倍。所以一般孤立导体的电容是非常小的。

二、电容器

当导体周围有其他导体存在时,则该导体的电位 V 不仅和本身所带电量 Q 有关,还和其他导体的位置和形状有关,这时 $C=\dfrac{Q}{V}$ 就不是一个常量。

我们应用静电感应原理设计一种由两个导体组成的导体组,使它们之间的电位差不受外界的影响,且与每个导体上所带电量成正比,这时导体的电量与两导体间的电位差之比仍为一个常数,这种导体组称为电容器。

由此可定义:

$$C=\frac{Q}{V_A-V_B} \tag{6-20}$$

电容器种类很多,按两板之间所用的电介质可分为真空电容器、云母电容器、纸质电容器、油浸纸电容器等;按其电容量可变与否可分为可变电容器、固定电容器、半可变或微调电容器等;按形状可分为平行板电容器、球形电容器、圆柱形电容器等。

三、电容器的并联和串联

1. 并联

如图 6-23 所示,n 个电容器相互并联后,由于

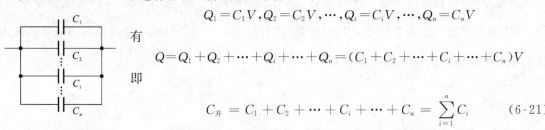

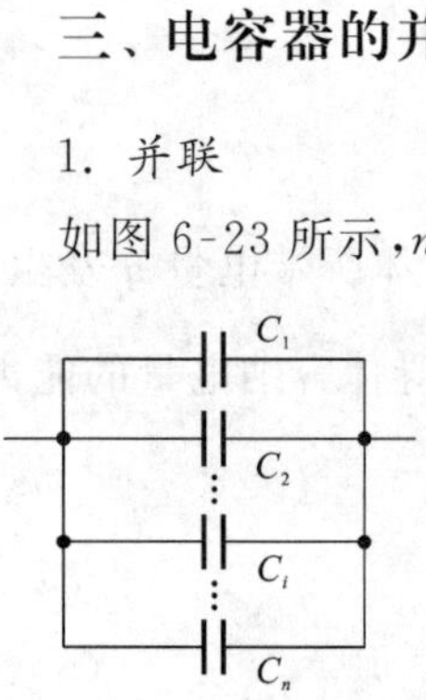

图 6-23 电容器的并联

$$Q_1=C_1V,Q_2=C_2V,\cdots,Q_i=C_iV,\cdots,Q_n=C_nV$$

有

$$Q=Q_1+Q_2+\cdots+Q_i+\cdots+Q_n=(C_1+C_2+\cdots+C_i+\cdots+C_n)V$$

即

$$C_{并}=C_1+C_2+\cdots+C_i+\cdots+C_n=\sum_{i=1}^{n}C_i \tag{6-21}$$

这说明,当 n 个电容器并联时,其等效电容等于这 n 个电容器之和。可见,并联电容器组的等效电容大于电容器组中任何一个电容器的电容,但各电容器上的电压却是相等的。

2. 串联

如图 6-24 所示,设加在串联电容器组上的电压为 V,则两端的极板上分别有 $+Q$ 和 $-Q$ 的电荷。由于静电感应,虚线框内的两块极板所带的电荷分别为 $-Q$ 和 $+Q$。则有

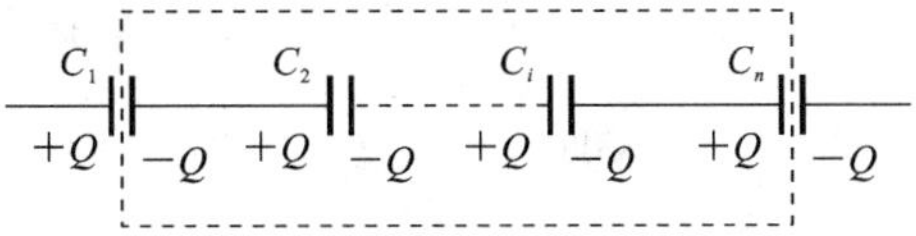

图 6-24　电容器的串联

$$V_1=\frac{Q}{C_1},V_2=\frac{Q}{C_2},\cdots,V_i=\frac{Q}{C_i},\cdots,V_n=\frac{Q}{C_n}$$

总电压

$$V=V_1+V_2+\cdots+V_i+\cdots+V_n=\left(\frac{1}{C_1}+\frac{1}{C_2}+\cdots+\frac{1}{C_i}+\cdots+\frac{1}{C_n}\right)Q=\frac{Q}{C_{串}}$$

所以

$$\frac{1}{C_{串}}=\frac{1}{C_1}+\frac{1}{C_2}+\cdots+\frac{1}{C_i}+\cdots+\frac{1}{C_n} \tag{6-22}$$

由此可知，串联电容器组中每个电容器极板上所带的电荷是相等的，串联电容器组等效电容的倒数等于电容器组中各电容器电容的倒数之和。串联电容器组的等效电容比电容器组中任何一个电容器的电容都小，但每一个电容器上的电压都小于总电压。

3. 混联

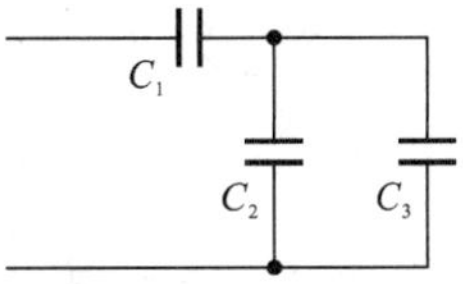

图 6-25　电容器的混联

当电路中既有串联又有并联时，一般先计算并联电容再算串联电容，如图 6-25 所示的电路的等效电容满足如下关系式：

$$\frac{1}{C_{总}}=\frac{1}{C_1}+\frac{1}{C_2+C_3} \tag{6-23}$$

四、电容器的计算(几种常用的电容器)

1. 平行板电容器

如图 6-26 所示平行板电容器中，设其电荷面密度 $\sigma=\frac{|\pm Q|}{S}$，两极板距离为 d，极板面积为 S。由 $E=\frac{\sigma}{\varepsilon_0}$，得到

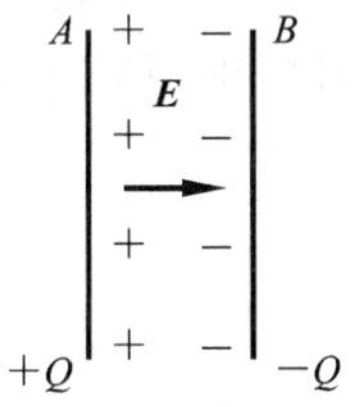

图 6-26　平行板电容器

$$V_A-V_B=\int_A^B \boldsymbol{E}\cdot \mathrm{d}\boldsymbol{l}=Ed=\frac{\sigma d}{\varepsilon_0}=\frac{dQ}{\varepsilon_0 S}$$

所以

$$C=\frac{Q}{V_A-V_B}=\frac{\varepsilon_0 S}{dQ}\cdot Q=\frac{\varepsilon_0 S}{d}$$

即

$$C=\frac{\varepsilon_0 S}{d} \tag{6-24}$$

2. 球形电容器

如图 6-27 所示球形电容器中，设内外球壳所带电量分别为 $+q$ 和 $-q$，则两球壳之间场强可由高斯定理求出，有

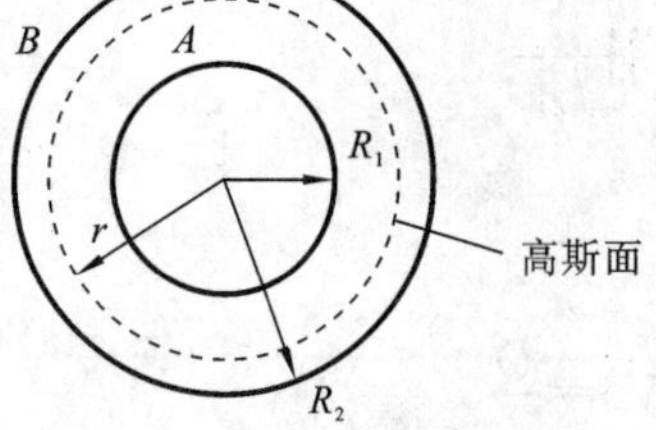

图 6-27　球形电容器

$$\oint\!\!\!\oint_S \boldsymbol{E}\cdot\mathrm{d}\boldsymbol{S}=\frac{q}{\varepsilon_0}$$

即

$$E\cdot 4\pi r^2=\frac{q}{\varepsilon_0}$$

所以

$$E=\frac{q}{4\pi\varepsilon_0 r^2}$$

两球壳表面的电势差：

$$V_A-V_B=\int_{R_1}^{R_2}\boldsymbol{E}\cdot\mathrm{d}\boldsymbol{r}=\int_{R_1}^{R_2}\frac{q}{4\pi\varepsilon_0 r^2}\mathrm{d}r$$

$$=\frac{q}{4\pi\varepsilon_0}\left(\frac{1}{R_1}-\frac{1}{R_2}\right)$$

$$=\frac{q}{4\pi\varepsilon_0}\cdot\frac{R_2-R_1}{R_1R_2}$$

由电容定义，有

$$C=\frac{q}{V_A-V_B}=\frac{4\pi\varepsilon_0 R_1R_2}{R_2-R_1}$$

3. 圆柱形电容器

求如图 6-28 所示圆柱形电容器的电容，可以分为三步：

① 设 A、B 分别带 $\pm Q$ 的电荷，并作一高斯面，则有

$$\oint\!\!\!\oint_S \boldsymbol{E}\cdot\mathrm{d}\boldsymbol{S}=\frac{Q}{\varepsilon_0}$$

$$E\cdot 2\pi rl=\frac{Q}{\varepsilon_0}$$

$$E=\frac{Q}{2\pi\varepsilon_0 lr}$$

② 由场强求两板之间的电位差。

$$V_A-V_B=\int_{R_A}^{R_B}\boldsymbol{E}\cdot\mathrm{d}\boldsymbol{r}=\int_{R_A}^{R_B}\frac{Q}{2\pi\varepsilon_0 l}\frac{\mathrm{d}r}{r}=\frac{Q}{2\pi\varepsilon_0 l}\ln\frac{R_B}{R_A}$$

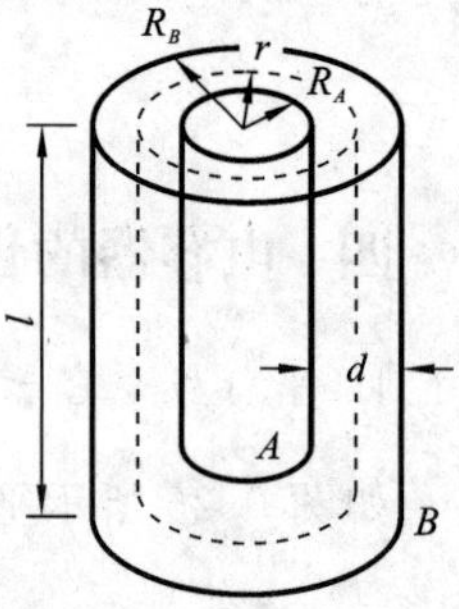

图 6-28　圆柱形电容器

又有

$$R_B=R_A+d$$

故

$$C=\frac{Q}{V_A-V_B}=\frac{2\pi\varepsilon_0 l}{\ln\dfrac{R_B}{R_A}} \tag{6-25}$$

当 $d\ll R_A$ 时，有 $\ln\dfrac{R_B}{R_A}=\ln\dfrac{R_A+d}{R_A}=\ln\left(1+\dfrac{d}{R_A}\right)\approx\dfrac{d}{R_A}$。所以 d 越小，C 越大。此时，有

$$C\approx\frac{2\pi\varepsilon_0 l}{\dfrac{d}{R_A}}=\frac{2\pi\varepsilon_0 lR_A}{d}=\frac{\varepsilon_0 S}{d}$$

③ 若两圆柱面之间充以相对电容率为 ε_r 的介质，上面讨论 ε_0 处可用 $\varepsilon=\varepsilon_0\varepsilon_r$ 代替。

例 6-3　设有两根半径都为 R 的平行长直导线，它们中心之间相距为 d，且 $d\gg R$，求单位

长度的电容。

解　如图 6-29 所示，距 O 为 x 处点 P 的场强为

$$E=\frac{\lambda}{2\pi\varepsilon_0 x}+\frac{\lambda}{2\pi\varepsilon_0(d-x)}$$

所以

$$\begin{aligned}V_A-V_B&=\int \boldsymbol{E}\cdot \mathrm{d}\boldsymbol{l}\\&=\int_R^{d-R}\frac{\lambda}{2\pi\varepsilon_0}\left(\frac{1}{x}-\frac{1}{d-x}\right)\mathrm{d}x\\&=\frac{\lambda}{\pi\varepsilon_0}\ln\frac{d-R}{R}\end{aligned}$$

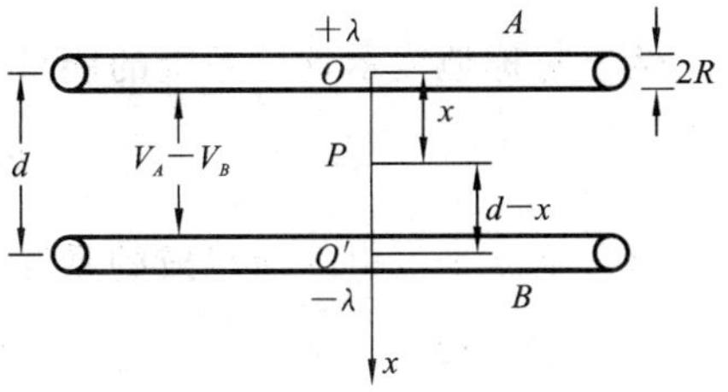

图 6-29　例 6-3 图

一般，若 $d\gg R$，上式近似为

$$V_A-V_B=\frac{\lambda}{\pi\varepsilon_0}\ln\frac{d}{R}$$

所以，两长直导线单位长度的电容为

$$C=\frac{\lambda}{V_A-V_B}\approx\frac{\pi\varepsilon_0}{\ln\dfrac{d}{R}} \tag{6-26}$$

6-5　静电场的能量　能量密度

在任何电荷系统的形成过程中，外力必须克服电荷之间的相互作用力而做功，根据能量守恒定律，外力所做的功必定转变为电荷系统的能量，因此任何电荷系统都有一定的能量。

一、点电荷系统的能量

如图 6-30 所示，设有一点电荷系统由点电荷 q_1 和 q_2 组成，它们之间的距离为 r，可以设想这一电荷系统是这样形成的：它们原来都在无限远处，(外力)先把电荷 q_1 移至给定点 B_1，这时因电荷 q_2 仍在无限远处，外力不需做功，然后再将电荷 q_2 移至与电荷 q_1 距离为 r 的 B_2 点处，则外力所做的功为

$$W_e=q_2U_2=\frac{q_2q_1}{4\pi\varepsilon_0 r}$$

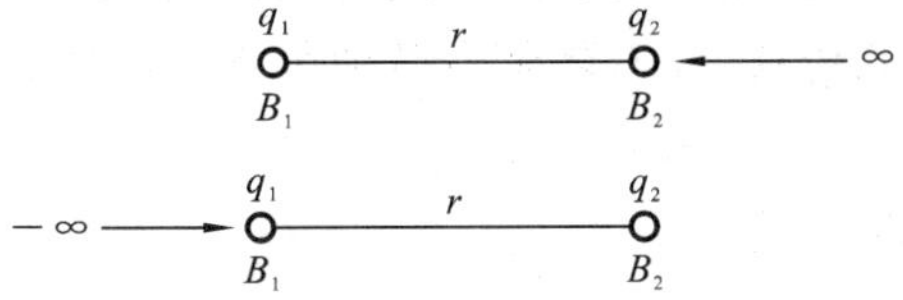

图 6-30　点电荷系统的能量

同样，若先将电荷 q_2 移至 B_2 点，再将电荷 q_1 从负无限远处移至 B_1 点处，则外力做的功为

$$W_e=q_1U_1=\frac{q_1q_2}{4\pi\varepsilon_0 r}$$

显然

$$W_e=\frac{q_1 q_2}{4\pi\varepsilon_0 r}=q_2 U_2=q_1 U_1$$

为了对称地表示这一系统的能量，则

$$W_e=\frac{1}{2}q_1 U_1+\frac{1}{2}q_2 U_2$$

推广到 n 个点电荷所组成的系统，则有

$$W_e = \frac{1}{2}\sum_{i=1}^{n} q_i U_i \tag{6-27}$$

二、孤立导体的能量

假如孤立导体本来不带电，因此开始从无限远处移来一微小电荷时并不需做功，以后再逐步把电荷从无限远处移到导体上，外力就必须反抗电场斥力而做功。

设某时刻导体已具有电荷 q，若导体的几何形状一定，则这时导体具有一定的电势 U'，如果再从无限远处把电荷 dq 移至导体，外力做功为 $W_e=U'dq$。

当导体电荷从 0 增加到 Q 时，外力做的总功 W_e 全部转变为孤立导体的能量，即 $W_e=\int_0^Q U'dq$。

孤立导体的电容 $C=\frac{q}{U'}$，即 $U'=\frac{q}{C}$。所以

$$W_e=\int_0^Q \frac{q}{C}dq=\frac{1}{2}\frac{Q^2}{C}$$

设导体带有 Q 的电荷时，电势为 U。则

$$W_e=\frac{1}{2}\frac{Q^2}{C}=\frac{1}{2}QU=\frac{1}{2}CU^2$$

把这一结论推广到极板电荷为 Q 的电容器上，则有

$$W_e=\frac{Q^2}{2C}=\frac{1}{2}Q(V_A-V_B)=\frac{1}{2}C(V_A-V_B)^2 \tag{6-28}$$

三、电场的能量

以上的讨论并没有回答能量储存在哪里的问题，从上面的推导过程来看，能量与电荷有关，好像电荷系统能量的携带者是电荷。

但从电磁波存在的事实说明，电磁波是随时间变化的，在空间中以有限速度传播的电磁场，在其传播过程中伴随有能量的传递，而不伴随电荷的传递。所以我们认为场是能量的携带者才能符合客观实际。

平行板电容器极板间的场强为

$$E=\frac{\sigma}{\varepsilon}=\frac{Q}{\varepsilon S}$$

又有 $V_A-V_B=Ed$，$C=\frac{\varepsilon S}{d}$，将其代入公式(6-28)，得

$$W_e=\frac{1}{2}C(V_A-V_B)^2$$

$$=\frac{1}{2}\cdot\frac{\varepsilon S}{d}\cdot E^2d^2$$

$$=\frac{1}{2}\varepsilon E^2Sd=\frac{1}{2}\varepsilon E^2V$$

故场中单位体积所具有的能量为

$$W_e=\frac{1}{2}\varepsilon E^2=\frac{1}{2}DE=\frac{1}{2}\frac{D^2}{\varepsilon} \tag{6-29}$$

式中，W_e 即电场能量的体密度。

上述结论是从均匀电场导出的，也可证明它是普遍适用的。对非均匀电场，在场中取一体积元 $\mathrm{d}V$，设 $\mathrm{d}V$ 内电场是均匀的，则

$$\mathrm{d}W_e=W_e\mathrm{d}V=\frac{1}{2}\varepsilon E^2\mathrm{d}V$$

所以整个电场的能量为

$$W_e=\int_V\mathrm{d}W_e=\int_V\left(\frac{1}{2}\varepsilon E^2\right)\mathrm{d}V \tag{6-30}$$

例 6-4　设有一半径为 R 的金属球，带有电荷 q，位于介电常数为 ε 的无限大均匀介质中，试求这带电球体所产生的电场的能量。

解　如图 6-31 所示，距球心 O 为 r 处的场强为

$$E=\frac{q}{4\pi\varepsilon r^2}$$

在 r 处取一厚度为 $\mathrm{d}r$ 的球壳，其体积为

$$\mathrm{d}V=4\pi r^2\mathrm{d}r$$

在此体积元中，电场的能量为

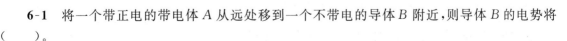

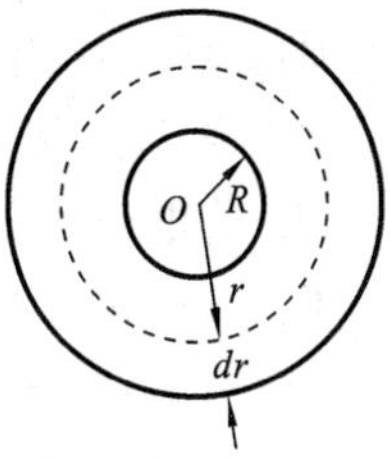

图 6-31　例 6-4 图

$$\mathrm{d}W_e=\frac{1}{2}\varepsilon E^2\mathrm{d}V$$

$$\mathrm{d}W_e=\frac{1}{2}\varepsilon\left(\frac{q}{4\pi\varepsilon r^2}\right)^2 4\pi r^2\mathrm{d}r=\frac{q^2 4\pi r^2}{32\pi^2\varepsilon r^2}\mathrm{d}r$$

$$W_e=\int\mathrm{d}W_e=\int_R^{\infty}\frac{q^2}{8\pi\varepsilon}\mathrm{d}r=\frac{q^2}{8\pi\varepsilon R} \tag{6-31}$$

将金属导体球的电容公式 $C=4\pi\varepsilon R$ 代入式(6-31)，可得

$$W_e=\frac{q^2}{2C}$$

对于球形电容器，上式同样成立，只是 $W_e=\frac{1}{2}\cdot\dfrac{Q^2}{4\pi\varepsilon\dfrac{R_2R_1}{R_2-R_1}}=\dfrac{Q^2}{2C}$，形式完全一样。

习　　题

6-1　将一个带正电的带电体 A 从远处移到一个不带电的导体 B 附近，则导体 B 的电势将(　　)。

A. 升高　　　B. 降低　　　C. 不会发生变化　　D. 无法确定

6-2 将一带负电的物体 M 靠近一不带电的导体 N，在 N 的左端感应出正电荷，右端感应出负电荷。若将导体 N 的左端接地，如图 6-32 所示，则(　　)。

A. N 上的负电荷入地　　B. N 上的正电荷入地

C. N 上的所有电荷入地　　D. N 上所有的感应电荷入地

6-3 如图 6-33 所示，将一个电量为 q 的点电荷放在一个半径为 R 的不带电的导体球附近，点电荷与导体球球心的距离为 d。设无穷远处为零电势，则在导体球球心 O 点有(　　)。

A. $E=0, V=\dfrac{q}{4\pi\varepsilon_0 d}$　　B. $E=\dfrac{q}{4\pi\varepsilon_0 d^2}, V=\dfrac{q}{4\pi\varepsilon_0 d}$

C. $E=0, V=0$　　D. $E=\dfrac{q}{4\pi\varepsilon_0 d^2}, V=\dfrac{q}{4\pi\varepsilon_0 R}$

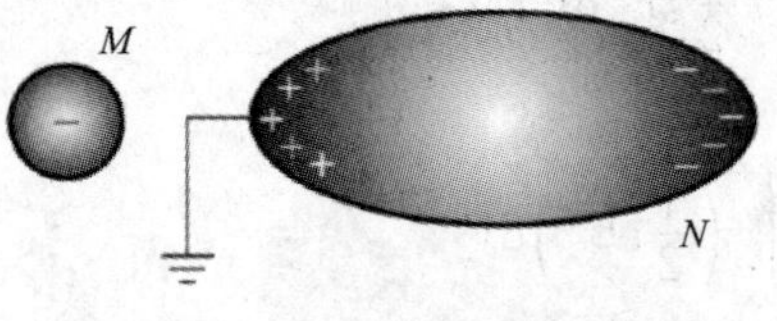

图 6-32　题 6-2 图

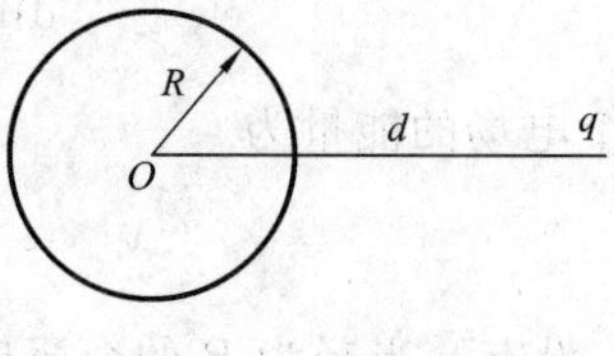

图 6-33　题 6-3 图

6-4 根据电介质中的高斯定理，在电介质中电位移矢量沿任意一个闭合曲面的积分等于这个曲面所包围自由电荷的代数和。下列推论正确的是(　　)。

A. 若电位移矢量沿任意一个闭合曲面的积分等于零，曲面内一定没有自由电荷

B. 若电位移矢量沿任意一个闭合曲面的积分等于零，曲面内电荷的代数和一定等于零

C. 若电位移矢量沿任意一个闭合曲面的积分不等于零，曲面内一定有极化电荷

D. 介质中的电位移矢量与自由电荷和极化电荷的分布有关

6-5 对于各向同性的均匀电介质，下列概念正确的是(　　)。

A. 电介质充满整个电场并且自由电荷的分布不发生变化时，电介质中的电场强度一定等于没有电介质时该点电场强度的 $1/\varepsilon_r$

B. 电介质中的电场强度一定等于没有介质时该点电场强度的 $1/\varepsilon_r$

C. 当电介质充满整个电场时，电介质中的电场强度一定等于没有电介质时该点电场强度的 $1/\varepsilon_r$

D. 电介质中的电场强度一定等于没有介质时该点电场强度的 ε_r

6-6 在一个绝缘的导体球壳的中心放一点电荷 q。求：

(1) 球壳内、外表面上各带多少电荷？内、外表面上的电荷分布是否均匀？

(2) 如果点电荷 q 是放在偏离球心处，内、外表面上的电荷为多少？分布是否均匀？

(3) 如果将球壳接地，第(2)问中的情况又如何？

6-7 两导体球 A、B 相距很远(可以把它们看成是孤立的)，其中 A 原来带电 Q，B 不带电。现用一根细长导线将两球连接，两球所带电荷如何分布？

6-8 电位移矢量 $\boldsymbol{D}$ 与电场强度 $\boldsymbol{E}$ 有什么不同？两者能否比较大小？

6-9 由公式 $\oint\!\!\oint_S \boldsymbol{D}\mathrm{d}\boldsymbol{S}=\sum Q_0$，能否说 $\boldsymbol{D}$ 只与自由电荷 Q_0 有关？

6-10 将一个带电导体球接地后，其上是否还有电荷？

6-11 金属球 A 位于与它同心的封闭金属球壳 M 内，A 及 M 的电量分别为 q_A 和 q_M，A 的

半径为 R_A，M 的内外半径分别为 R_1 和 R_2。

（1）求 A 表面及 M 内、外表面的电荷面密度 σ_A，σ_1，σ_2。

（2）若 A 有一位移（但不与 M 接触），那么 σ_A，σ_1，σ_2 是否改变？

（3）若 A 与 M 接触，情况又如何？

6-12　两平行且面积相等的导体板的面积比两板间的距离平方大得多，即 $S \gg d^2$，两板带电量分别为 q_A 和 q_B。试求静电平衡时两板各表面上电荷的面密度。

6-13　有如图 6-34 所示空气平板电容器，极板间距为 d，电容为 C，若在两板中间平行地插入一块厚度为 $\frac{d}{3}$ 的金属板，试证明其电容值变为 $\frac{3C}{2}$。

6-14　如图 6-35 所示，圆柱形电容器的两圆柱面的半径分别为 R_1 和 R_2（$R_2 > R_1$），且圆柱面的长 L 比 R_1 和 R_2 大得多，试证明圆柱形电容器的电容 $C=\dfrac{2\pi\varepsilon_0 L}{\ln\dfrac{R_2}{R_1}}$。

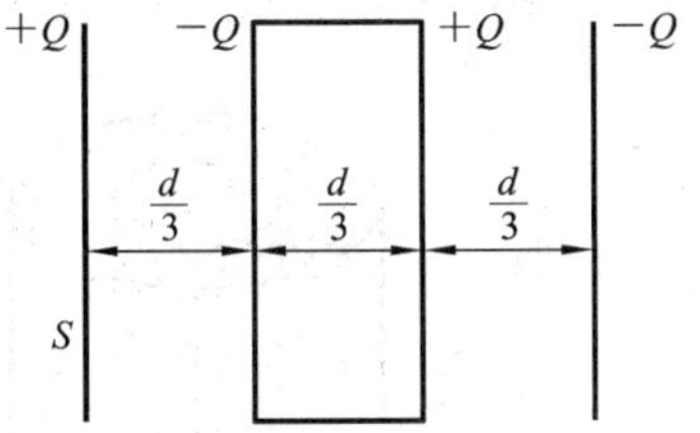

图 6-34　题 6-13 图

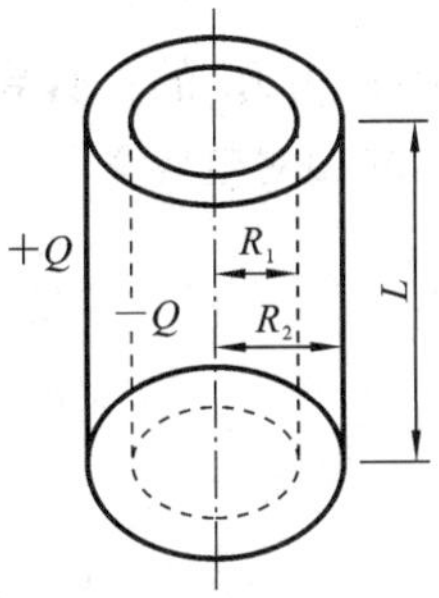

图 6-35　题 6-14 图

6-15　半径为 R 的导体球，带有电荷 Q，球外有一均匀电介质的同心球壳，球壳的内外半径分别为 a 和 b，电介质的相对介电常数为 ε_r。求介质内外的电场强度 $\boldsymbol{E}$ 和电位矢量 $\boldsymbol{D}$。

6-16　在上题中求离球心 O 为 r 处的电位 V。

6-17　一片二氧化钛晶片，其面积为 1.0 cm^2，厚度为 0.10 mm，把平行板电容器的两极板紧贴在晶片两侧。

（1）求电容器的电容；

（2）当在电容器的两极间加上 12 V 电压时，极板上的电荷为多少？此时自由电荷和极化电荷的面密度各为多少？

（3）求电容器内的电场强度。（二氧化钛的相对电容率 $\varepsilon_r = 173$）

6-18　如图 6-36 所示，半径 $R = 0.10$ m 的导体球带有电荷 $Q = 1.0\times10^{-8}$ C，导体外有两

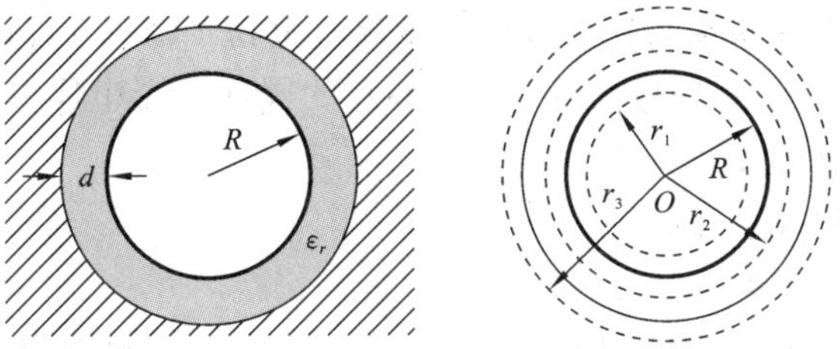

（a）　　　　（b）

图 6-36　题 6-18 图

层均匀介质,一层介质的相对介电常数 ε_r 为 5.0,厚度 d 为 0.10 m,另一层介质为空气,充满其余空间。求:

(1) 距球心为 5 cm、15 cm、25 cm 处的 D 和 E;

(2) 距球心为 5 cm、15 cm、25 cm 处的 V;

(3) 极化电荷面密度 σ'。

6-19 人体的某些细胞壁两侧带有等量的异号电荷。设某细胞壁厚为 5.2×10^{-9} m,两表面所带电荷面密度为 $\pm5.2\times10^{-3}$ C/m^2,内表面为正电荷。如果细胞壁物质的相对电容率为 6.0,求:

(1) 细胞壁内的电场强度;

(2) 细胞壁两表面间的电势差。

6-20 如图 6-37 所示平板电容器,充电后极板上电荷面密度 $\sigma_0=4.5\times10^{-5}$ C·m^{-2}。现将两极板与电源断开,然后把相对电容率 $\varepsilon_r=2.0$ 的电介质插入两极板之间,此时电介质中的 $\boldsymbol{D}$、$\boldsymbol{E}$ 和 $\boldsymbol{P}$ 各为多少?

6-21 在一半径为 R_1 的长直导线外,套有氯丁橡胶绝缘护套,如图 6-38 所示,护套边缘与轴线距离为 R_2,介质的相对电容率为 ε_r。设导线的电荷线密度为 λ。试求介质层内的 $\boldsymbol{D}$、$\boldsymbol{E}$ 和 $\boldsymbol{P}$。

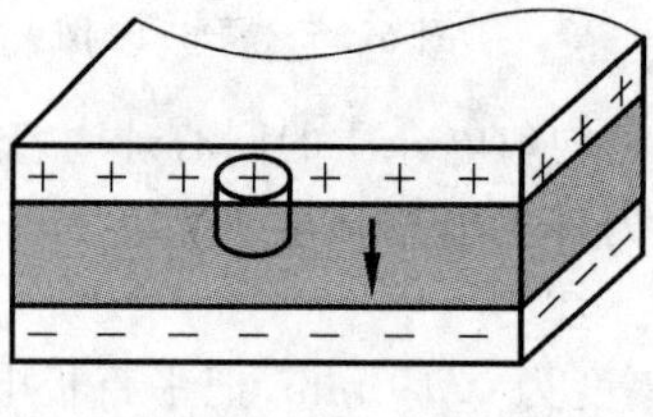

图 6-37 题 6-20 图

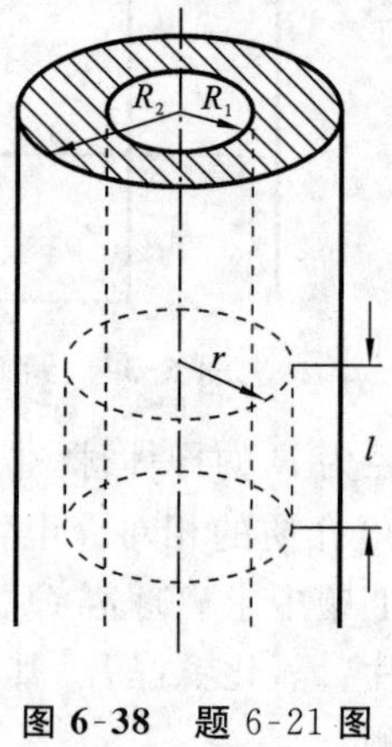

图 6-38 题 6-21 图

6-22 有一空气电容器充电后和电源断开,然后注入变压器油,问:

(1) 此时电容器中电场能量为原来电场能量的多少倍?

(2) 如果注入变压器油时,电容器一直与电源相连,此时电容器中的电能又为原来的多少倍?(设变压器的相对介电常数为 ε_r)

6-23 两个同轴的圆柱面,长度均为 L,半径分别为 a 和 b。两圆柱面之间充有绝对介电常数为 ε 的均匀电介质。当这两个圆柱面带有等量异号电荷 $+Q$ 和 $-Q$ 时,求:

(1) 在半径为 $r(a<r<b)$、厚度为 dr、长度为 L 的圆柱薄壳中任一点处,电场能量密度是多少? 在整个薄壳中的总能量是多少?

(2) 电介质中的总能量是多少?

(3) 该电容器的电容为多少?

6-24 在半径为 a 的长直导线的外面,套有内半径为 b 的同轴圆筒,它们之间充以相对介电常数为 ε_r 的电介质。设导线的电荷线密度为 λ,圆筒的电荷线密度为 $-\lambda$,试求介质中的 $\boldsymbol{D}$,$\boldsymbol{E}$ 和 $\boldsymbol{P}$。

第 7 章　稳 恒 磁 场

前几章我们讨论了静止电荷周围电场的性质和规律。当电荷运动时，在它的周围不仅有电场，还有磁场。当电荷运动形成稳恒电流时，在它周围激发的电场和磁场都不随时间变化，分别称为稳恒电场和稳恒磁场。本章主要研究真空中稳恒磁场的基本性质和规律。本章在引入描述磁场的基本特征的物理量——磁感应强度之后，着重讨论毕奥-萨伐尔定律、安培环路定理、磁场的高斯定理、磁场对运动电荷的作用、磁场对载流导线的作用，等等。还介绍了磁介质在磁场中被磁化的宏观规律，引入磁场强度和介质中的安培环路定理，并从经典的角度解释介质磁化的微观机理，最后简单介绍了铁磁质的特性、铁磁材料及有关应用。

7-1　电流和它的效应　电动势

一、电流及其产生的条件

在静电学中，我们分析了电荷在导体及电介质中静止平衡分布时的现象，现在我们来研究电荷宏观移动产生的现象，以及它们所服从的规律。电荷做宏观移动的过程叫作电流。

实验告诉我们，物体中有电流产生的条件是：

(1) 物体内必须有可以移动的电荷，如自由电子、离子等，即物体必须是导体。

(2) 导体两端必须有电势差，即导体内部必须存在电场。

二、电源的电动势

各种电源内的非静电力或外来力，在电源内部其方向和静电力方向是相反的。通过电源的每一单位正电荷所施的非静电力可定义为外来力的等效电场强度 $\boldsymbol{E}_{外来}$。如图 7-1 所示，若有一单位正电荷自电源正极上一点 a 出发，受静电力作用经过电源外部空间 acb 路径到达负极上的 b 点，然后通过电源内部回到 a 点，则各力对该电荷所做的总功为

$$W = \oint_{acba} \boldsymbol{E}_{静电} \cdot \mathrm{d}\boldsymbol{l} + \int_{b}^{a} \boldsymbol{E}_{外来} \cdot \mathrm{d}\boldsymbol{l}$$

由于 $\oint_{acba} \boldsymbol{E}_{静电} \cdot \mathrm{d}\boldsymbol{l} = 0$，因此实际上只有外来力对电荷做功，该电荷在外来力作用下从电势低的 b 点回到电势高的 a 点。外来力所做的功使 a、b 两点继续保持电势差。假如在电源外部用导线连接两极，就会产生电流，并且维持不断，直至电源的能量消耗尽。所以这个功就是电源推动电流能力的量度，称为电源电动势 ξ，写成

$$\xi = \int_{b}^{a} \boldsymbol{E}_{外来} \cdot \mathrm{d}\boldsymbol{l} \tag{7-1}$$

当外电路断路，即没有电流时，电动势等于电源两极的电势差 $V_a - V_b$。由于任何一种电源

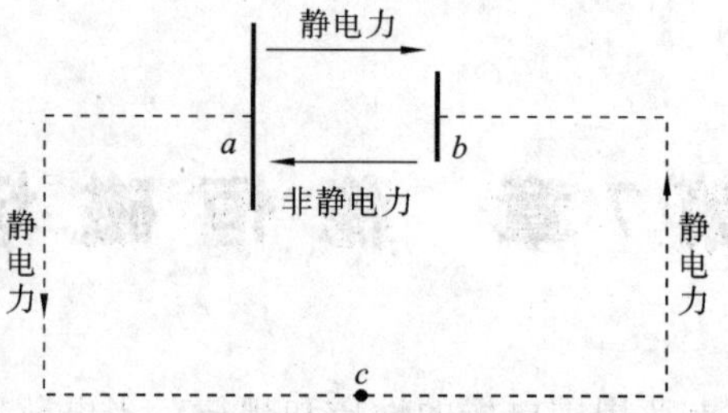

图 7-1　电源的电动势

都有一定大小的内阻，故对于更一般的情形，式(7-1)推广为

$$\xi = \int \boldsymbol{E}_{外来} \cdot \mathrm{d}\boldsymbol{l}$$

三、电流的各种效应

当我们把一个磁针置于通电导线的上方或下方，且导线顺着磁针的南北极连线的方向，则可看到磁针发生偏转，这说明电流具有作用于磁针两极的力，这就是电流的磁效应。

如果连接电源两极的导线细而短，则很容易观察到导线发热甚至被熔断，这就是电流的热效应。

如果将电池的两极分别用导线连接，并将两导线插入盛有电解质的容器中，则电流在电解质中通过，可看到插入的导线上有气体、金属或其他物质析出，这种现象称为电流的化学效应。现在，电流的磁效应、热效应和化学效应已被广泛地应用在科技领域的各个方面。

7-2　电流强度　电流密度矢量

一、电流强度

众所周知，在金属中存在大量的自由电子，在电解质中，存在大量的带正电和带负电的离子，这些自由电子或离子做定向运动时就形成电流，这样形成的电流称为传导电流。

我们定义电流强度 I 为在单位时间内通过导体任一截面的电量。若在时间 Δt 内通过该截面的电量为 ΔQ，则电流强度为

$$I = \frac{\Delta Q}{\Delta t} \tag{7-2}$$

由式(7-2)可知，电流是标量，但为了说明电流的流向，习惯上规定正电荷运动的方向为电流的方向。必须注意，在金属导体中，做宏观运动的电荷是自由电子，所以电流的方向和电子流的指向恰恰相反。

若流过导体的电流不随时间变化，则称之为**稳恒电流**或**恒定电流**，又称**直流电**。若流过导体的电流随时间变化，则称之为**交变电流**或**交流电**。交变电流的强弱由瞬时电流来确定。

$$I = \lim_{\Delta t \to 0} \frac{\Delta Q}{\Delta t} = \frac{\mathrm{d}Q}{\mathrm{d}t} \tag{7-3}$$

电流的单位为安[培]，符号为 A，它是国际单位制中的一个基本单位，其辅助单位为毫安

(mA)和微安(μA)。

$$1\ \mathrm{mA}=10^{-3}\ \mathrm{A}$$
$$1\ \mu\mathrm{A}=10^{-6}\ \mathrm{A}$$

二、电流密度矢量

电流强度只能从整体上反映导体内电流的大小,而不能具体说明导体内各处的电流分布和流动情况。在实际问题和理论研究中,往往需要了解导体内各处甚至各点的电流分布,为此我们引入一个新的物理量——**电流密度矢量**。

设在导体内某点取一个与电流方向垂直的截面积元 $\mathrm{d}S_{\perp}$,其法线的单位矢量为 $\boldsymbol{n}_0$,通过该面积元的电流为 $\mathrm{d}I$,如图 7-2 所示。电流密度矢量定义为

$$\boldsymbol{J}=\frac{\mathrm{d}I}{\mathrm{d}S_{\perp}}\boldsymbol{n}_0 \tag{7-4}$$

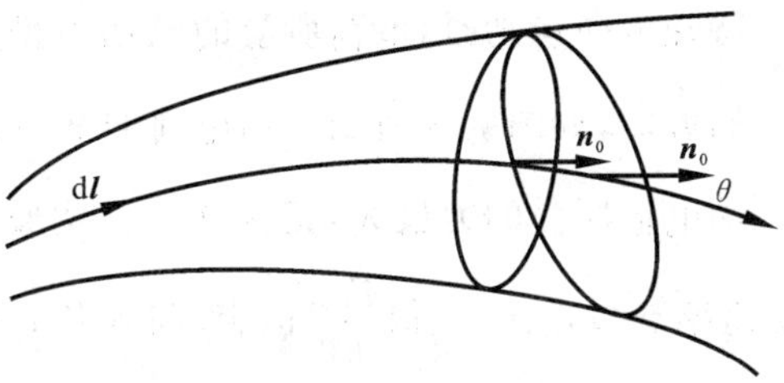

图 7-2　电流密度矢量

所以,导体中某点电流密度矢量的大小,等于通过该点并与电流方向垂直的单位面积的电流,方向就是正电荷在该点的运动方向。若某点截面积元 $\mathrm{d}S$ 的方向(即其法线方向)与正电荷在该点的运动方向有一个夹角 θ(见图 7-2),则通过该面积元的电流为

$$\mathrm{d}I=J\cdot\mathrm{d}S\cdot\cos\theta$$

若用矢量表示,则为

$$\mathrm{d}I=\boldsymbol{J}\cdot\mathrm{d}\boldsymbol{S}$$

在导体内取任一曲面 S,由上式可以得到通过该曲面的电流为

$$I=\int_S \boldsymbol{J}\cdot\mathrm{d}\boldsymbol{S} \tag{7-5}$$

式中,$\mathrm{d}\boldsymbol{S}$ 为面积元,积分遍及整个曲面 S。式(7-5)是电流密度矢量 $\boldsymbol{J}$ 与电流强度 I 之间的一般关系。由此也可看出,电流是一个标量。

由于电流密度矢量 $\boldsymbol{J}$ 有确定的大小和方向,因此在导体内会形成一个矢量场,我们把这个矢量场叫作电流场。由式(7-5)可知,在电流场中任选一曲面,通过该曲面的电流 I 就是场矢量 $\boldsymbol{J}$ 对该曲面的通量,它和电场中的场强 $\boldsymbol{E}$ 的通量 $\int_S \boldsymbol{E}\cdot\mathrm{d}\boldsymbol{S}$ 一样。因此,为了形象地描述电流场,可引入电流线,电流线完全可以仿照电力线的概念来描述。必须注意:在导体外部(即无电流的地方),因电流密度矢量为零,故电流场只存在于导体内。对恒定电流来说,导体内各处都不可能有电荷的堆积或减少,也就是说电流线必然是连续的曲线。

在国际单位制中,电流密度单位为安/米^2($\mathrm{A}\cdot\mathrm{m}^{-2}$)。

7-3 磁场 磁感应强度

在静电场中，静止电荷在其周围的空间激发电场，电场对处于其中的电荷有力的作用。与电相互作用一样，磁相互作用也不是超距作用，它们也是通过场来实现的，这种场称为磁场。运动电荷(或电流)在其周围空间产生磁场，磁场的基本特性是对运动电荷(电流)有力的作用。与电场不同的是，磁场仅对运动电荷有力的作用，而电场对静止或运动的电荷均有力的作用。

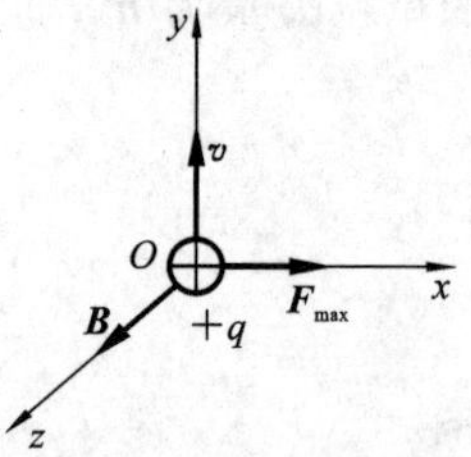

图 7-3 磁感应强度的方向

从磁场对运动电荷作用力的角度，引入物理量磁感应强度 $\boldsymbol{B}$ 来描述磁场的分布情况。下面我们来定义 $\boldsymbol{B}$ 的大小和方向。

将带正电的试验电荷 q 引入磁场，当电荷以某一速率沿不同方向通过磁场中的某一点时，所受力的大小和方向也不同，沿某一特殊方向运动时，电荷所受的磁场力最大，这一特殊方向定义为 $\boldsymbol{B}$ 的方向，如图 7-3 所示。当电荷的 $\boldsymbol{v}$ 与 $\boldsymbol{B}$ 有夹角 θ，且 $\theta=\frac{\pi}{2}$时，运动电荷所受的力最大，记为 $\boldsymbol{F}_{\max}$。实验表明，$\boldsymbol{F}_{\max}$ 的大小与试验电荷的电量 q 以及电荷的运动速率 v 成正比，比值$\frac{\boldsymbol{F}_{\max}}{qv}$恒定，与 q 及 v 的大小无关，它反映了该点处磁场的性质，这一比值定义为 $\boldsymbol{B}$ 的大小。

于是从试验电荷所受磁力的特征，我们定义磁感应强度 $\boldsymbol{B}$ 的大小为$\frac{F_{\max}}{qv}$，其方向由矢积 $\boldsymbol{F}_{\max}\times\boldsymbol{v}$ 确定。顺便指出，运动电荷所受的磁场力称为洛伦兹力 $\boldsymbol{F}_{\mathrm{m}}=q\boldsymbol{v}\times\boldsymbol{B}$。对正电荷来说，$\boldsymbol{F}_{\mathrm{m}}$ 的方向与 $\boldsymbol{v}\times\boldsymbol{B}$ 的方向相同；而负电荷受到的洛伦兹力 $\boldsymbol{F}_{\mathrm{m}}$ 的方向与 $\boldsymbol{v}\times\boldsymbol{B}$ 的方向相反。

在国际单位制中，磁感应强度 $\boldsymbol{B}$ 的单位是 $\mathrm{N\cdot s\cdot C^{-1}\cdot m^{-1}}$ 或 $\mathrm{N\cdot A^{-1}\cdot m^{-1}}$，其名称叫作特斯拉，简称特，符号为 T，即

$$1\ \mathrm{T}=1\ \mathrm{N\cdot A^{-1}\cdot m^{-1}}$$

如果磁场中某一区域内各点的磁感应强度 $\boldsymbol{B}$ 都相同，即该区域内各点 $\boldsymbol{B}$ 的方向一致，大小相等，那么，该区域内的磁场就叫作均匀磁场；否则，称为非均匀磁场。

7-4 毕奥-萨伐尔定律

本节介绍恒定电流所激发的稳恒磁场的规律——毕奥-萨伐尔定律。在稳恒磁场中，任意一点的磁感应强度 $\boldsymbol{B}$ 仅是空间坐标的函数，而与时间无关。

一、毕奥-萨伐尔定律

在静电场中，任意形状的带电体所产生的电场，可以看成是无限多个点电荷产生的电场叠加。与此类似，我们也可以把任意形状的载流导线分割成许多无限小的电流元，整个载流导线的磁场就可以看成是这些电流元所产生的磁场的叠加。

如图 7-4 所示，在载流导线上选取一电流元 $I\mathrm{d}\boldsymbol{l}$，其大小 $I\mathrm{d}l$ 等于电流乘线元，方向沿着电流元中电流的流向。在真空中，某点 P 处的磁感应强度的大小 $\mathrm{d}\boldsymbol{B}$，与电流元的大小 $I\mathrm{d}l$ 成正比，与电流元到点 P 的矢量 $\boldsymbol{r}$ 间夹角 θ 的正弦值成正比，并与电流元到点 P 的距离 r 的二次方成反比，即

$$\mathrm{d}B=\frac{\mu_0}{4\pi}\frac{I\mathrm{d}l\cdot\sin\theta}{r^2}$$

其中 μ_0 为真空磁导率。在国际单位制中，$\mu_0=4\pi\times10^{-7}\ \mathrm{N\cdot A^{-2}}$。$\mathrm{d}\boldsymbol{B}$ 的方向垂直于 $\mathrm{d}\boldsymbol{l}$ 与 $\boldsymbol{r}$ 所组成的平面，并沿矢积 $\mathrm{d}\boldsymbol{l}\times\boldsymbol{r}$ 的方向。用矢量式表示，则有

$$\mathrm{d}\boldsymbol{B}=\frac{\mu_0}{4\pi}\frac{I\mathrm{d}\boldsymbol{l}\times\boldsymbol{r}}{r^3} \tag{7-6}$$

式(7-6)即为毕奥-萨伐尔定律的表达式。

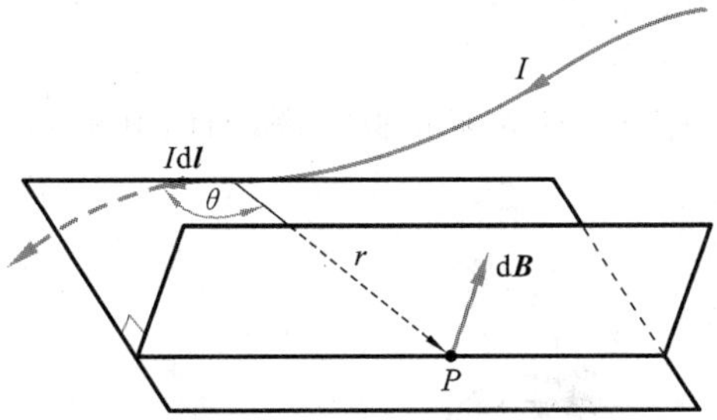

图 7-4　电流元所产生的磁感应强度

如果要求任意载流导线在点 P 处的磁感应强度可通过式(7-6)积分，即

$$\boldsymbol{B}_P=\int\mathrm{d}\boldsymbol{B}_P=\int\frac{\mu_0}{4\pi}\frac{I\mathrm{d}\boldsymbol{l}\times\boldsymbol{r}}{r^3} \tag{7-7}$$

下面应用毕奥-萨伐尔定律来讨论某些载流导线所激发的磁场。

二、毕奥-萨伐尔定律应用举例

1. 载流直导线上的磁场

例 7-1　长为 l 的载流直导线，其电流强度为 I，求距此直导线 a 处的磁感应强度 $\boldsymbol{B}$。

解　如图 7-5 所示，在载流直导线上某处选取电流元 $I\mathrm{d}\boldsymbol{l}$，根据 $\mathrm{d}\boldsymbol{l}\times\boldsymbol{r}$，运用右手螺旋定则，此电流元在点 P 处的 $\mathrm{d}\boldsymbol{B}$ 垂直纸面向里。电流元与点 P 距离为 r，与 $\boldsymbol{r}$ 的夹角为 θ，则应用毕奥-萨伐尔定律，可得

$$\mathrm{d}B_P=\frac{\mu_0 I}{4\pi}\frac{\sin\theta}{r^2}\mathrm{d}l$$

$$B_P=\int\mathrm{d}B_P=\int\frac{\mu_0 I}{4\pi}\frac{\sin\theta}{r^2}\mathrm{d}l$$

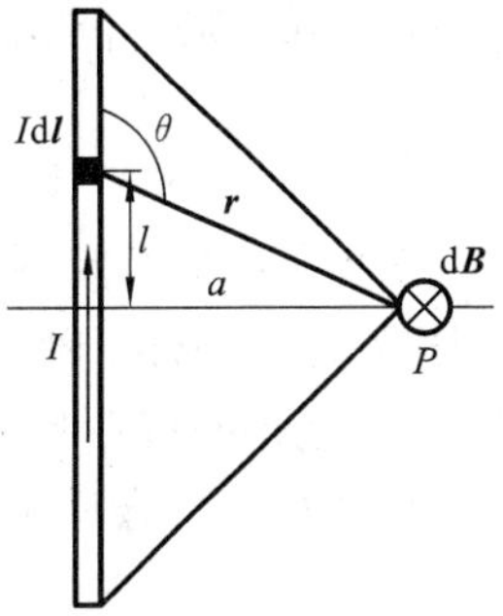

图 7-5　例 7-1 图

应用换元法 $\mathrm{d}l\to\mathrm{d}\theta$，由 $\frac{a}{r}=\sin(\pi-\theta)=\sin\theta$，可知

$$r^2=a^2\csc^2\theta$$

由 $\frac{a}{l}=\tan(\pi-\theta)=-\tan\theta$，可知

$$\mathrm{d}l=a\csc^2\theta\mathrm{d}\theta$$

可得

$$B_P=\int \mathrm{d}B_P=\frac{\mu_0 I}{4\pi a}\int_{\theta_1}^{\theta_2}\sin\theta\mathrm{d}\theta=\frac{\mu_0 I}{4\pi a}(\cos\theta_1-\cos\theta_2) \tag{7-8}$$

讨论:(1) 若为无限长载流直导线,则 $\theta_1=0,\theta_2=\pi,B_P=\dfrac{\mu_0 I}{2\pi a}$。

(2) 若为半无限长载流直导线,且 P 点在其垂直端面上,则 $\theta_1=\dfrac{\pi}{2},\theta_2=\pi,B_P=\dfrac{\mu_0 I}{4\pi a}$。

(3) 若为半无限长载流直导线,且 P 点在其延长线上,则 $B_P=0$。

(4) 若为有限长载流直导线,且 P 点在其垂直平分面上,则 $\cos\theta_1=\cos\theta_2=\dfrac{l}{\sqrt{l^2+4a^2}},B_P=\dfrac{\mu_0 I}{2\pi a}\dfrac{l}{\sqrt{l^2+4a^2}}$(其中 l 为载流直导线的长度)。

2. 载流圆线圈轴线上的磁场

例 7-2 如图 7-6 所示,有一半径为 R 的圆线圈,通以电流 I,试计算其轴线上任意 P 点的磁感应强度 $\boldsymbol{B}$。

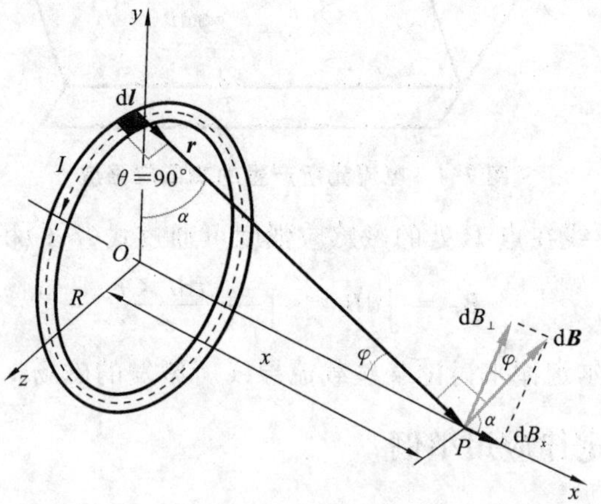

图 7-6 例 7-2 图

解 在圆上任取一电流元 $I\mathrm{d}\boldsymbol{l}$,它在 P 点产生的磁感应强度 $\mathrm{d}\boldsymbol{B}$ 为

$$\mathrm{d}\boldsymbol{B}=\frac{\mu_0}{4\pi}\frac{I\mathrm{d}\boldsymbol{l}\times\boldsymbol{r}}{r^3}$$

因为 $\mathrm{d}\boldsymbol{l}\perp\boldsymbol{r}$,所以 $\mathrm{d}\boldsymbol{B}$ 的大小为

$$\mathrm{d}B=\frac{\mu_0 I}{4\pi r^2}\mathrm{d}l$$

各电流元在 P 点的磁感应强度大小相等,方向各不相同,但各 $\mathrm{d}\boldsymbol{B}$ 与轴线成一相等的角度。把 $\mathrm{d}\boldsymbol{B}$ 分解为平行于轴线的分量和垂直于轴线的分量。于是载流圆线圈任一直径两端所产生 $\mathrm{d}\boldsymbol{B}$ 的垂直分量相互抵消,只剩下平行于轴线的分量。因此在 P 点的磁感应强度是沿轴线方向的。因此 P 点的磁感应强度为

$$B=\int \mathrm{d}B\cdot\cos\alpha=\frac{\mu_0 I}{4\pi}\int\frac{\cos\alpha\mathrm{d}l}{r^2}$$

式中,α 为 $\mathrm{d}\boldsymbol{B}$ 与 y 轴线的夹角。

$$B=\int \mathrm{d}B\cdot\cos\alpha=\frac{\mu_0 IR}{4\pi r^3}\int_0^{2\pi R}\mathrm{d}l=\frac{\mu_0 IR^2}{2r^3}$$

因为

$$r^2=R^2+x^2$$

所以

$$B=\frac{\mu_0 IR^2}{2(R^2+x^2)^{\frac{3}{2}}} \tag{7-9}$$

B 的方向沿载流圆线圈轴线方向。

由式(7-9)可以看出，当 $x=0$ 时，圆心 O 处的磁感应强度 **B** 的大小为

$$B=\frac{\mu_0 I}{2R} \tag{7-10}$$

方向由右手螺旋定则确定。

3. *扇形载流导线的磁场*

例 7-3　已知扇形载流导线如图 7-7 所示，其电流强度为 I，圆弧半径为 R，且 $Oa=Od=\frac{R}{2}$，求圆心 O 点处的磁感应强度。

解　点 O 磁感应强度等于四段电流 ab、$\widehat{bc}$、cd 和 da 产生的磁感应强度的矢量和，所以应分别求出四段电流的磁感应强度。ab、cd 段在点 O 的延长线上，所以

$$B_{ab}=B_{dc}=0$$

$$B_{\widehat{bc}}=\frac{1}{4}\frac{\mu_0 I}{2R}=\frac{\mu_0 I}{8R}$$

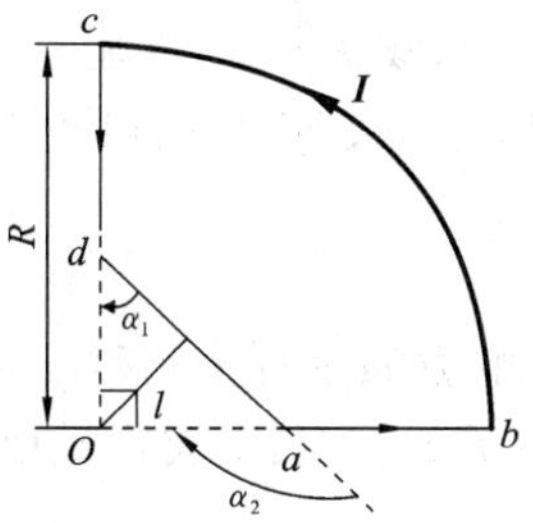

图 7-7　例 7-3 图

根据右手螺旋定则，$\boldsymbol{B}_{\widehat{bc}}$ 的方向垂直纸面向外。

由于

$$B_{da}=\frac{\mu_0 I}{4\pi l}(\cos\alpha_1-\cos\alpha_2)$$

其中 $l=\frac{R}{2\sqrt{2}}$，$\alpha_1=45°$，$\alpha_2=135°$，则

$$B_{da}=\frac{\mu_0 I}{4\pi\dfrac{R}{2\sqrt{2}}}(\cos45°-\cos135°)=\frac{\mu_0 I}{\pi R}$$

根据右手螺旋定则，$\boldsymbol{B}_{da}$ 方向垂直纸面向里。故

$$B_O=B_{da}-B_{bc}=\frac{\mu_0 I}{R}\left(\frac{1}{\pi}-\frac{1}{8}\right)$$

因此，点 O 处的磁感应强度垂直纸面向里。

三、磁矩

在静电场中，讨论电偶极子的电场时引入了电偶极矩 **p**。与此相似，引入磁矩 $\boldsymbol{p}_{\mathrm{m}}$ 来描述载流线圈的性质。我们定义圆电流的磁矩 $\boldsymbol{p}_{\mathrm{m}}$ 为

$$\boldsymbol{p}_{\mathrm{m}}=IS\boldsymbol{n} \tag{7-11}$$

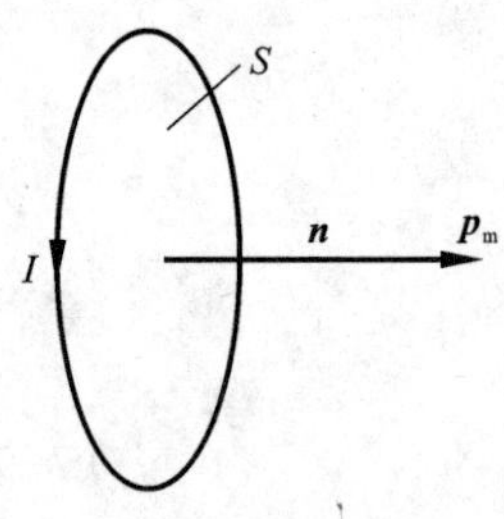

图 7-8　磁矩的方向

式中,I 为电流,S 为载流线圈的面积,$\boldsymbol{n}$ 为载流线圈平面的单位正法线矢量,它与电流 I 的流向成右手螺旋关系,如图 7-8 所示。上式对任意形状的载流线圈都是适用的。

四、运动电荷的磁场

电流是由电荷的定向运动产生的,所以电流的磁场实质上就是运动电荷在其周围激发的磁场的宏观体现。下面我们由毕奥-萨伐尔定律导出运动电荷产生的磁场的计算公式。

设在导体的单位体积内有 n 个带电粒子,每个粒子带有电量 q,为简便,这里以正电荷为研究对象,均以速度 $\boldsymbol{v}$ 沿电流元 $I\mathrm{d}\boldsymbol{l}$ 的方向做匀速运动,形成导体中的电流。

设在 Δt 时间内,$v\Delta t$ 长度(即线元 $\mathrm{d}l$)内的电荷均通过导体的截面积 S,则 Δt 时间内通过截面积 S 的电量为 $Q=qnv\Delta tS$,则 $I=qnvS$。根据毕奥-萨伐尔定律可知,在距电流元为 r 处的一点所产生的磁感应强度为

$$\mathrm{d}\boldsymbol{B}=\frac{\mu_0}{4\pi}\frac{nS\mathrm{d}l\cdot q\boldsymbol{v}\times\boldsymbol{r}}{r^3} \tag{7-12}$$

式中,$S\mathrm{d}l=\mathrm{d}V$ 为电流元的体积,$n\mathrm{d}V=\mathrm{d}N$ 为电流元中做定向运动的电荷数。上式的物理意义是:从微观上看,电流元 $I\mathrm{d}l$ 产生的磁场,就是 $\mathrm{d}N$ 个以速度 $\boldsymbol{v}$ 运动的正电荷所产生的磁场。于是,一个电量为 q、以速度 $\boldsymbol{v}$ 运动的电荷,在距它为 $\boldsymbol{r}$ 的一点处所产生的磁感应强度为

$$\boldsymbol{B}=\frac{\mathrm{d}\boldsymbol{B}}{\mathrm{d}N}=\frac{\mu_0}{4\pi}\frac{q\boldsymbol{v}\times\boldsymbol{r}}{r^3} \tag{7-13}$$

$\boldsymbol{B}$ 的方向垂直于 $\boldsymbol{v}$ 和 $\boldsymbol{r}$ 所组成的平面。如图 7-9 所示,如果运动电荷是正电荷,$\boldsymbol{B}$ 的方向为矢积 $\boldsymbol{v}\times\boldsymbol{r}$ 的方向;如果运动电荷是负电荷,$\boldsymbol{B}$ 的方向与矢积 $\boldsymbol{v}\times\boldsymbol{r}$ 的方向相反。

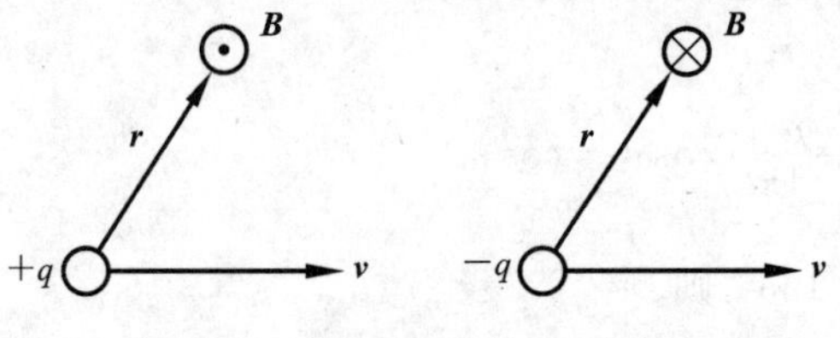

图 7-9　运动电荷的磁场方向

应当指出,运动电荷的磁场表达式(7-13)是有一定适用范围的,它只适用于运动电荷的速率 v 远小于光速的情况。对于 v 接近于光速的情形,式(7-13)就不适用了,这时,运动电荷的磁场应当考虑相对论效应。

7-5　磁场的高斯定理和安培环路定理

本节讨论稳恒磁场的两个重要性质:磁场的高斯定理和安培环路定理。

一、磁感线

为了形象地反映磁场的分布情况,我们可用一些假想的空间曲线——磁感线来表示磁场的

分布。因为空间某点的磁感应强度都有确定的方向和大小，所以在给定的磁场中磁感线的画法有如下规定：(1) 曲线上每一点的切线方向就是该点的磁感应强度 $\boldsymbol{B}$ 的方向；(2) 通过垂直于磁感应强度 $\boldsymbol{B}$ 的单位面积上的磁感线的条数等于该处 $\boldsymbol{B}$ 的大小，因此曲线越密的地方磁感应强度越大。这样的曲线叫作磁感线或 B 线。

图 7-10 给出载流长直导线、载流圆线圈和载流长直螺线管的磁感线图形。由载流长直导线的磁感线图形可以看出，磁感线的回转方向和电流之间的关系遵从右手螺旋定则，即右手握住导线，使大拇指伸直并指向电流方向，这时四指弯曲的方向就是磁感线的回转方向。对于载流圆线圈电流和载流长直螺线管的磁感线，它们的磁感线方向也可由右手螺旋定则来确定。不过这时要用右手握住螺旋管(或载流圆线圈)，使四指弯曲的方向沿着电流方向，而伸直大拇指的指向就是螺线管内(或载流圆线圈中心处)磁感线的方向。

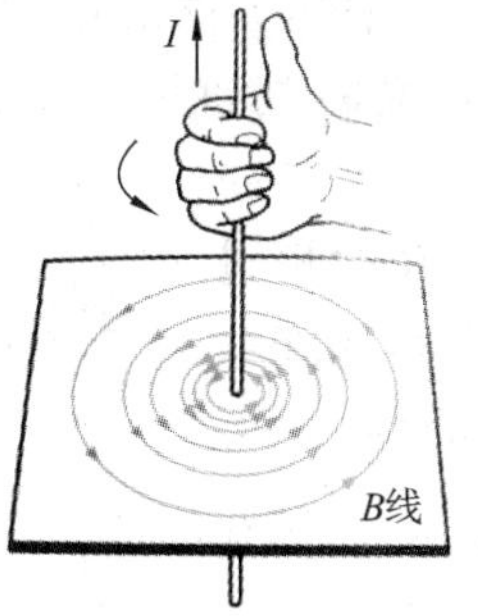

(a) 载流长直导线

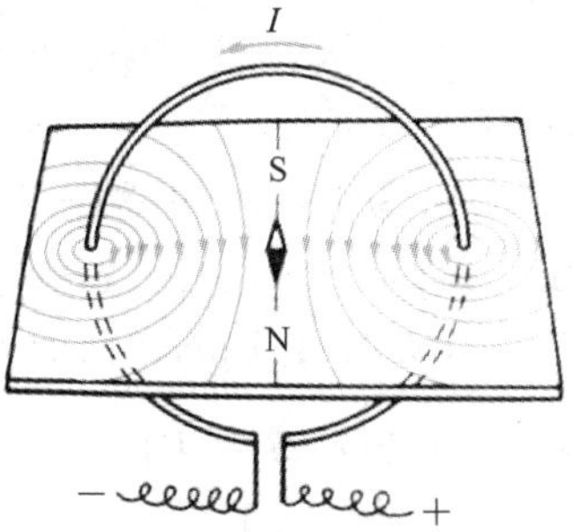

(b) 载流圆线圈

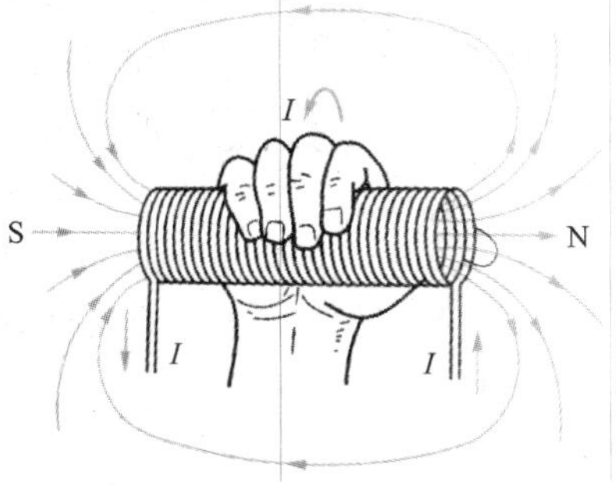

(c) 载流长直螺线管

图 7-10　磁感线图形

由上述几种典型的载流导线的磁感线的图形可以看出，磁感线具有如下特征：

(1) 由于磁感线中某点的磁场方向是确定的，所以磁场中的磁感线不会相交，磁感线的这一特性和电场线是一样的。

(2) 载流导线周围的磁感线都是围绕电流的闭合曲线，没有起点，也没有终点。磁感线的这个特性和静电场中的电场线不同，静电场中的电场线是有起点和终点的。

二、磁场的高斯定理

与电通量相当，通过磁场中某一曲面的磁感线条数称为通过该曲面的磁通量，用符号 Φ_m 表示。如果磁场中任意面元 $\mathrm{d}\boldsymbol{S}$ 的法线与磁感应强度 $\boldsymbol{B}$ 成 θ 角，如图 7-11 所示，则通过该面元的磁通量为

$$\mathrm{d}\Phi_m = B\mathrm{d}S\cos\theta = \boldsymbol{B}\cdot\mathrm{d}\boldsymbol{S}$$

对于有限曲面 S，通过它的磁通量为

$$\Phi_m = \int_S \mathrm{d}\Phi_m = \int_S \boldsymbol{B}\cdot\mathrm{d}\boldsymbol{S} \qquad (7\text{-}14)$$

在国际单位制中，磁通量的单位是韦伯，记作 Wb。

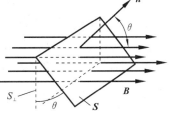

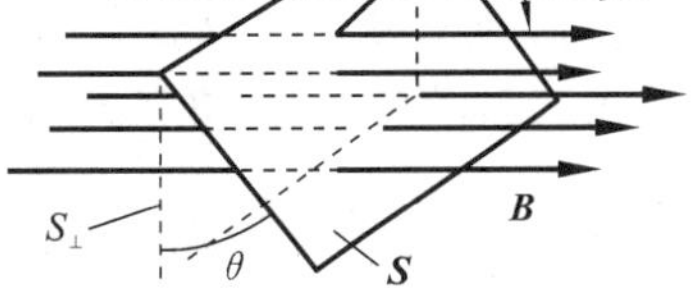

图 7-11　通过任意面元的磁通量

对于闭合曲面，如取由闭合曲面向外指的法向为正法向，则磁感线穿出曲面时，磁通量为正 $\left(\theta<\dfrac{\pi}{2}, \cos\theta>0\right)$；当磁感线穿入曲面时，磁通量为负

$\left(\theta>\frac{\pi}{2},\cos\theta<0\right)$。由于磁感线是闭合的,因此对任一闭合曲面来说,有多少条磁感线进入闭合曲面,就一定有多少条磁感线穿出闭合曲面,也就是说,通过任意闭合曲面的磁通量必等于零,即

$$\oiint_S \boldsymbol{B}\cdot \mathrm{d}\boldsymbol{S}=0 \tag{7-15}$$

上述结论也叫作磁场的高斯定理,它是表明磁场性质的重要定理之一,也是表明磁场为涡旋场这一性质的数学表述。对比真空中静电场的高斯定理的表达式

$$\oiint_S \boldsymbol{E}\cdot \mathrm{d}\boldsymbol{S}=\frac{1}{\varepsilon_0}\sum_{i=0}^{n}q_i$$

可知静电场是有源场,而式(7-15)则说明磁场是无源场。

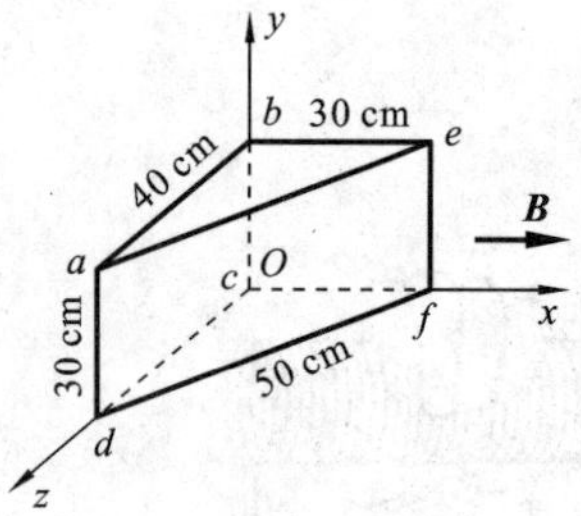

图 7-12 例 7-4 图

例 7-4 已知磁感应强度 $B=2\mathrm{T}$ 的均匀磁场,方向沿 Ox 轴正向,如图 7-12 所示。求通过三棱柱的 $abcd$ 面的磁通量。设此面的法线方向沿 Ox 轴正向。

解 在均匀磁场中,各点的磁感应强度 $\boldsymbol{B}$ 均相同,由于三棱柱的 $abcd$ 面在平面 Oyz 内,其法线沿 Ox 轴正向,它与矢量方向是重合的,即 $\theta=0°$,所以通过 $abcd$ 面的磁通量为

$$\Phi_{\mathrm{m}}=\int_S \boldsymbol{B}\cdot \mathrm{d}\boldsymbol{S}=B\int_S \mathrm{d}S=BS=0.24\ \mathrm{Wb}$$

三、安培环路定理

在静电场中,电场强度 $\boldsymbol{E}$ 沿任意闭合路径的线积分等于零,即 $\oint_l \boldsymbol{E}\cdot \mathrm{d}\boldsymbol{l}=0$。根据静电场的这一性质,我们引入电势的概念。那么,对于磁场来说,磁感应强度 $\boldsymbol{B}$ 沿任意闭合路径的线积分 $\oint_l \boldsymbol{B}\cdot \mathrm{d}\boldsymbol{l}$ 等于什么呢?在真空的恒定磁场中,磁感应强度 $\boldsymbol{B}$ 沿任一闭合路径的线积分(即 $\boldsymbol{B}$ 的环流),等于真空磁导率 μ_0 乘此闭合路径所包围的各电流的代数和,如图 7-13 所示,即

$$\oint_l \boldsymbol{B}\cdot \mathrm{d}\boldsymbol{l}=\mu_0\sum_{i=1}^{n}I_i \tag{7-16}$$

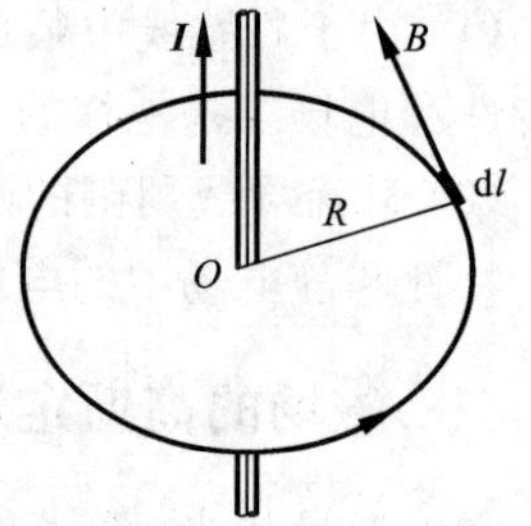

图 7-13 安培环路定理

这就是真空中磁场的环路定理,也称安培环路定理。这个定理对任意稳恒磁场中的任意闭合路径都是普遍适用的,对该定理普遍性的证明,这里从略。其中,当电流流向与积分路径成右手螺旋关系时,$I>0$;反之 $I<0$。

由式(7-16)可知,$\boldsymbol{B}$ 的环流仅与穿过闭合路径的电流有关,但闭合路径上各点的 $\boldsymbol{B}$ 是所有(路径内、外)电流在该点处磁感应强度的矢量和。若 $\oint_l \boldsymbol{B}\cdot \mathrm{d}\boldsymbol{l}=0$,则 $\sum_{i=1}^{n}I_i=0$,并不意味着闭合路径内一定没有电流穿过,而是穿过闭合路径的电流的代数和为 0;若 $\sum_{i=1}^{n}I_i=0$,则 $\oint_l \boldsymbol{B}\cdot \mathrm{d}\boldsymbol{l}=0$,只表明 $\boldsymbol{B}$ 的环流为 0,并不意味着闭合路径内各点的 $\boldsymbol{B}$ 值一定都为 0。

四、安培环路定理的应用举例

安培环路定理给出的是 **B** 沿闭合路径的线积分，与利用高斯定理求电场强度的情况一样，因此对于某些具有轴对称分布的电流的磁场，可以利用安培环路定理来求磁感应强度。下面举例说明。

1. 无限长载流圆柱体的磁场

如图 7-14 所示，圆柱导体的半径为 R，电流强度为 I，沿轴向流动，电流在横截面上的分布是均匀的。如果圆柱导体很长，那么在导体中部，磁场是以轴对称分布的。下面用安培环路定理来求距轴线为 r 处的磁感应强度。

先求圆柱体外一点 P 处的磁感应强度。过点 P 作半径为 r 的圆，圆面与圆柱体的轴线垂直。由于对称性，在以 r 为半径的圆周上，**B** 的大小相等，方向都是沿着圆的切线，故 $\boldsymbol{B}\cdot \mathrm{d}\boldsymbol{l}=B\mathrm{d}l$。于是根据安培环路定理有

$$\oint_l \boldsymbol{B}\cdot \mathrm{d}\boldsymbol{l}=B\oint_l \mathrm{d}l=B\cdot 2\pi r=\mu_0 I$$

所以

$$B=\frac{\mu_0 I}{2\pi r}\ (r>R)$$

对柱内一点 P，过点 P 作半径为 r 的圆，圆面与圆柱体的轴线垂直，如图 7-15 所示。由于磁场具有对称性，在以 r 为半径的圆周上，**B** 的大小相等，方向都是沿着圆的切线，故 $\boldsymbol{B}\cdot \mathrm{d}\boldsymbol{l}=B\mathrm{d}l$。于是根据安培环路定理有

$$\oint_l \boldsymbol{B}\cdot \mathrm{d}\boldsymbol{l}=B\cdot 2\pi r=\mu_0\sum I_i$$

式中，$\sum I_i$ 是以 r 为半径的圆所包围的电流。因为圆柱体内电流密度是均匀的，有 $j=\frac{I}{\pi R^2}$，那么，通过截面积 πr^2 的电流为

$$\sum I_i=j\cdot \pi r^2=\frac{Ir^2}{R^2}$$

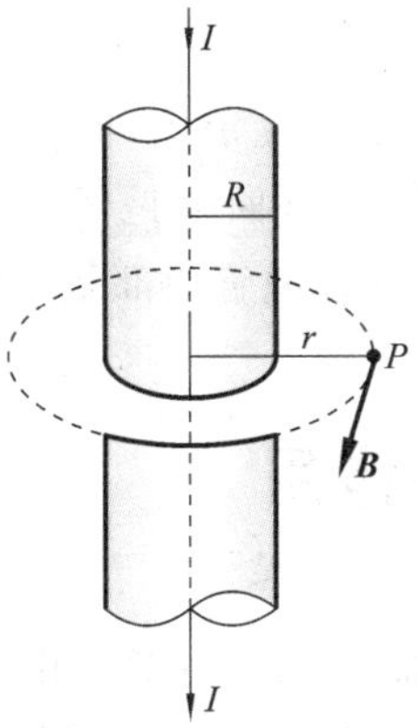

图 7-14　无限长载流圆柱体外的磁场

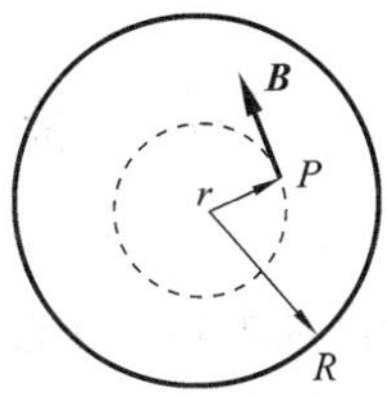

图 7-15　无限长载流圆柱体内的磁场

于是上式为

$$B \cdot 2\pi r=\frac{\mu_0 I r^2}{R^2}$$

$$B=\frac{\mu_0 I r}{2\pi R^2}(r>R)$$

由上述结果可得如图 7-16 所示的图线，它给出 B 的值随 r 变化的情形。

2. 长直载流螺线管的磁场

如图 7-17 所示，设有密绕的长直载流螺线管，单位长度上的导线匝数为 n，通以电流 I。由于螺线管相当长，所以管内中间部分的磁场是均匀的，磁感应线与螺线管的轴线平行。在管的外侧，磁场很弱，可忽略不计。

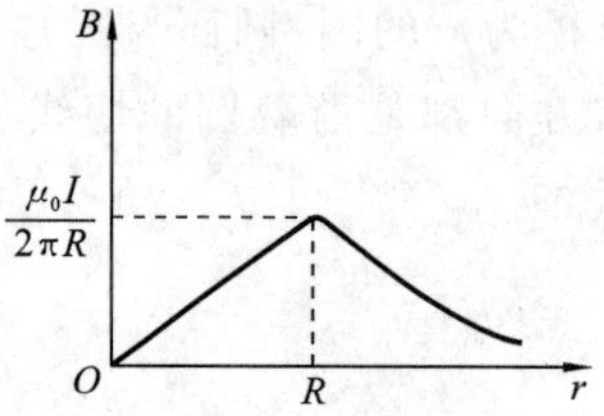

图 7-16　B-r 关系曲线

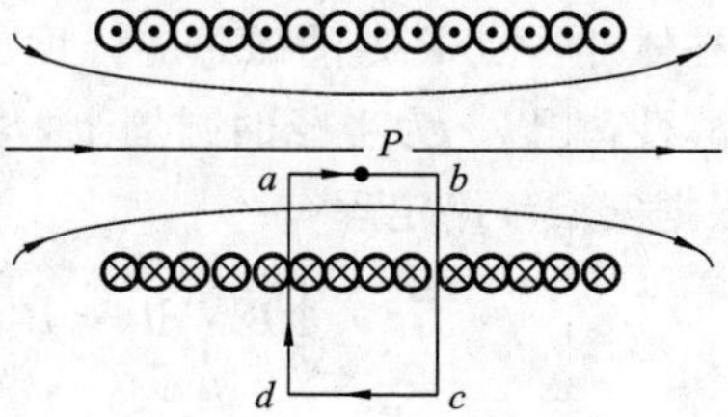

图 7-17　长直载流螺线管的磁场

为了计算管内中间部分任一点 P 处的磁感应强度，可过 P 作一闭合回路 $abcd$，如图 7-17 所示，应用安培环路定理有

$$\oint_l \boldsymbol{B}\cdot \mathrm{d}\boldsymbol{l}=\int_a^b \boldsymbol{B}\cdot \mathrm{d}\boldsymbol{l}+\int_b^c \boldsymbol{B}\cdot \mathrm{d}\boldsymbol{l}+\int_c^d \boldsymbol{B}\cdot \mathrm{d}\boldsymbol{l}+\int_d^a \boldsymbol{B}\cdot \mathrm{d}\boldsymbol{l}=\mu_0\sum I$$

如果用 l 表示 ab 边的长度，则 $\int_a^b \mathrm{d}l=l$。由于 cd 边在螺线管外部磁感应强度为 0，故 $\int_c^d \boldsymbol{B}\cdot \mathrm{d}\boldsymbol{l}=0$。$bc$、$da$ 两边的一部分在管外，另一部分虽在管内，但 $\mathrm{d}\boldsymbol{l}\perp \boldsymbol{B}$，因此 $\int_b^c \boldsymbol{B}\cdot \mathrm{d}\boldsymbol{l}=\int_d^a \boldsymbol{B}\cdot \mathrm{d}\boldsymbol{l}=0$；而在 ab 边上，$\boldsymbol{B}$ 的大小和方向都相同，且方向与路径 ab 一致，所以

$$\oint_l \boldsymbol{B}\cdot \mathrm{d}\boldsymbol{l}=\int_a^b \boldsymbol{B}\cdot \mathrm{d}\boldsymbol{l}=Bl=\mu_0 nlI$$

因此

$$B=\mu_0 nI \tag{7-17}$$

这就是长直载流螺线管内部磁感应强度的大小，方向按右手螺旋定则，四指的方向是电流的方向，大拇指的方向是磁感应强度的方向。在这里，因为矩形闭合回路是任意取的，且 ab 的长度 l 可以趋于 0，所以可以说明螺线管内任一点的磁场相同，故螺线管内部是匀强磁场。

7-6　磁场对运动电荷的作用

这一节将在介绍运动电荷在电场和磁场中受力作用的基础上，分别讨论带电粒子在磁场中运动以及带电粒子在电场和磁场中运动的情况。通过这些讨论，我们可以了解电磁学的基本原理在科学技术上的应用。

若空间同时存在电场和磁场，运动电荷不仅受到磁场力——洛伦兹力的作用，还将受到电

场力的作用，这时，作用在运动电荷上的合力可表示为

$$\boldsymbol{F}=q\boldsymbol{E}+q\boldsymbol{v}\times\boldsymbol{B} \tag{7-18}$$

下面介绍带电粒子在磁场和电磁场中的运动情况。

一、回旋半径和回旋频率

一个电量为 q，质量为 m 的粒子，以初速度 $\boldsymbol{v}$ 进入磁感应强度为 $\boldsymbol{B}$ 的匀强磁场中。

(1) 若 $\boldsymbol{v}$ 与 $\boldsymbol{B}$ 同向，由 $\boldsymbol{F}_m=q\boldsymbol{v}\times\boldsymbol{B}$，则 $\boldsymbol{F}_m=0$，带电粒子以 $\boldsymbol{v}$ 做匀速直线运动，不受磁场的影响。

(2) 若 $\boldsymbol{v}$ 与 $\boldsymbol{B}$ 垂直，由 $\boldsymbol{F}_m=q\boldsymbol{v}\times\boldsymbol{B}$ 可知 $\boldsymbol{F}_m$ 的方向垂直于 $\boldsymbol{v}$ 和 $\boldsymbol{B}$ 所决定的平面，大小为 qvB，切向加速度为 0，因此该洛伦兹力提供电荷做匀速圆周运动的向心力，如图 7-18 所示。由牛顿第二定律可得

$$qvB=m\frac{v^2}{R}$$

可求得

$$R=\frac{mv}{Bq} \tag{7-19}$$

式中，R 称为回旋半径，它与电荷速度 $\boldsymbol{v}$ 的值成正比，与磁感应强度 $\boldsymbol{B}$ 的值成反比。

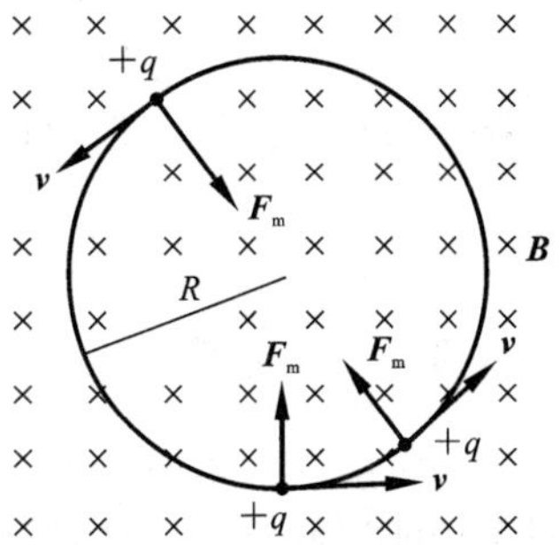

图 7-18　带电粒子的初速度垂直于磁感应强度

带电粒子绕圆形轨道一周所需的时间即回旋周期为

$$T=\frac{2\pi R}{v}=\frac{2\pi m}{Bq} \tag{7-20}$$

单位时间内带电粒子绕圆周轨道运动的圈数即回旋频率为

$$\nu=\frac{1}{T}=\frac{Bq}{2\pi m}$$

应当指出，以上种种结论只适用于带电粒子远小于光速的情形。如果带电粒子的速度接近于光速，上述公式虽然仍可沿用，但粒子的质量 m 不再为常量，而是随速度趋于光速而增加的，因而回旋周期将变长，回旋频率将减小。考虑到这个原理，人们便研制了同步回旋加速器等。

二、磁聚焦

当 $\boldsymbol{v}$ 与 $\boldsymbol{B}$ 成任意夹角 θ 时，可将 $\boldsymbol{v}$ 分解为与 $\boldsymbol{B}$ 平行的分量 $v_{/\!/}$ 和与 $\boldsymbol{B}$ 垂直的分量 $v_{\perp}$，由图 7-19 可知：

$$v_{/\!/}=v\cos\theta$$

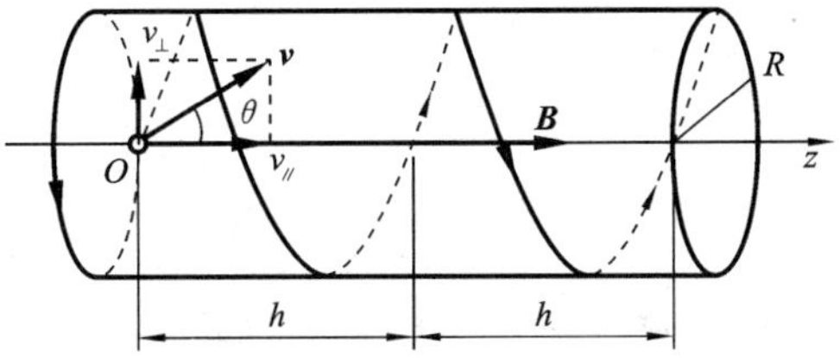

图 7-19　带电粒子的初速度与磁感应强度成任意夹角

$$v_{\perp}=v\sin\theta$$

带电粒子的运动可看成只有 $v_{/\!/}$ 分量和只有 $v_{\perp}$ 分量两运动的合成。由前面的分析可知,只有 $v_{\perp}$ 分量时,粒子在垂直于 $\boldsymbol{B}$ 的平面上做匀速圆周运动;只有 $v_{/\!/}$ 分量时,粒子沿着与 $\boldsymbol{B}$ 平行的方向做匀速直线运动。于是,这两个运动合成为一螺旋线运动,带电粒子的轨迹为一螺旋线,如图 7-19 所示,螺旋线的半径为

$$R=\frac{mv_{\perp}}{Bq}=\frac{mv\sin\theta}{Bq} \tag{7-21}$$

回旋周期为

$$T=\frac{2\pi R}{v_{\perp}}=\frac{2\pi m}{Bq} \tag{7-22}$$

粒子回转一周所前进的距离叫作螺距,其值为

$$h=v_{/\!/}T=\frac{2\pi mv\cos\theta}{Bq} \tag{7-23}$$

由式(7-23)可看出,当 θ 角很小时,$\cos\theta\approx1$,$h\approx\frac{2\pi mv}{Bq}$。所以,当一束速率相等而有一很小发散角的带电粒子束沿着与 $\boldsymbol{B}$ 平行的方向射入匀强磁场中时,这些粒子虽然由于 $v_{\perp}$ 不同而做不同半径的螺旋轨道运动,但因周期相同,故其螺距 h 近似相等,所以它们经过一个周期后会重新聚到一起,如图 7-20 所示,这与透镜的聚焦作用十分相似,称为磁聚焦。电子显微镜中的磁透镜就是根据这种原理制作的。

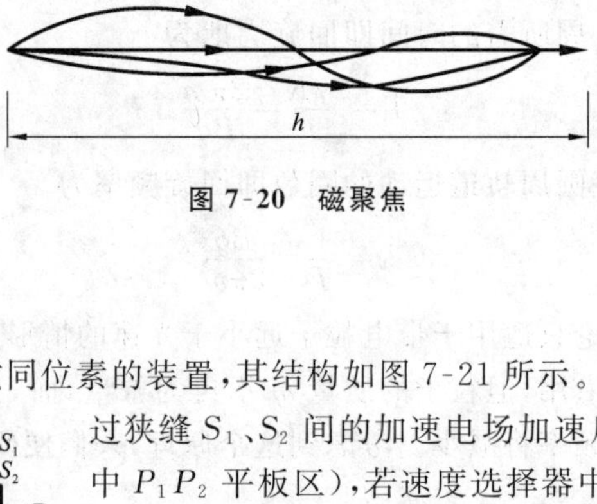

图 7-20　磁聚焦

三、质谱仪

质谱仪是一种研究物质同位素的装置,其结构如图 7-21 所示。由离子源 N 产生的离子经过狭缝 S_1、S_2 间的加速电场加速后射入速度选择器(图 7-21 中 P_1P_2 平板区),若速度选择器中的电场强度为 $\boldsymbol{E}$,磁感应强度为 $\boldsymbol{B}$,则能从速度选择器中穿出的离子的速度为 $v=\frac{E}{B}$,离子通过速度选择器后,接着进入匀强磁场 $\boldsymbol{B}'$ 的空间,在洛伦兹力作用下做匀速圆周运动,绕过半个圆周后落在感光片上而被记录下来。记录点到入口缝 S_3 处的距离 x 等于圆周轨道半径 R 的 2 倍,即

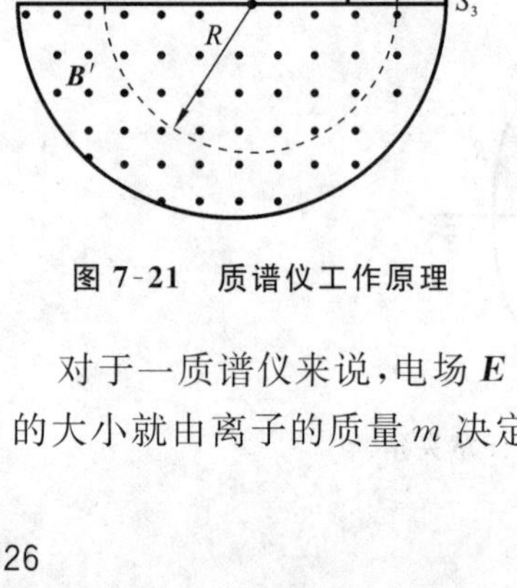

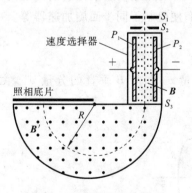

图 7-21　质谱仪工作原理

$$x=2R=\frac{2mE}{BB'q} \tag{7-24}$$

式中,q 和 m 分别为离子的电量和质量。

对于一质谱仪来说,电场 $\boldsymbol{E}$ 和磁场 $\boldsymbol{B}$ 以及 $\boldsymbol{B}'$ 都是固定的,所以若离子的电量 q 都相同,则 x 的大小就由离子的质量 m 决定,不同质量的离子就落到感光片上不同的位置。通常,元素都

有若干个质量不同的同位素，于是在感光片上就形成与各个同位素相对应的若干条线，只要测定这些细线的位置，便可由式(7-24)确定同位素的质量，即

$$m=\frac{BB'qx}{2E} \tag{7-25}$$

这就是质谱仪的工作原理。

四、霍尔效应

1879 年美国物理学家霍尔首先观测到：若将一宽为 b、厚为 d 的导电金属板放在垂直于其表面的磁场 $\boldsymbol{B}$ 中，如图 7-22 所示，当电流 I 通过时，金属板的上下表面会产生一个电势差 $U_H=V_A-V_B$，这种现象称为霍尔效应，U_H 称为霍尔电压。利用霍尔效应可以确定导体中载流子所带电荷的符号及其浓度，它还提供了一个测量磁场的简便方法。

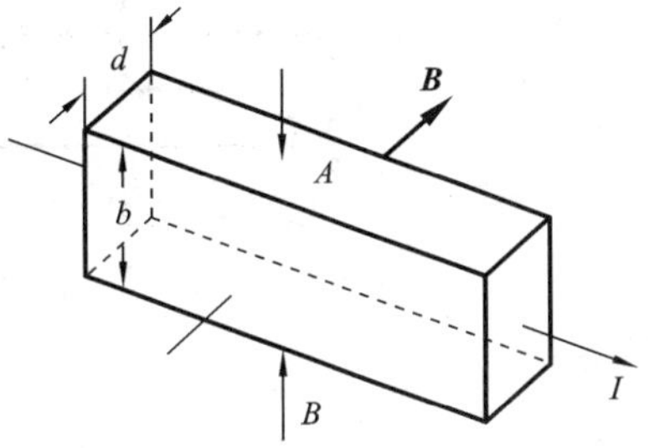

图 7-22　霍尔效应

下面说明建立霍尔电压的过程。导体内定向运动的电荷(设载流子为正电荷)在磁场力的作用下发生偏转，导体的上下表面分别聚集了正负电荷，形成电场 $\boldsymbol{E}_H$(也称为霍尔电场)，进而形成电势差 U_H，显然，$\boldsymbol{E}_H$ 的作用是阻碍电荷的继续聚集。若载流子的平均速度为 $\boldsymbol{v}$，则当载流子 q 所受的电场力与所受的磁场力达到平衡时，就有

$$\boldsymbol{E}_H=\boldsymbol{v}B$$

因此导体的上下表面形成的电势差为

$$U_H=E_Hb=vBb \tag{7-26}$$

又

$$I=nqvS=nqvbd$$

所以

$$U_H=\frac{1}{nq}\frac{IB}{d}=K_H\frac{IB}{d} \tag{7-27}$$

其中，$K_H=\frac{1}{nq}$为霍尔系数。

以上我们讨论了载流子带正电的情况，所得霍尔电压和霍尔系数亦是正的；如果载流子带负电，则产生的霍尔电压和霍尔系数是负的。所以由霍尔电压的正负性，可以判断载流子带的正电还是负电。

7-7　磁场对载流导线的作用

一、安培定律

载流导线的实质是电荷沿导线的定向运动，在磁场中每一运动电荷均受到洛伦兹力的作用。由于这些电荷被束缚在导体之中，因而将这个力传递给导体，表现为载流导体受到一个磁

场力,这个力称为安培力。下面从运动电荷受洛伦兹力出发,导出载流导线受磁场力作用的安培定律。

如图 7-23(a)所示,一段长为 $\mathrm{d}\boldsymbol{l}$、截面积为 S、电流强度为 I 的电流元处于匀强磁场 $\boldsymbol{B}$ 中,磁场垂直纸面向里。该电流元中每一载流子的电量为 q,定向运动速度为 $\boldsymbol{v}$,则每个载流子所受的洛伦兹力为

$$\boldsymbol{F}_{\mathrm{m}}=q\boldsymbol{v}\times\boldsymbol{B}$$

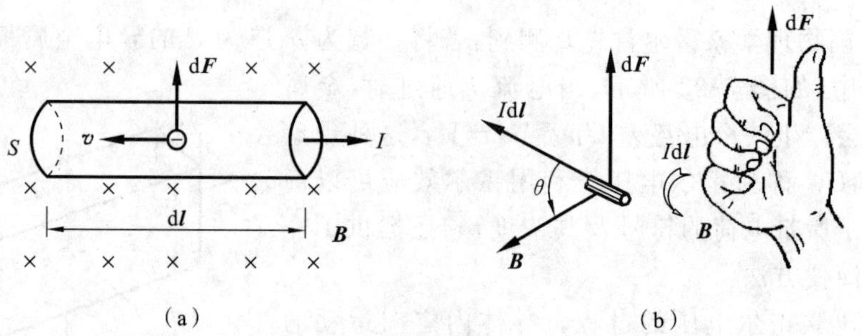

图 7-23 安培定律

设单位体积中载流子数目为 n,则该电流元中的载流子数为

$$\mathrm{d}N=nS\mathrm{d}l \tag{7-28}$$

于是该电流元所受的磁场力为

$$\mathrm{d}\boldsymbol{F}=nS\mathrm{d}l\cdot q(\boldsymbol{v}\times\boldsymbol{B}) \tag{7-29}$$

由于载流子运动速度 $\boldsymbol{v}$ 与电流元 $I\mathrm{d}\boldsymbol{l}$ 同向,因此

$$\mathrm{d}\boldsymbol{F}=nqvS\cdot(\mathrm{d}\boldsymbol{l}\times\boldsymbol{B}) \tag{7-30}$$

而 $I=qnvS$,所以

$$\mathrm{d}\boldsymbol{F}=I\mathrm{d}\boldsymbol{l}\times\boldsymbol{B} \tag{7-31}$$

这就是电流元所受磁场力的规律,它最初是法国物理学家安培在 1820 年从实验中总结出来的,因此称为安培定律。它指出,电流元所受安培力垂直于电流元 $I\mathrm{d}\boldsymbol{l}$ 和磁感应强度 $\boldsymbol{B}$ 所决定的平面,指向矢积 $I\mathrm{d}\boldsymbol{l}\times\boldsymbol{B}$ 的方向,如图 7-23(b)所示。

有限长载流导线所受的安培力,等于各电流元所受安培力的矢量叠加,即

$$\boldsymbol{F}=\int_l \mathrm{d}\boldsymbol{F}=\int_l I\mathrm{d}\boldsymbol{l}\times\boldsymbol{B} \tag{7-32}$$

上式说明,安培力是作用于整个载流导线上的,而不是集中作用于一点上的。

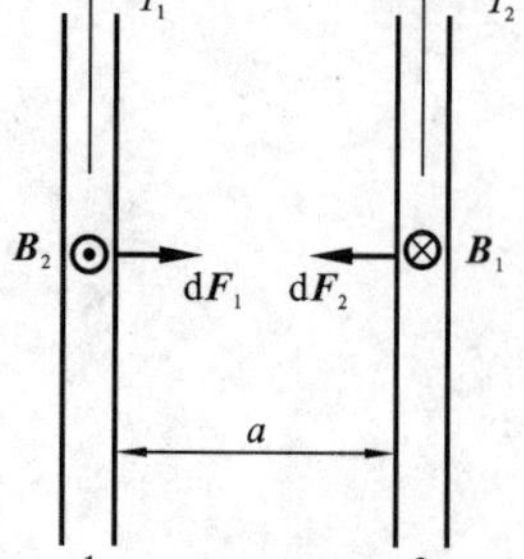

图 7-24 例 7-5 图

例 7-5 计算两条平行载流长直导线的相互作用力。

解 如图 7-24 所示为两条无限长的载流导线 1 和 2,分别通以电流 I_1 和 I_2,相距为 a。已知电流 I_1 在 $I_2\mathrm{d}l_2$ 处激发的磁感应强度 $\boldsymbol{B}_1$ 的大小为

$$B_1=\frac{\mu_0 I_1}{2\pi a}$$

方向垂直纸面向里。则导线 2 上电流元 $I_2\mathrm{d}\boldsymbol{l}_2$ 所受的安培力 $\mathrm{d}\boldsymbol{F}_2$ 大小为

$$dF_2 = \frac{\mu_0 I_1 I_2}{2\pi a} dl_2$$

方向如图 7-24 所示，指向 I_1。则导线 2 上单位长度上所受的安培力大小为

$$\frac{dF_2}{dl_2} = \frac{\mu_0 I_1 I_2}{2\pi a}$$

同样可以求出导线 1 上单位长度所受的安培力大小为

$$\frac{dF_1}{dl_1} = \frac{\mu_0 I_1 I_2}{2\pi a}$$

方向如图 7-24 所示，指向 I_2。

以上说明，两同方向的平行长直载流导线间的相互作用力大小相等，方向相反，这时两导线相互吸引。同理可知，两异向的平行长直载流导线间的相互作用力大小相等，方向相反，这时两导线相互排斥。

例 7-6　半径为 R 的半圆形导线放在匀强磁场 $\boldsymbol{B}$ 中，导线所在平面与 $\boldsymbol{B}$ 垂直，导线中通以电流 I，其方向如图 7-25 所示，求导线所受的磁场力。

解　根据安培定律，导线上任一电流元 $I\mathrm{d}\boldsymbol{l}$ 所受的安培力 $\mathrm{d}\boldsymbol{F} = I\mathrm{d}\boldsymbol{l} \times \boldsymbol{B}$，这里 $\mathrm{d}\boldsymbol{l} \perp \boldsymbol{B}$，所以 $\mathrm{d}F = BI\mathrm{d}l$，方向如图 7-25 所示。取坐标系 xOy，将 $\mathrm{d}\boldsymbol{F}$ 分解为 $\mathrm{d}F_x$ 和 $\mathrm{d}F_y$。由于对称性，x 方向的合力为零，所以 y 方向分力之和即为总的合力 $\boldsymbol{F}$，有

$$F = F_y = \int \mathrm{d}F_y = \int \mathrm{d}F \cdot \sin\theta = \int BI\mathrm{d}l \cdot \sin\theta$$

而 $\mathrm{d}l = R\mathrm{d}\theta$，所以

$$F = BIR\int_0^{\pi} \sin\theta \mathrm{d}\theta = 2BIR$$

方向沿 y 轴的正向。

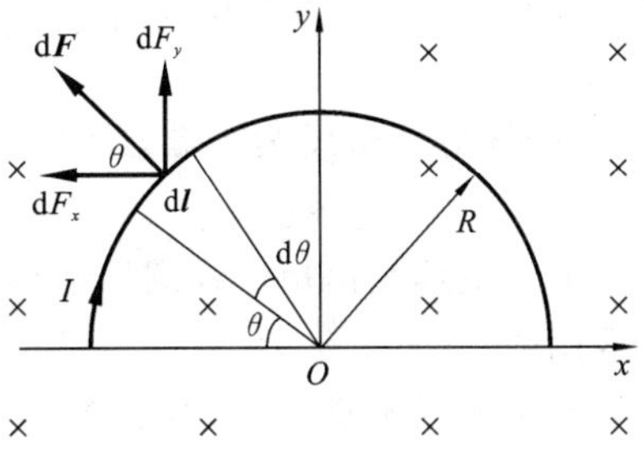

图 7-25　例 7-6 图

由计算结果可以看出，作用在半圆形载流导线上的安培力与连接半圆两端的直径通以相同电流时受到的安培力相同。可以证明，这一结论对任意形状的载流导线仍然成立，即任意形状的载流导线在匀强磁场中所受的安培力等于连接导线两端的直线通以相同电流时受到的安培力。

二、磁场对载流线圈的作用

设有一边长分别为 l_1 和 l_2 的矩形线圈，通过电流为 I，处于磁感应强度为 $\boldsymbol{B}$ 的匀强磁场中，$\boldsymbol{B}$ 的方向垂直纸面向里，如图 7-26 所示，假设线圈是刚性的，线圈平面与磁场垂直。

根据安培定律，四条边受到磁场的作用力分别是

$$F_3 = F_1 = Bl_1 I$$

$$F_4 = F_2 = Bl_2 I$$

这四个力的合力为零，但线圈因受到张力作用而处于扩张状态。若线圈中的电流反向，或磁场的方向反转，则力的方向也反转，线圈处于紧缩状态。

若线圈平面的正法线方向与磁场方向的夹角为 θ，如图 7-27 所示，根据安培定律，有

$$F_3 = F_1 = Bl_1 I\cos\theta$$

$$F_4 = F_2 = Bl_2 I$$

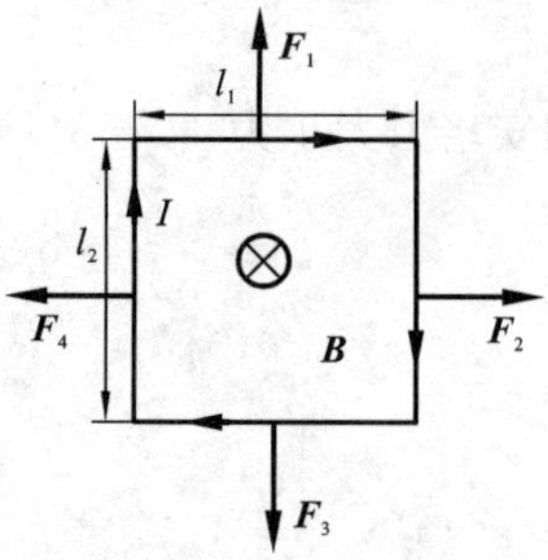

图 7-26　线圈平面与磁场垂直

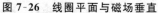

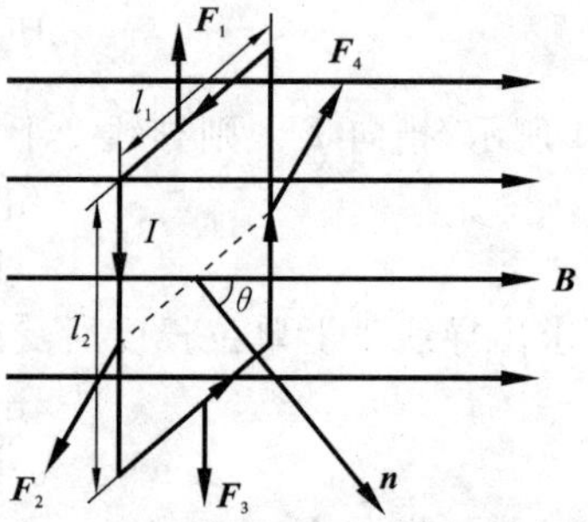

图 7-27　线圈平面与磁场成任意夹角

因此线圈所受合力为 0，但 $\boldsymbol{F}_2$ 与 $\boldsymbol{F}_4$ 不共线，因而产生一力偶矩 $M=F_2l_1\sin\theta=IBl_1l_2\sin\theta$，其大小为

$$M=F_2l_1\sin\theta=IBl_1l_2\sin\theta=IBS\sin\theta$$

式中，$S=l_1l_2$ 为线圈平面的面积。如前所述，线圈的面积 S 与线圈中的电流强度 I 的乘积是载流线圈的磁矩 $\boldsymbol{p}_{\mathrm{m}}$ 的大小，按右手螺旋定则，四指的方向为电流的方向，大拇指的指向为磁矩的方向，即 S 面的正法线方向，任何一闭合载流回路的磁矩都可以表示为

$$\boldsymbol{p}_{\mathrm{m}}=IS\boldsymbol{n} \tag{7-33}$$

从而，磁场对载流线圈的磁力矩可以表示为

$$\boldsymbol{M}=\boldsymbol{p}_{\mathrm{m}}\times\boldsymbol{B} \tag{7-34}$$

上式虽然是由矩形线圈的情形推导出来的，但可以证明，它对任意形状的平面载流线圈都是适用的。

如果线圈不只一匝，而是 N 匝，那么线圈所受的磁力矩为

$$\boldsymbol{M}=N\boldsymbol{p}_{\mathrm{m}}\times\boldsymbol{B} \tag{7-35}$$

下面讨论几种特殊情形：

(1) $\theta=\frac{\pi}{2}$，此时线圈平面与 $\boldsymbol{B}$ 平行，线圈所受到的磁力矩最大。

(2) $\theta=0$，此时线圈平面与 $\boldsymbol{B}$ 垂直，线圈所受到的磁力矩为零，线圈处于稳定状态。

(3) $\theta=\pi$，此时线圈平面也与 $\boldsymbol{B}$ 垂直，但线圈磁矩 $\boldsymbol{p}_{\mathrm{m}}$ 的方向与 $\boldsymbol{B}$ 相反。虽然线圈所受到的磁力矩也为零，但处于非稳定状态，若有扰动，磁力矩的作用就会使 $\boldsymbol{p}_{\mathrm{m}}$ 转到 $\boldsymbol{B}$ 的方向。

综上所述，可知匀强磁场对闭合载流线圈的作用总是力图使线圈磁矩 $\boldsymbol{p}_{\mathrm{m}}$ 转到 $\boldsymbol{B}$ 的方向。

例 7-7　如图 7-28(a)所示，半径为 0.20 m，电流为 20 A，可绕 Oy 轴旋转的圆形载流线圈放在匀强磁场中，磁感应强度 $\boldsymbol{B}$ 的大小为 0.08 T，方向沿 Ox 轴正向。问线圈受力情况怎样？线圈受的磁力矩又为多少？

解　把圆线圈分为 PKJ 和 JQP 两部分。由例 7-6 可知，半圆 PKJ 所受的力 $\boldsymbol{F}_1$ 为

$$\boldsymbol{F}_1=-BI(2R)\boldsymbol{k}=-0.64\boldsymbol{k}\ \mathrm{N}$$

式中，$\boldsymbol{k}$ 表示 Oz 轴的单位矢量。即 $\boldsymbol{F}_1$ 的方向与 Oz 轴的正向相反，垂直纸面向里。作用于半圆 JQP 上的力 $\boldsymbol{F}_2$ 为

$$\boldsymbol{F}_2=BI(2R)\boldsymbol{k}=0.64\boldsymbol{k}\ \mathrm{N}$$

即 $\boldsymbol{F}_2$ 的方向与 Oz 轴的正向相同，垂直纸面向外。因此，作用于圆形载流线圈上的合力为零。

虽然作用在线圈上的合力为零，但力矩并不为零，如图 7-28(b)所示，按照力矩的定义，对

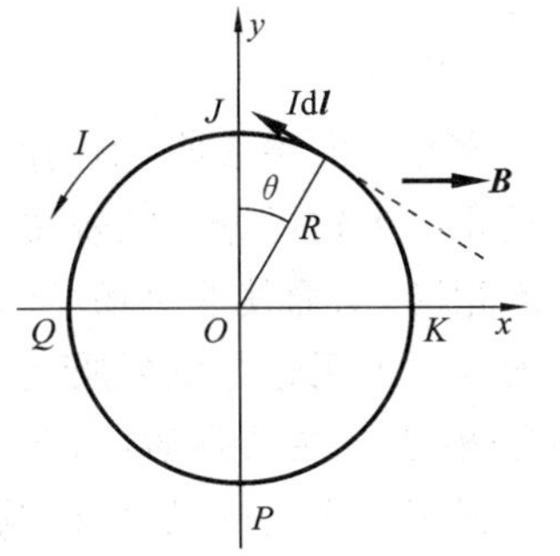

(a)

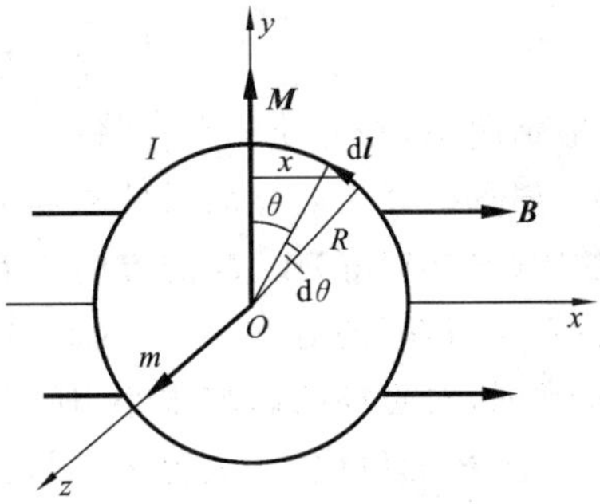

(b)

图 7-28　例 7-7 图

Oy 轴而言，作用在电流元 Idl 上的磁力矩 $\mathrm{d}\boldsymbol{M}$ 的大小为

$$\mathrm{d}M = x\mathrm{d}F = I\mathrm{d}l \cdot Bx\sin\theta$$

由图 7-28(b)可看出，$x = R\sin\theta$，$\mathrm{d}l = R\mathrm{d}\theta$，上式为

$$\mathrm{d}M = IBR^2\sin^2\theta\mathrm{d}\theta$$

于是，作用在整个线圈上的磁力矩 $\boldsymbol{M}$ 的大小为

$$M = IBR^2\int_0^{2\pi}\sin^2\theta\mathrm{d}\theta = IBR^2\pi$$

磁力矩 $\boldsymbol{M}$ 的方向沿 Oy 轴正向。

上述结果如用式(7-34)是很容易得到的。磁线圈的磁矩 $\boldsymbol{p}_\mathrm{m}$ 为

$$\boldsymbol{p}_\mathrm{m} = IS\boldsymbol{k} = IR^2\pi\boldsymbol{k}$$

而磁感应强度 $\boldsymbol{B}$ 为

$$\boldsymbol{B} = B\boldsymbol{i}$$

所以

$$\boldsymbol{M} = \boldsymbol{p}_\mathrm{m} \times \boldsymbol{B} = IR^2\pi\boldsymbol{k} \times B\boldsymbol{i} = IR^2B\pi\boldsymbol{j}$$

结果一致。

7-8　磁介质的磁化

前几节讨论了真空中磁场的性质和规律，而实际的磁场中大多存在着各种各样的物质，这些物质因受磁场的作用而发生状态变化，这种现象称为磁化，磁化后的物质反过来又将对磁场产生影响，这种能够被磁场磁化的物质称为磁介质。

一、磁介质的磁化及分类

实验发现，当把磁介质放在外磁场中时，在磁场的作用下，本来没有磁性的磁介质变得具有磁性，磁化的结果是在磁介质中出现了磁化电流，磁化电流以和传导电流相同的规律在其周围空间产生附加磁场。

用 $\boldsymbol{B}_0$ 和 $\boldsymbol{B}'$ 分别表示由传导电流和磁化电流在空间产生的磁感应强度，这时总的磁感应强

度 $\boldsymbol{B}$ 为

$$\boldsymbol{B}=\boldsymbol{B}_0+\boldsymbol{B}' \tag{7-36}$$

因此,在一般情况下,磁介质的存在将使总磁场发生改变。实验表明,不同的磁介质对磁场的影响差异很大,根据磁介质磁化后对外磁场的影响,磁介质大致可分为顺磁质、抗磁质和铁磁质三类。在顺磁质(例如铝等)中,$\boldsymbol{B}'$的方向与 $\boldsymbol{B}_0$ 的方向相同,从而使原磁场增强;在抗磁质(例如铜等)中,$\boldsymbol{B}'$的方向与 $\boldsymbol{B}_0$ 的方向相反,因此原磁场被削弱。但无论是顺磁质还是抗磁质,它们产生的磁性都非常弱,对磁场的影响很小,所以统称为弱磁质。在铁磁质中,不仅 $\boldsymbol{B}'$的方向与 $\boldsymbol{B}_0$ 的方向相同,而且 $\boldsymbol{B}'$的值比 $\boldsymbol{B}_0$ 大得多,因而大大地增强了原来的磁场,所以铁磁质叫作强磁质,如铁、钴、镍以及它们的合金。

二、磁介质磁化的微观机理

对于物质的磁性起源的确切解释,需要借助于量子力学。下面,我们仅从经典物理的角度,对物质的磁性起源做些解释,为此先介绍分子磁矩的概念。

1. 分子磁矩

物质是由分子、原子构成的,而分子、原子中的每一个电子都环绕原子核做轨道运动,电子本身还有自旋运动。因为电子带有负电荷,电荷的运动将在周围空间产生磁场,所以分子、原子中的每一个电子,会由于上述两种运动而产生磁场。电子绕原子核运动所产生的磁场可以用一个圆电流产生的磁场来表示,相应的磁矩称为轨道磁矩。与电子的自旋运动相联系的是自旋磁矩。分子中所有电子的轨道磁矩和自旋磁矩的矢量和称为分子的固有磁矩,简称为分子磁矩,用 $\boldsymbol{p}_m$ 表示。这个分子磁矩可以用一个等效的圆电流来表示,这一等效圆电流称为分子电流,如图 7-29 所示。

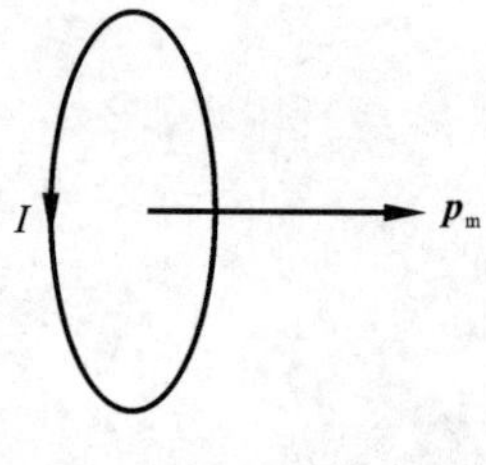

图 7-29　分子磁矩

2. 顺磁质的磁化

在顺磁质中,每个分子都具有一个固有磁矩 $\boldsymbol{p}_{mi}$,顺磁性来自分子的固有磁矩。当无外磁场时,由于分子的热运动,各个分子磁矩的取向是不规则的,因而在每个物理无限小体积内,分子磁矩的矢量和为零,如图 7-30(a)所示,此时,顺磁质对外不呈现磁性,处于未被磁化的状态。

当顺磁质放在外磁场时,各个分子磁矩要受到磁力矩的作用,在磁力矩作用下,所有分子磁矩都力图转到外磁场方向来,如图 7-30(b)所示。这时,分子电流将产生一个与外磁场 $\boldsymbol{B}_0$ 同方向的附加磁场 $\boldsymbol{B}'$,这就是顺磁性物质磁效应的起源。

3. 抗磁质的磁化

对于抗磁质来说,每个分子的固有磁矩为零,所以,与顺磁质不同,它的磁化效应并非来源于分子固有磁矩的规则取向,而是起因于电子的轨道运动在外磁场作用下发生的变化。

按经典理论,电子在原子核的库仑力的作用下以角速度 ω 绕核做圆周运动,这相当于一个圆电流,如图 7-31 所示。设电子绕核一周所需要的时间为

$$T=\frac{2\pi r}{v}=\frac{2\pi}{\omega}$$

由于是电子的运动,故等效圆电流为

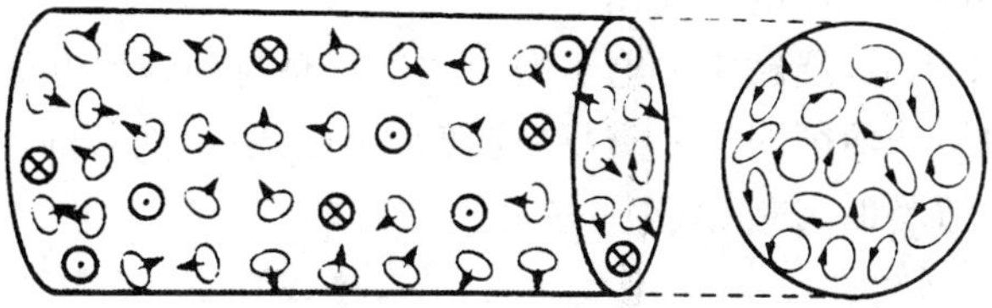

（a）无外磁场时

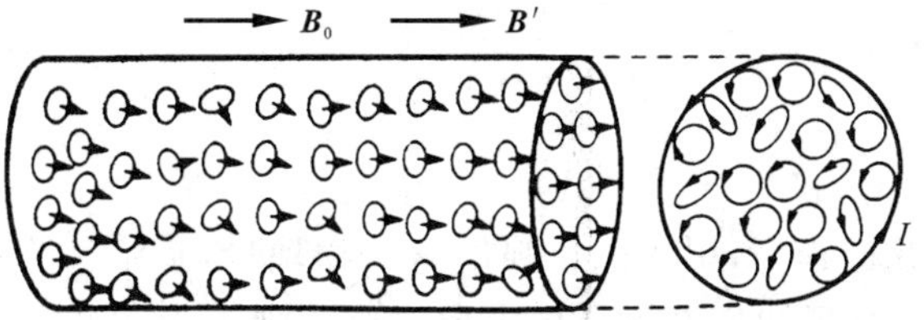

（b）有外磁场时

图 7-30　顺磁质的磁化

$$I=\frac{-e}{T}=\frac{-e\omega}{2\pi}$$

此等效圆电流的磁矩为

$$\boldsymbol{p}_{\mathrm{m}}=I\boldsymbol{S}=-\frac{e\boldsymbol{\omega}}{2\pi}\cdot\pi r^2=-\frac{er^2}{2}\boldsymbol{\omega} \tag{7-37}$$

式(7-37)表明，电子绕核运动的磁矩与其角速度方向相反。

当有外磁场存在时，上述轨道磁矩将会变化。为简单起见，设外磁场方向垂直于电子的轨道平面，首先考虑 $\boldsymbol{\omega}$ 与 $\boldsymbol{B}_0$ 同向的情形，如图 7-32 所示，这时电子在磁场作用下受到一指向原子核的洛伦兹力 $\boldsymbol{F}_{\mathrm{m}}$，与库仑力同向，向心力增大。设轨道半径保持不变，则角速度将由 $\boldsymbol{\omega}$ 增大到 $\boldsymbol{\omega}+\Delta\boldsymbol{\omega}$，经理论计算得出

$$\Delta\omega=\frac{e}{2m_e}\boldsymbol{B}_0 \tag{7-38}$$

式中，m_e 为电子质量。按照式(7-37)，电子角速度的改变将引起磁矩的改变，即磁矩也将由 $\boldsymbol{p}_{\mathrm{m}}$ 增大到 $\boldsymbol{p}_{\mathrm{m}}+\Delta\boldsymbol{p}_{\mathrm{m}}$，这相当于在电子原有磁矩的方向上产生了一个附加磁矩 $\Delta\boldsymbol{p}_{\mathrm{m}}$，即

$$\Delta\boldsymbol{p}_{\mathrm{m}}=-\frac{er^2}{2}\Delta\boldsymbol{\omega}=-\frac{e^2r^2}{4m_e}\boldsymbol{B}_0 \tag{7-39}$$

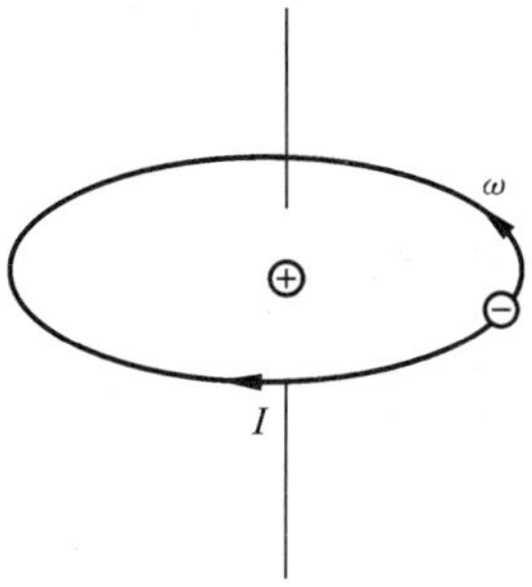

图 7-31　电子绕原子核做圆周运动

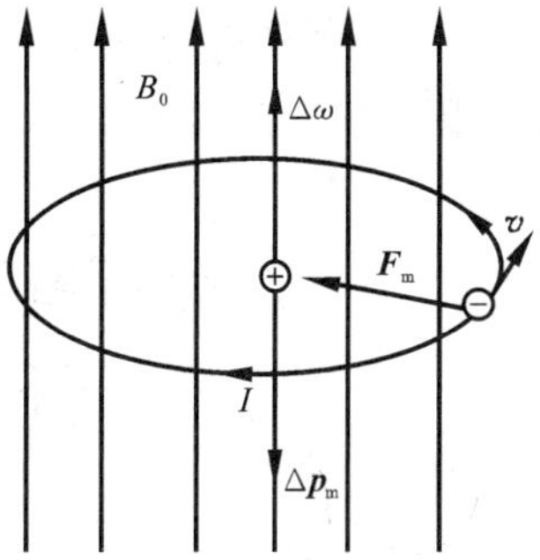

图 7-32　电子的角速度与磁场同方向

上式表明，附加磁矩的方向与 $\boldsymbol{B}_0$ 的方向相反。

因此，在外磁场的作用下，抗磁质中电子的附加磁矩总与外磁场方向相反，产生的附加磁场 $\boldsymbol{B}'$ 与外磁场 $\boldsymbol{B}_0$ 方向相反，从而削弱了外磁场，这就是抗磁效应(可以证明，这个结论对 $\boldsymbol{\omega}$ 与 $\boldsymbol{B}_0$ 反向、$\boldsymbol{\omega}$ 与 $\boldsymbol{B}_0$ 不平行的情况也成立)。

7-9　磁化强度　磁化电流

一、磁化强度

为了描述磁介质磁化的程度，引入磁化强度这一物理量，它定义为单位体积内分子磁矩的矢量和，用符号 $\boldsymbol{M}$ 表示。如果我们在磁介质内取一个宏观体积元 ΔV，在此体积元内分子磁矩的矢量和为 $\sum \boldsymbol{p}_{mi}$，则磁化强度为

$$\boldsymbol{M} = \frac{\sum \boldsymbol{p}_{mi}}{\Delta V} \tag{7-40}$$

在国际单位制中，磁化强度的单位为安・米$^{-1}$，符号为 $\mathrm{A \cdot m^{-1}}$。

磁化强度一般是空间位置的函数，它反映了磁介质的磁化程度。如果磁介质被均匀磁化，则 $\boldsymbol{M}$ 为一恒矢量。对于顺磁质，其 $\boldsymbol{M}$ 与外磁场的方向相同；对于抗磁质，其 $\boldsymbol{M}$ 与外磁场方向相反。

二、磁化电流

考查一段被均匀磁化的圆柱形磁质棒，磁化强度矢量沿圆柱体轴线。在介质内，磁化强度处处相等，并假定各分子磁矩的取向完全一致，都与磁化强度同方向。在介质外，磁介质的磁效应为每个分子磁矩的磁效应总和，而每个分子磁矩又等效于一个分子电流。可以看出，对于各向同性的均匀介质，介质内部各分子电流相互抵消，而在介质表面，各分子电流相互叠加。这样，在磁化棒的表面出现一层电流，好像一载流螺线管，我们称它为磁化电流，如图 7-33 所示。

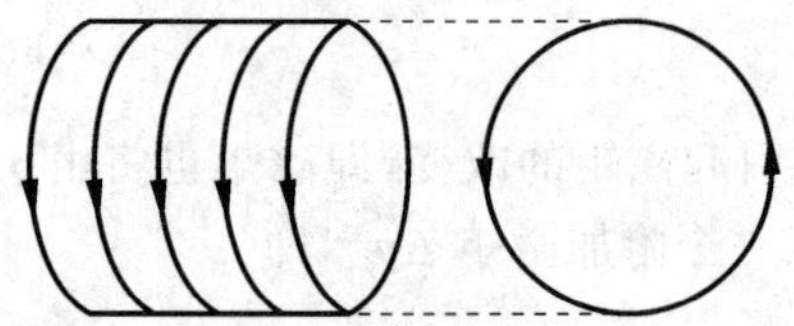

图 7-33　磁化电流

磁化电流是分子电流因磁化而呈现的宏观电流，只是一种等效电流，它不伴随任何带电粒子的宏观位移，所以又称为束缚电流。对于抗磁质来说，磁化电流是与分子附加磁矩相对应的等效圆电流形成的。

7-10　有磁介质存在时的安培环路定理　磁场强度

如图 7-34(a)所示，设在单位长度有 n 匝线圈的无限长直螺线管内充满着各向同性均匀磁介质，线圈内的电流为 I，电流 I 在螺线管内激发的磁感应强度为 $\boldsymbol{B}_0$($B_0 = \mu_0 nI$)。

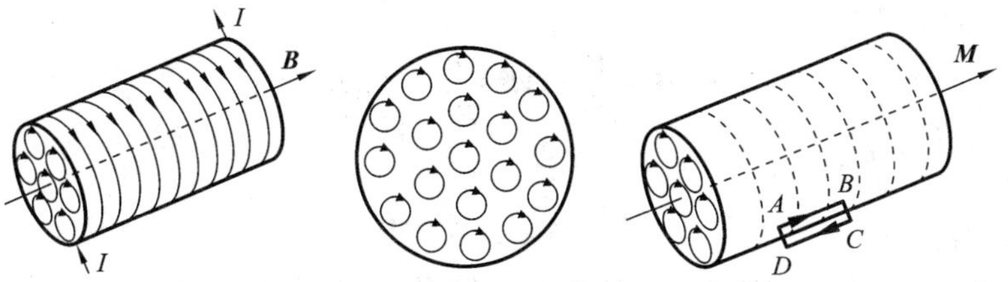

(a)　　(b)　　(c)

图 7-34　磁介质中的安培环路定理

我们把圆柱形磁介质表面上沿柱体母线方向单位长度的磁化电流，称为磁化电流面密度 I_s。那么，在长为 L、截面积为 S 的磁介质里，由于被磁化而具有的磁矩值为 $\sum p_{mi}=I_sLS$。于是由磁化强度定义式(7-40)可得磁化电流面密度和磁化强度之间的关系为

$$I_s=M \tag{7-41}$$

若在圆柱形磁介质外边缘处选取如图 7-34(c)所示的 $ABCDA$ 矩形环路，并设 $\overline{AB}=l$，那么磁化强度 $\boldsymbol{M}$ 沿此环路的积分则为

$$\oint_l \boldsymbol{M}\cdot \mathrm{d}\boldsymbol{l}=M\overline{AB}=I_sl \tag{7-42}$$

此外，对 $ABCDA$ 环路来说，由安培环路定理有

$$\oint_l \boldsymbol{B}\cdot \mathrm{d}\boldsymbol{l}=\mu_0\sum I_i$$

式中，$\sum I_i$ 为环路所包围线圈流过的传导电流 $\sum I$ 与磁化电流 $\sum I_s$ 之和，故上式可写成

$$\oint_l \boldsymbol{B}\cdot \mathrm{d}\boldsymbol{l}=\mu_0\sum I+\mu_0 I_sl$$

将式(7-42)代入上式，可得

$$\oint_l \boldsymbol{B}\cdot \mathrm{d}\boldsymbol{l}=\mu_0\sum I+\mu_0\oint_l \boldsymbol{M}\cdot \mathrm{d}\boldsymbol{l}$$

或写成

$$\oint_l \left(\frac{\boldsymbol{B}}{\mu_0}-\boldsymbol{M}\right)\cdot \mathrm{d}\boldsymbol{l}=\sum I$$

引进辅助量 $\boldsymbol{H}$，且令

$$\boldsymbol{H}=\frac{\boldsymbol{B}}{\mu_0}-\boldsymbol{M} \tag{7-43}$$

式中，$\boldsymbol{H}$ 称为磁场强度，于是

$$\oint_l \boldsymbol{H}\cdot \mathrm{d}\boldsymbol{l}=\sum I \tag{7-44}$$

这就是磁介质中的安培环路定理。它说明：磁场强度沿任意闭合回路的线积分，等于该回路所包围的传导电流的代数和。

在国际单位制中，磁场强度 H 的单位是安培・米$^{-1}$，符号是 $\mathrm{A\cdot m^{-1}}$。

在磁介质中，满足 $\boldsymbol{M}\propto\boldsymbol{H}$ 的磁介质称为线性磁介质。于是有

$$\boldsymbol{M}=\chi_m\boldsymbol{H}$$

其中，χ_m 是描述不同磁介质磁化特性的量，叫作磁介质的磁化率。将上式代入 $\boldsymbol{H}$ 的定义式

(7-43),有

$$H=\frac{B}{\mu_0}-M=\frac{B}{\mu_0}-\chi_m H$$

或

$$B=\mu_0(1+\chi_m)H$$

令式中 $1+\chi_m=\mu_r$,称 μ_r 为磁介质的相对磁导率,则上式可写为

$$B=\mu_0\mu_r H \tag{7-45a}$$

令 $\mu_0\mu_r=\mu$,并称 μ 为磁介质的磁导率,上式即为

$$B=\mu H \tag{7-45b}$$

在真空中,$M=0$,故 $\chi_m=0$,$\mu_r=1$,$B=\mu_0 H$。如果磁介质为顺磁质,由实验知道,其 $\chi_m>0$,故 $\mu_r>1$。对抗磁质来说,其 $\chi_m<0$,故 $\mu_r<1$。

显然,顺磁质和抗磁质是两种弱磁性物质,它们的磁化率 χ_m 都很小,它们的相对磁导率 μ_r($\mu_r=1+\chi_m$)与真空的相对磁导率($\mu_r=1$)十分接近。因此,在讨论电流磁场的问题中,常可略去抗磁质、顺磁质磁化的影响。

最后,我们说明一下引进辅助量 H 的好处。由式(7-44)知道,在磁介质中,磁场强度的环流为

$$\oint_l H\cdot dl=\sum I$$

而磁感应强度的环流为

$$\oint_l B\cdot dl=\mu_0\mu_r\sum I \tag{7-46}$$

可见,磁场中磁感应强度的环流与磁介质有关,而磁场强度的环流只与传导电流有关。所以,这就像引入电位移 D 后,我们能比较方便地处理电介质中的电场问题一样,引入磁场强度 H 这个物理量后,我们能够比较方便地处理磁介质中的磁场问题。

例 7-8 如图 7-35 所示,有两个半径分别为 r 和 R 的无限长同轴圆筒形导体,在它们之间充以相对磁导率为 μ_r 的磁介质。当两圆筒通有相反方向的电流 I 时,试求:

(1) 磁介质中任意点 P 处的磁感应强度的大小;

(2) 圆柱体外一点 Q 处的磁感应强度。

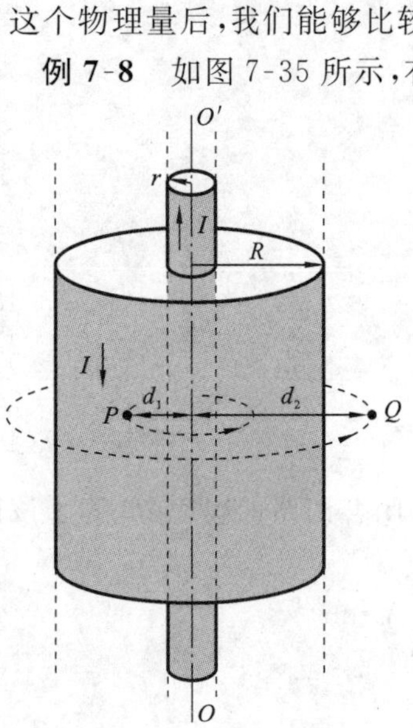

图 7-35 例 7-8 图

解 (1) 分析这两个无限长的同轴圆筒,当有电流通过时,它们的磁场是轴对称分布的。设磁介质中的点 P 到轴线 OO' 的垂直距离为 d_1,并以 d_1 为半径作一圆,根据式(7-44),有

$$\oint_l H\cdot dl=H\int_0^{2\pi d_1}dl=H\cdot 2\pi d_1=I$$

所以

$$H=\frac{I}{2\pi d_1}$$

由式(7-44),可得点 P 处的磁感应强度的大小为

$$B=\mu H=\frac{\mu_0\mu_r I}{2\pi d_1}=\frac{\mu I}{2\pi d_1}$$

(2) 设从点 Q 到轴线 $O'O$ 的垂直距离为 d_2，并以 d_2 为半径作一圆。显然此闭合路径所包围的传导电流的代数和为零，即 $\sum I = 0$。根据式(7-44) 可求得

$$\oint_l \boldsymbol{H} \cdot \mathrm{d}\boldsymbol{l} = H\int_0^{2\pi d_1} \mathrm{d}l = 0$$

所以

$$H=0$$

可得点 Q 处的磁感应强度 $B=0$。

例 7-9　如图 7-36 所示，在磁导率 $\mu=5.0\times10^{-4}\ \mathrm{Wb}\cdot\mathrm{A}^{-1}\cdot\mathrm{m}^{-1}$ 的均匀磁介质圆环上，均匀密绕着载流线圈，单位长度匝数为 $n=1000$，导线中通有电流 $I=2.0\ \mathrm{A}$，求：

(1) 磁场强度 $\boldsymbol{H}$；

(2) 磁感应强度 $\boldsymbol{B}$。

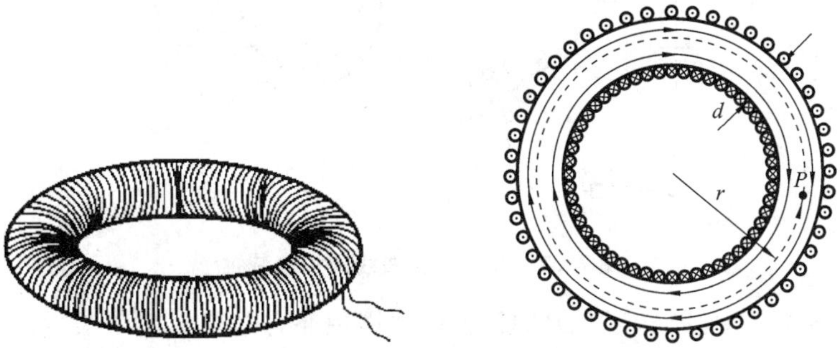

图 7-36　**例 7-9 图**

解　(1) 由于电流分布的轴对称性，因而磁场分布也有轴对称性，螺绕环中的 $\boldsymbol{B}$ 线和 $\boldsymbol{H}$ 线为一系列同心圆，圆周线上各点处 $\boldsymbol{H}$ 的大小相等，方向沿切线方向。密绕螺绕环内有均匀磁介质，可由有介质时的安培环路定理求解 $\boldsymbol{H}$。为此，选取以圆环中心为圆心、r 为半径的圆为安培环路 L，则由有磁介质的安培环路定理有

$$\oint_L \boldsymbol{H} \cdot \mathrm{d}\boldsymbol{l} = H \cdot 2\pi r = n \cdot 2\pi r \cdot I$$

求得圆环内的磁场强度为

$$H=nI=2\times10^3\ \mathrm{A}\cdot\mathrm{m}^{-1}$$

(2) 根据关系式 $B=\mu H$，可求得磁感应强度为

$$B=\mu H=1\ \mathrm{T}$$

7-11　铁　磁　质

铁磁质是一种性能特殊的磁介质，在现代电子、电器工程等技术中得到广泛应用。下面对铁磁质做些简单的介绍。

一、铁磁质的磁化规律

与弱磁质相比，铁磁质具有如下特点：

(1) 在外磁场作用下可以产生很强的附加磁场。

(2) 当外磁场停止作用后,仍能保持其磁化状态。

(3) 它们的磁导率 μ 和磁化率 χ_m 不是恒量,而是随外磁场变化的变量,并且产生磁滞现象,它们的 $\boldsymbol{B}$、$\boldsymbol{H}$ 之间不再具有简单的线性关系。

(4) 铁磁质都有一临界温度,在此温度以上,铁磁性会完全消失而变为顺磁质。这一温度称为居里温度或居里点。不同的铁磁质有不同的居里点,例如,纯铁的居里点为 1040 K,纯镍的居里点为 631 K 等。

铁磁质的磁化特性可以用磁化曲线(即 $\boldsymbol{B}$ 与 $\boldsymbol{H}$ 的对应关系曲线)体现出来。测量铁磁质磁化曲线的实验装置如图 7-37 所示。

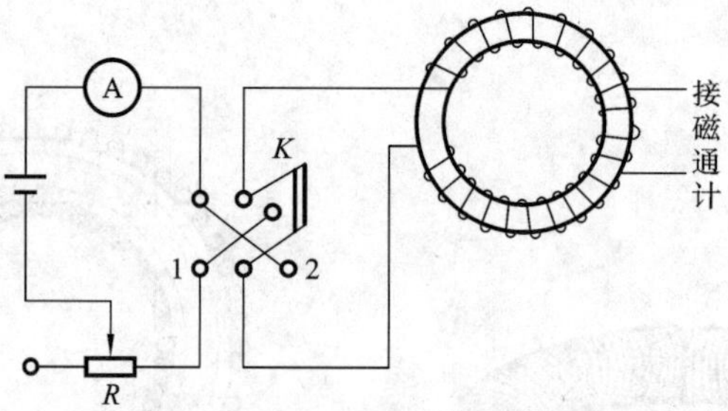

图 7-37 测量磁化曲线的实验装置

对于一均匀充满铁磁质(未磁化)的螺绕环,线圈中通有电流 I,单位长度的匝数为 n。由有磁介质的安培环路定理,可得

$$H=\frac{NI}{2\pi r}=nI$$

如果逐渐改变线圈中的电流 I,可以通过实测和计算,画出 H 和 B 的关系曲线,这种关系曲线显示了铁磁质的磁化规律。

1. 起始磁化曲线

测量前铁磁质样品处于未磁化状态,加上外加磁场后,螺绕环内的电流从零开始增加,初始时 $B=H=0$,随着电流的增大,H、B 逐渐增大,测得 B 与 H 的对应关系如图 7-38 所示。随着 H 的增加,B 先缓慢增加(OA 段),继而迅速增加(AC 段),过 C 点后,B 的增加又趋于缓慢(CS 段),并从 S 点开始 B 几乎不随着 H 增大而增加了。这时介质的磁化达到了饱和。与 S 点对应的 H_S 称为饱和磁场强度,相应的 B_S 称为饱和磁感应强度。B-H 曲线的显著特点是非线性,这与非铁磁质显然不同。

2. 磁滞回线

铁磁质的另一重要特性就是磁滞现象,图 7-39 为典型的磁滞回线。

当介质的磁化达到饱和态后,H 将减小,这时 B 也要减小,但它并不沿着曲线 SO 下降,而是沿 SR 曲线下降。当 $H=0$ 时,B 并不等于零,而具有一定的值,说明磁化后的铁磁质在去掉外磁场时仍有磁性,这种现象称为剩磁,剩磁的程度用 B_R 表示。为了使 B 减小到零,必须加反向磁场(即改变电流 I 的方向)。$B=0$ 时的 H_D 称为矫顽力,H_D 的大小反映了铁磁材料保存剩磁状态的能力。当反向的 H 继续增大,介质被反向磁化,最后达到反向饱和态 S' 点,此时 H 再由 $-H_S$ 经 O 回到 H_S 时,B-H 曲线形成 $SRDS'R'S$ 闭合曲线,如图 7-39 所示。可以看到,B 的

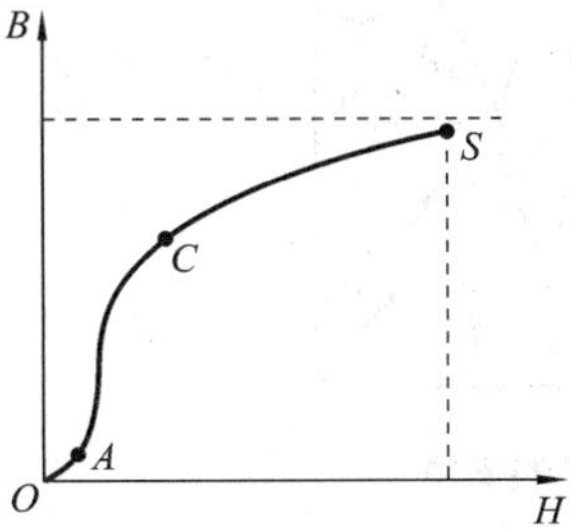

图 7-38　B-H 的关系曲线

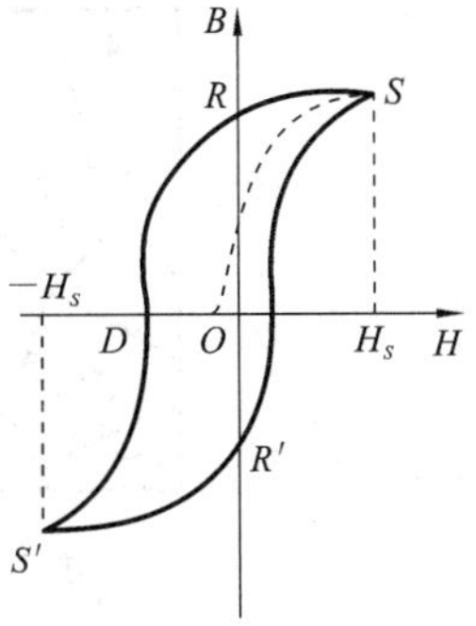

图 7-39　磁滞回线

变化总是落后于 H 的变化，这种现象称为磁滞现象，上述闭合曲线称为磁滞回线。由磁滞回线可以看到，B 与 H 的关系不仅不是线性的，而且不是单值的，B 值的大小和磁化的具体过程有关。

当铁磁质在交变磁场中被反复磁化时，由于磁滞效应，介质要发热而散去能量，这种损失的能量称为磁质损耗。可以证明，在一次磁化过程中损耗的能量与磁滞回线包围的面积成正比。

二、铁磁质的分类

根据磁滞回线不同，铁磁性材料可以分为软磁材料和硬磁材料两大类。纯铁、硅钢、坡莫合金、铁氧体等材料的矫顽力 H_D 很小，因而磁滞回线比较瘦小，如图 7-40 所示，磁滞损耗也较小。这些材料叫作软磁材料，常用于做继电器、变压器和电磁铁的铁芯。碳钢、钨钢、铝镍钴合金等材料有较大的矫顽力 H_D，剩磁也大，因而磁滞回线显得胖而大，如图 7-41 所示。这类材料叫作硬磁材料，适宜制作永久磁铁或记录磁带及计算机的记忆元件。

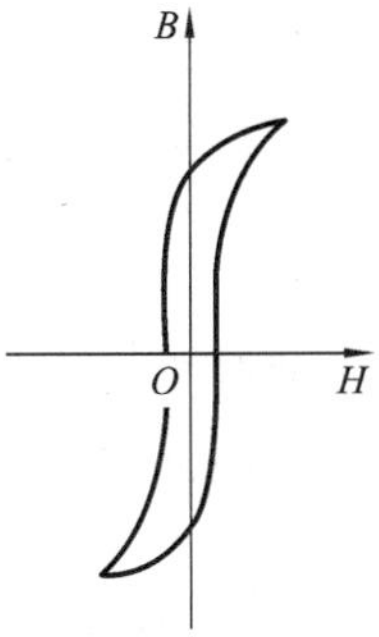

图 7-40　软磁材料的磁滞回线

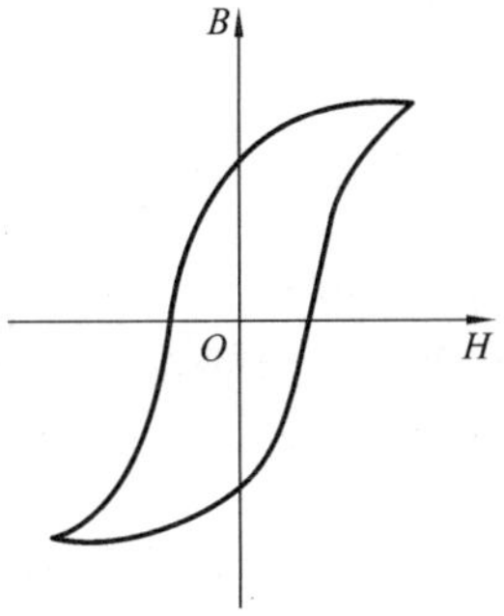

图 7-41　硬磁材料的磁滞回线

三、铁磁性的起因

铁磁质的磁性起源于电子的自旋磁矩，根据量子力学理论，在铁磁质内部，电子之间存在着一种“交换耦合作用”，使得在无外场情况下电子自旋磁矩在微小区域内平行排列起来，达到自发磁化的状态，这种自发磁化的小区域称为磁畴，磁畴的大小约为10^{-2}～10^{-8} m^3，包含有10^{17}～10^{21}个原子。

未磁化时，磁畴的磁矩方向各不相同，因此整个介质并不显示磁性，如图 7-42 所示。

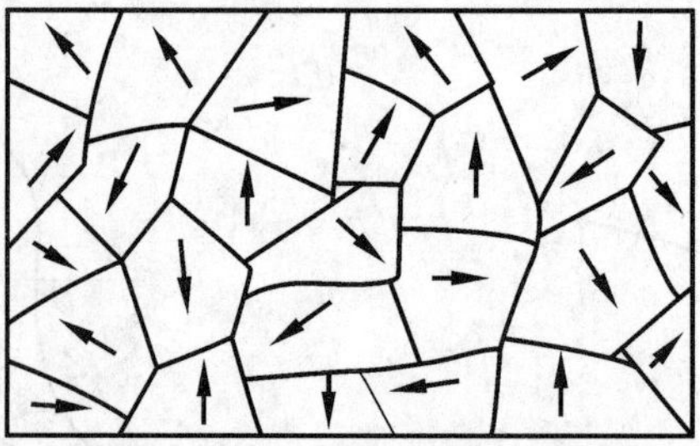

图 7-42　未加外磁场时的磁畴

在外磁场作用下，磁畴将发生变化，这时与外磁场方向一致或接近的磁畴处在有利位置，于是这种磁畴向外扩展，磁畴的畴壁发生位移，当外磁场较强时，还会发生磁畴的转向，外磁场越强，转向作用亦越强，从而产生很强的附加磁场，当所有的磁畴都转到与外磁场相同的方向时，介质的磁化就达到了饱和。上述磁化过程可用图 7-43 表示。

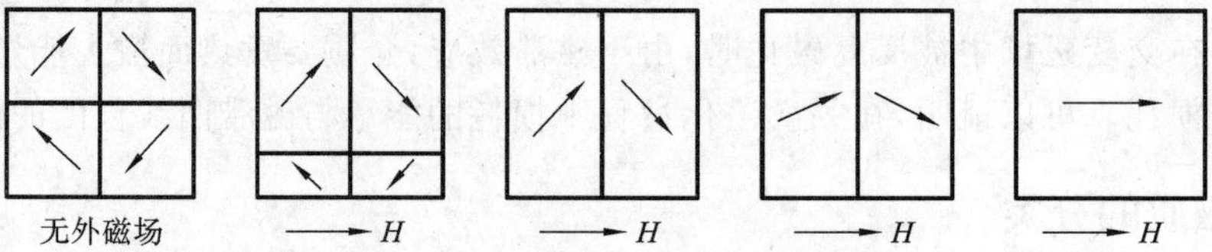

图 7-43　某种铁磁质磁化过程示意图

磁滞现象可以用磁畴的畴壁很难完全恢复原来的形状来说明。如果撤去外磁场，磁畴的某些规则排列将被保存下来，使铁磁质保留部分磁性，这就是剩磁。

当温度升高到居里点时，剧烈的热运动使磁畴完全瓦解，铁磁性完全消失，这时铁磁质就成为一般的顺磁质了。

习　题

7-1　两根长度相同的细导线分别多层密绕在半径为 R 和 r 的两个长直圆筒上形成两个螺线管，两个螺线管的长度相同，$R=2r$，螺线管通过的电流均为 I，螺线管中的磁感应强度大小关系是(　　)。

A. $B_R=2B_r$　　B. $B_R=B_r$　　C. $2B_R=B_r$　　D. $B_R=4B_r$

7-2　如图 7-44 所示，一个半径为 r 的半球面放在均匀磁场中，通过半球面的磁通量为(　　)。

A. $2\pi r^2 B$　　B. $\pi r^2 B$　　C. $2\pi r^2 B\cos\alpha$　　D. $\pi r^2 B\cos\alpha$

7-3　下列说法正确的是(　　)。

A. 闭合回路上各点磁感应强度都为零时，回路内一定没有电流穿过

B. 闭合回路上各点磁感应强度都为零时，回路内穿过电流的代数和必定为零

C. 磁感应强度沿闭合回路的积分为零时，回路上各点的磁感应强度必定为零

D. 磁感应强度沿闭合回路的积分不为零时，回路上任意一点的磁感应强度都不可能为零

7-4　如图 7-45 所示，现有一半径相同的圆形回路 L_1、L_2，圆周内有电流 I_1、I_2，其分布相同，且均在真空中，但 L_2 回路外有电流 I_3，P_1、P_2 为两圆形回路上的对应点，则(　　)。

A. $\oint_{L_1} \boldsymbol{B} \cdot \mathrm{d}\boldsymbol{l} = \oint_{L_2} \boldsymbol{B} \cdot \mathrm{d}\boldsymbol{l}, B_{P_1} = B_{P_2}$　　B. $\oint_{L_1} \boldsymbol{B} \cdot \mathrm{d}\boldsymbol{l} \neq \oint_{L_2} \boldsymbol{B} \cdot \mathrm{d}\boldsymbol{l}, B_{P_1} = B_{P_2}$

C. $\oint_{L_1} \boldsymbol{B} \cdot \mathrm{d}\boldsymbol{l} = \oint_{L_2} \boldsymbol{B} \cdot \mathrm{d}\boldsymbol{l}, B_{P_1} \neq B_{P_2}$　　D. $\oint_{L_1} \boldsymbol{B} \cdot \mathrm{d}\boldsymbol{l} \neq \oint_{L_2} \boldsymbol{B} \cdot \mathrm{d}\boldsymbol{l}, B_{P_1} \neq B_{P_2}$

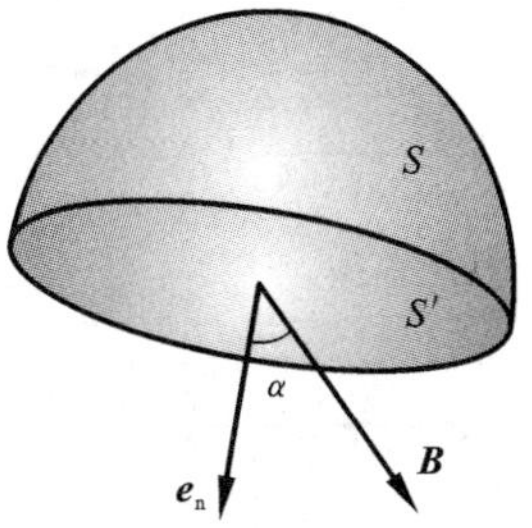

图 7-44　题 7-2 图

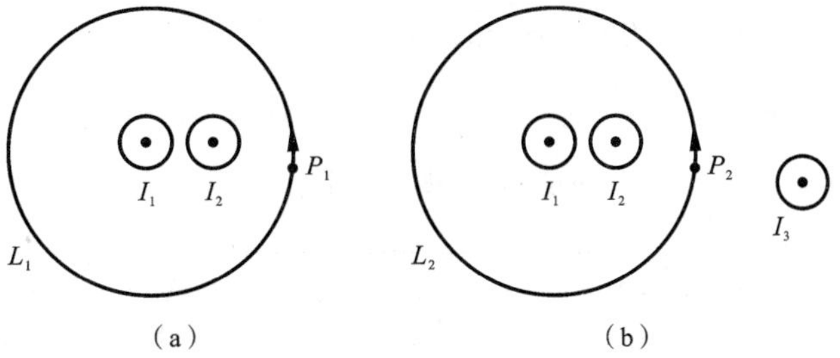

图 7-45　题 7-4 图

7-5　半径为 R 的圆柱形无限长载流直导体置于均匀无限大磁介质之中，若导体中流过的恒定电流为 I，磁介质的相对磁导率为 μ_r($\mu_r<1$)，则磁介质内的磁化强度为(　　)。

A. $-(\mu_r-1)I/2\pi r$　　B. $(\mu_r-1)I/2\pi r$

C. $-\mu_r I/2\pi r$　　D. $I/2\pi\mu_r r$

7-6　如图 7-46 所示，几种载流导线在平面内分布，电流均为 I，它们在点 O 处的磁感应强度各为多少？

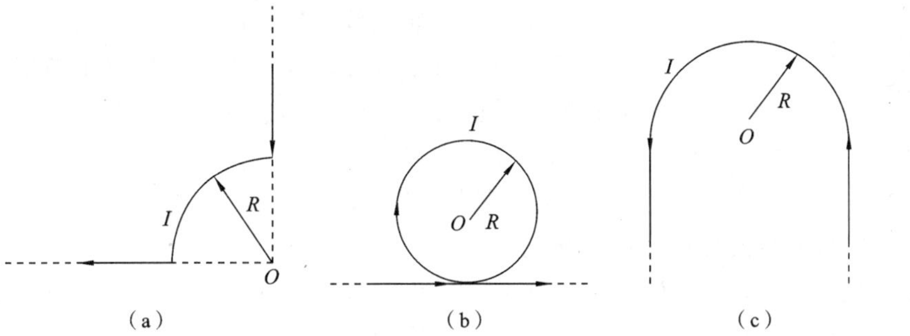

图 7-46　题 7-6 图

7-7　如图 7-47 所示，有两根导线沿半径方向接到铁环的 A、B 两点上，并与很远处的电源相连，求环中心 O 点处的磁感应强度。

7-8　一长为 L、带电量为 q 的均匀带电细棒，以速率 v 沿 Ox 轴正方向运动。当棒运动到与 Oy 轴重合的位置时，细棒的下端与坐标原点 O 的距离为 a，如图 7-48 所示，求此时坐标原点处的磁感应强度的大小。

7-9　电流 I 均匀地流过半径为 R 的圆形长直导线，试计算单位长度导线内的磁场通过图 7-49 所示剖面的磁通量。

7-10　如图 7-50 所示，无限长载流直导线的电流为 I，试求通过矩形面积的磁通量。

7-11　已知截面积为 10 mm^2 的裸铜线允许通过 50 A 电流而不会使导线过热。电流在导线横截面上均匀分布。求：

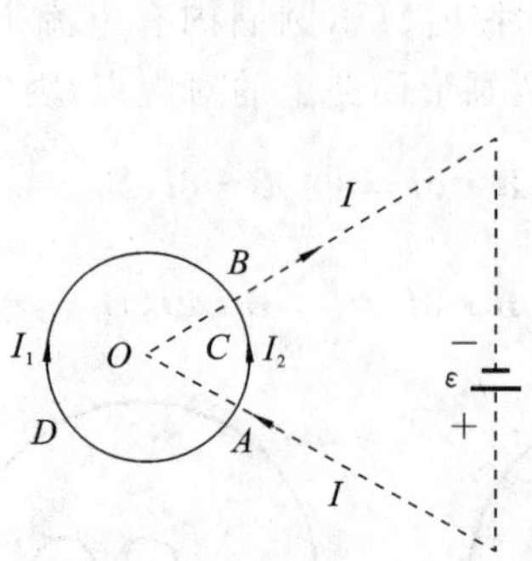

图 7-47　题 7-7 图

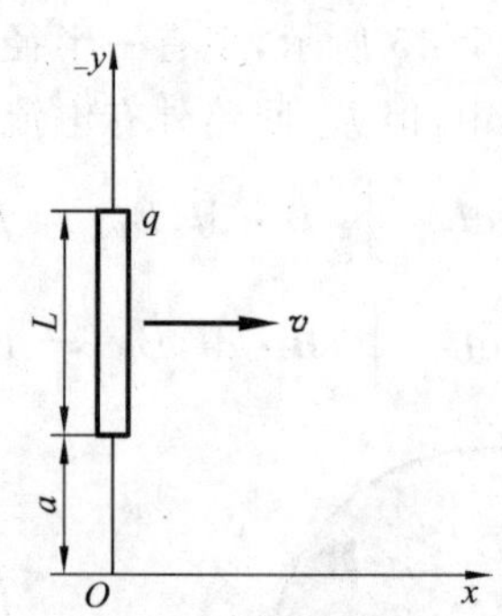

图 7-48　题 7-8 图

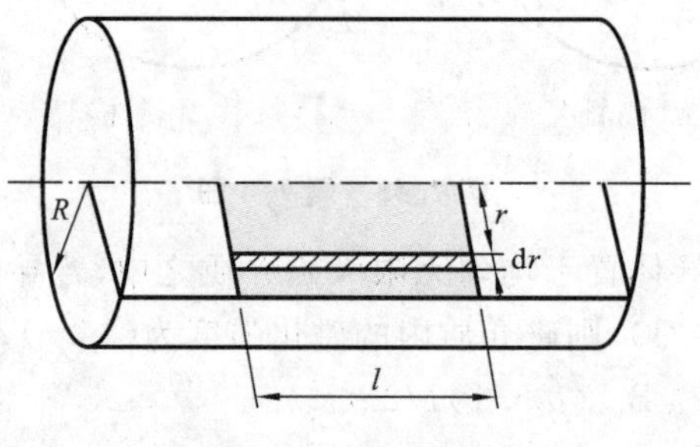

图 7-49　题 7-9 图

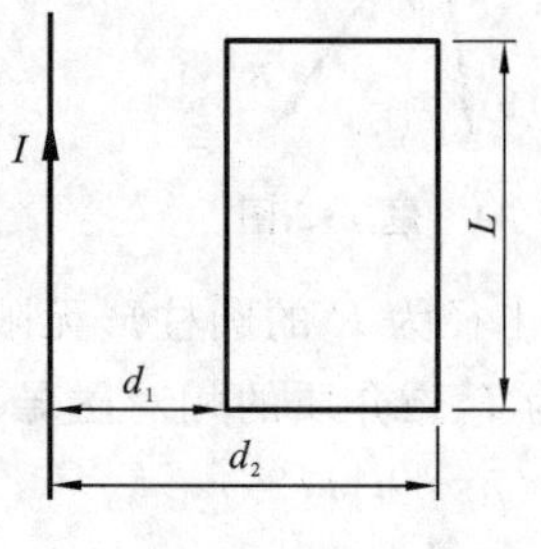

图 7-50　题 7-10 图

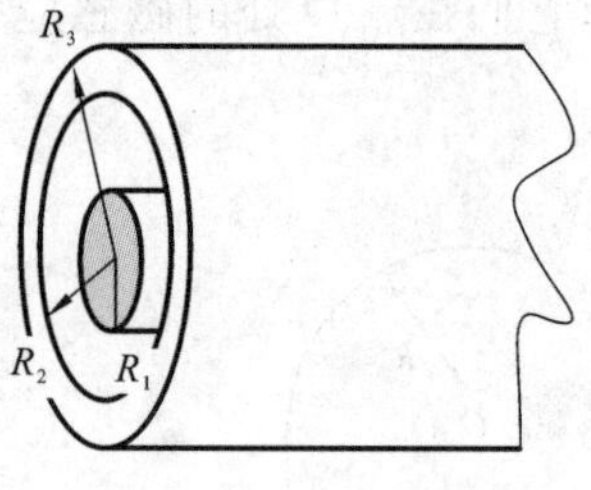

图 7-51　题 7-12 图

(1) 导线内、外磁感应强度的分布；

(2) 导线表面的磁感应强度。

7-12　有一同轴电缆，其尺寸如图 7-51 所示。两导体中的电流均为 I，但电流的流向相反，导体的磁性可不考虑。试计算以下各处的磁感应强度：① $r<R_1$；② $R_1<r<R_2$；③ $R_2<r<R_3$；④ $r>R_3$。画出 B-r 关系曲线。

7-13　一螺绕环内为真空，环上均匀地密绕有 N 匝线圈，线圈中的电流为 I，求载流螺绕环内的磁场。

7-14　如图 7-52 所示，载流长直导线的电流为 I，试求通过矩形面积的磁通量。

7-15　已知地面上空某处磁场的磁感应强度 $B=0.4\times10^{-4}$ T，方向向北。若宇宙射线中有一速率 $v=5.0\times10^{7}\ \mathrm{m\cdot s^{-1}}$ 的质子，垂直地通过该处。求：

(1) 洛伦兹力的方向；

(2) 洛伦兹力的大小，并与该质子受到的万有引力相比较。

7-16　如图 7-53 所示，在一个显像管的电子束中，电子有 1.2×10^{4} eV 的动能，这个显像管安放的位置使电子水平地由南向北运动。地球磁场的垂直分量 $B_{\perp}=5.5\times10^{-5}$ T，并且方向向下。求：

(1) 电子束偏转方向；

(2) 电子束在显像管内通过 20 cm 到达屏面时光点的偏转间距。

7-17　从太阳射来的速度为 $0.80\times10^{8}\ \mathrm{m\cdot s^{-1}}$ 的电子进入地球赤道上空高层范艾伦辐射带中，该处磁场为 4.0×10^{-7} T，此电子回转轨道半径为多大？若电子沿地球磁场的磁感线旋进地磁北极附近，地磁北极附近磁场为 2.0×10^{-5} T，则其轨道半径又为多少？

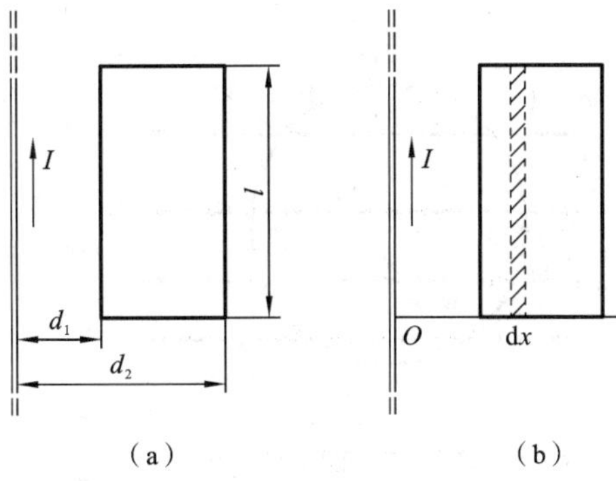

图 7-52　题 7-14 图

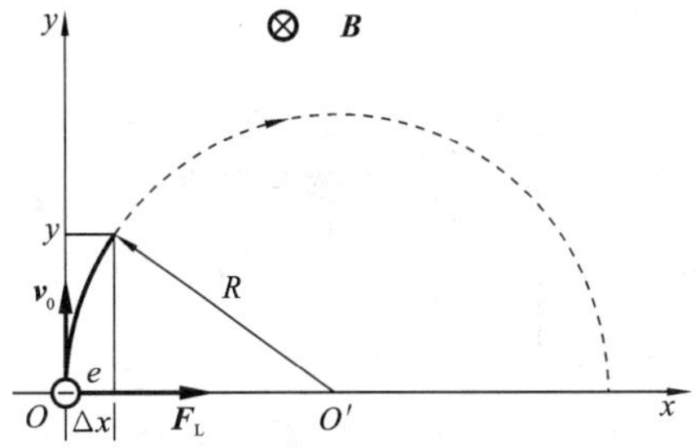

图 7-53　题 7-16 图

7-18　带电粒子在过饱和液体中运动，会留下一串气泡显示出粒子运动的轨迹。设在气泡室内有一质子垂直于磁场飞过，留下一个半径为 3.5 cm 的圆弧轨迹，测得磁感应强度为 0.20 T，求此质子的动量和动能。

7-19　一电子束以速度 v 沿 Ox 轴正方向射出，如图 7-54 所示，在 Oy 轴方向有强度为 E 的电场，为了使电子束不发生偏转，假设只能提供 $B=\dfrac{2E}{v}$ 的匀强磁场，则该磁场应加在什么方向？

7-20　如图 7-55 所示，一根长直导线载有电流 $I_1=30$ A，矩形回路载有电流 $I_2=20$ A。试计算作用在回路上的合力。已知 $d=1.0$ cm，$b=8.0$ cm，$l=0.12$ m。

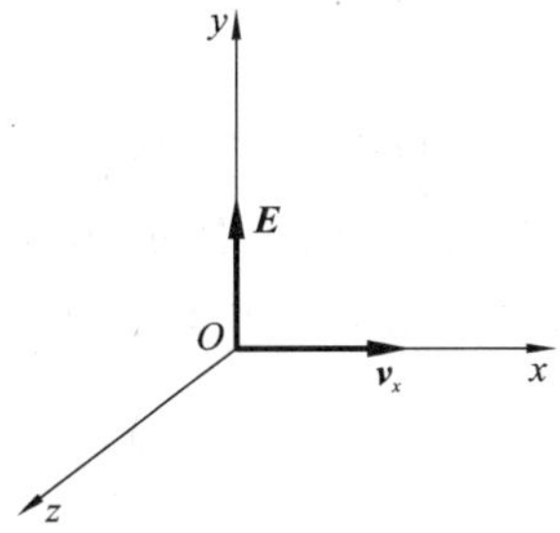

图 7-54　题 7-19 图

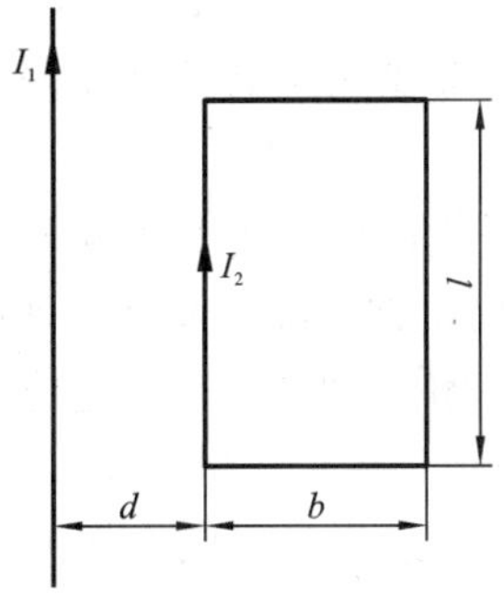

图 7-55　题 7-20 图

7-21　一段载流为 I_2、长为 l 的直导线 AC，置于无限长载流直导线 I_1 附近，两根导线相距为 a，如图 7-56 所示，求此直导线 AC 所受的安培力。

7-22　一半径为 R 的圆形线圈，通有电流 I，放在匀强磁场 B 中，磁场方向与线圈平面平行，此时线圈可绕 OO' 轴转动，如图 7-57 所示，试证：线圈所受的对 OO' 轴的磁力矩大小为 BIS。

7-23　在均匀磁场 B 中，放置一个边长 $l=0.1$ m 的正三角形载流线圈，磁场与线圈平面平行，如图 7-58 所示，设 $I=10$ A，$B=1$ T，求线圈所受磁力矩的大小。

7-24　如图 7-59 所示，半径为 R 的圆片均匀带电，电荷面密度为 σ，令该圆片以角速度 ω 绕通过其中心且垂直于圆平面的轴旋转。求轴线上距圆片中心为 x 处的 P 点的磁感应强度和旋转圆片的磁矩。

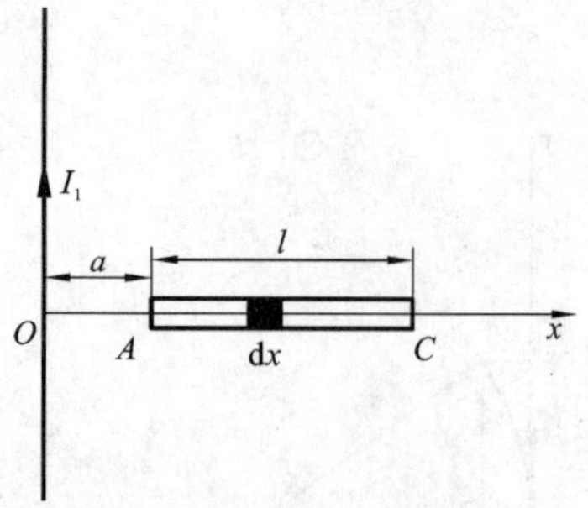

图 7-56　题 7-21 图

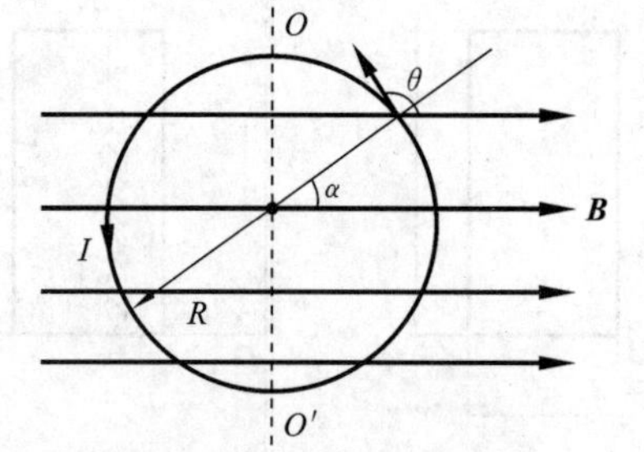

图 7-57　题 7-22 图

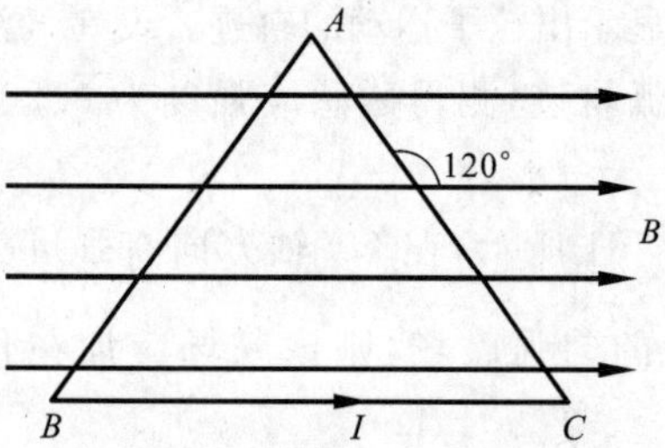

图 7-58　题 7-23 图

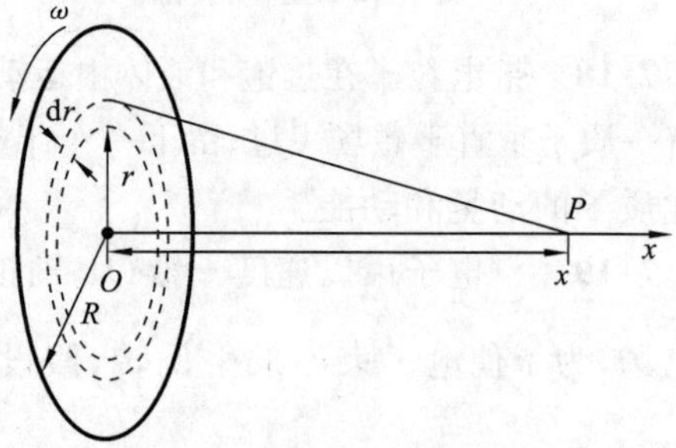

图 7-59　题 7-24 图

7-25　螺绕环中心圆的周长为 10 cm，环上均匀密绕线圈为 200 匝，线圈中通过电流为 0.1 A。

(1) 若管内充满相对磁导率 $\mu_r=4200$ 的磁介质，求管内的磁感应强度 B 和磁场强度 H 的大小；

(2) 求磁介质内由导线中电流产生的磁感应强度B_0 和磁化电流产生的 B'？

7-26　一根长直同轴电缆，内、外导体之间充满磁介质，如图 7-60 所示，磁介质的相对磁导率为 $\mu_r(\mu_r<1)$，导体的磁化可以忽略不计。现轴向有恒定电流 I 通过电缆，内、外导体上电流的方向相反。求：

(1) 空间各区域内的磁感应强度和磁化强度；

(2) 磁介质表面的磁化电流。

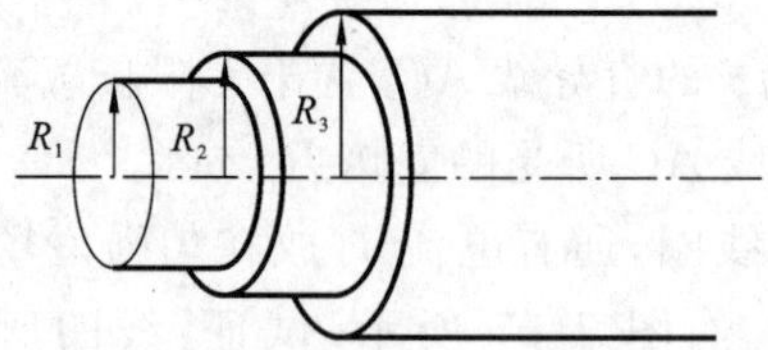

图 7-60　题 7-26 图

第 8 章　电磁感应　电磁场

前面讨论了静止电荷产生的电场和恒定电流产生的磁场所服从的规律，它们都是不随时间变化的电场和磁场。众所周知，电与磁有着密切的联系。第 7 章讨论的恒定电流的磁场和磁场对电流的作用所服从的规律，就是电与磁相互联系的一个方面，本章将讨论变化着的磁场要产生电场，变化着的电场也要产生磁场，两者紧密地联系在一起，形成统一的电磁场。

电磁感应就是变化的磁场产生电场的现象，本章的主要内容有电磁感应的基本规律，动生电动势和感生电动势，自感和互感，磁场的能量和磁能密度等。

8-1　电磁感应的基本定律

自从 1819 年奥斯特发现电流产生磁场的现象以后，许多科学家都试图研究它的逆现象，即如何利用磁场来产生电流。1831 年法拉第发现了电磁感应现象，并在大量实验的基础上总结出电磁感应的基本定律。

一、电磁感应现象

如图 8-1 所示，一线圈 A 与灵敏电流计 G 连成回路，用一根磁铁的 N 极（或 S 极）插入线圈或从线圈中抽出时，电流计指针发生偏转，说明回路中有电流流过，电流的方向与磁铁的极性及磁铁的运动方向有关；电流的大小则和磁铁相对于线圈运动的快慢有关。磁铁运动得越快，电流越大；磁铁运动得越慢，电流越小；磁铁停止运动，则电流为零。

如果磁铁静止不动，线圈相对于磁铁运动，也得到完全相同的结果。

如果将磁铁换成另一载流线圈 B，如图 8-2 所示，则发现只要线圈 B 和线圈 A 发生相对运动，在线圈 A 的回路中就有电流通过，并且与磁铁和线圈 A 之间做相对运动时的情况完全一样。同时还发现，即使线圈 A 和 B 没有相对运动，只要改变线圈 B 中的电流强度，或者电流强度不变，只是改变线圈 B 中的介质（例如向线圈 B 中插入铁棒或从线圈 B 中抽出铁棒），在线圈 A 的回路中同样会引起电流。

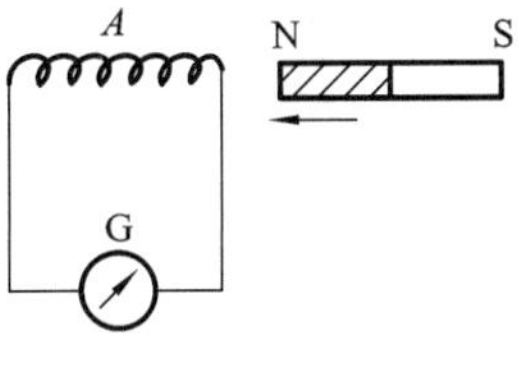

图 8-1　电磁感应现象 1

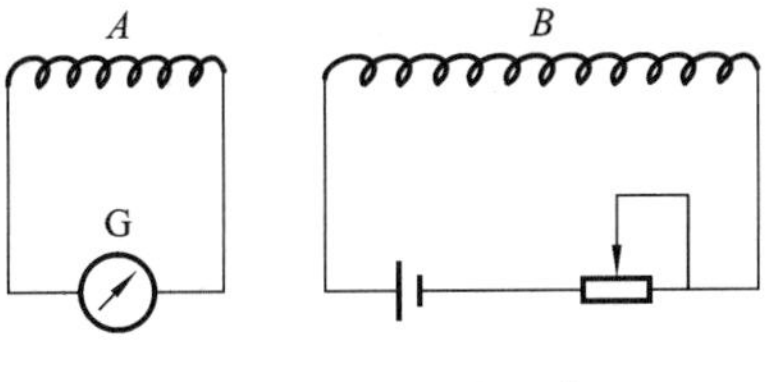

图 8-2　电磁感应现象 2

上面各实验的条件似乎很不相同，然而仔细分析可以发现，它们有一个共同点，即当线圈 A 所处的磁感应强度发生变化时，线圈 A 中就有电流通过，这种现象称为**电磁感应现象**，线圈 A

中出现的电流称为**感应电流**。实验还发现,感应电流的大小和方向,由磁感应强度变化的快慢和变化的方向来确定。由此可见,磁场的变化是产生感应电流的原因。那么,磁场的变化是不是产生感应电流的唯一原因呢?通过进一步的实验还发现另一种情况,如图 8-3 所示,在一均匀磁场中放一矩形的金属线框,线框的一边 AB 可以在 CA、DB 两条边上滑动,线框的另一边 CD 中接一灵敏电流计 G,线框平面与磁场垂直。

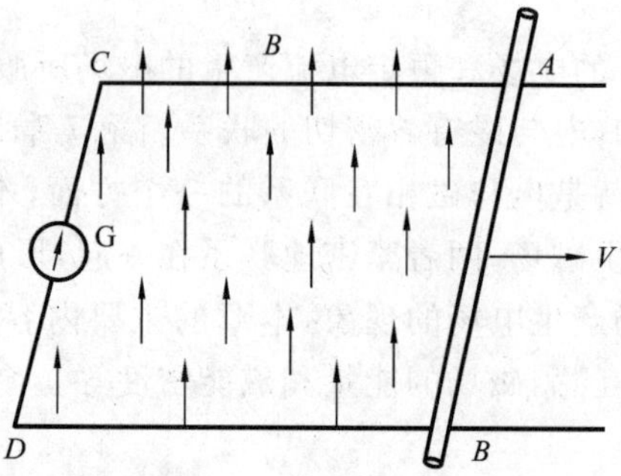

图 8-3　电磁感应现象 3

当 AB 边滑动时,线框中有感应电流产生,滑动速度越快,感应电流越大,感应电流的方向与磁场方向及 AB 边滑动的方向都有关系,若使线框平面平行于磁场的方向,则无论怎样滑动 AB 边,都没有感应电流产生。在这个实验中,磁场并没有发生变化,但只要 AB 边的滑动使得通过线框的磁感应通量发生变化,线框中就会产生感应电流。进一步分析可知,在前面几个实验中,磁场的变化也必然引起通过线圈的磁感应通量的变化。因此可以将以上实验事实归纳为:只要通过闭合回路的磁感应通量发生变化,在闭合回路中就会产生感应电流。上述各种由于回路中磁感应通量发生变化而产生感应电流的现象,都叫作电磁感应现象。

二、法拉第电磁感应定律

回路中出现感应电流,说明回路中必有电动势,这种由电磁感应产生的电动势,就称为感应电动势。假如改变闭合回路的总电阻,在其他条件保持不变的情况下重复上述实验,我们发现,感应电流将发生相应的变化:电阻增加,感应电流减少;电阻减少,感应电流增加,但感应电动势都不随回路的阻值而变化。这表明,磁感应通量的变化在回路中直接产生的是感应电动势,而不是感应电流。也就是说,与感应电流相比,感应电动势是更本质的东西。

法拉第分析了大量实验结果,得到如下的基本定律:回路中所产生的感应电动势 ξ_i 的大小与穿过回路的磁感应通量对时间的变化率$\frac{\mathrm{d}\Phi}{\mathrm{d}t}$成正比,即

$$\xi_i \propto \frac{\mathrm{d}\Phi}{\mathrm{d}t}$$

写成等式为

$$\xi_i = -k\,\frac{\mathrm{d}\Phi}{\mathrm{d}t} \tag{8-1}$$

这就是**法拉第电磁感应定律**。式中负号表示感应电动势的方向总是对抗磁感应通量的变化,k 为比例系数,它的值取决于各量所用的单位。在国际单位制中,ξ_i 的单位为伏[特](V),Φ 的单位为韦[伯](Wb),t 的单位为秒(s),则 $k=1$,于是上式可写成

$$\xi_i = -\frac{\mathrm{d}\Phi}{\mathrm{d}t} \tag{8-2}$$

必须注意，式(8-2)中的 Φ 是穿过回路所围面积的磁通量，如果回路由 N 匝密绕线圈组成，而穿过每匝线圈的磁感应通量都等于 Φ，那么通过 N 匝密绕线圈的磁通量则为 $\Psi = N\Phi$，Ψ 有时也叫**磁链**，又叫**全磁通**。

如果闭合回路的电阻为 R，则回路的感应电流为

$$I_i = -\frac{1}{R}\frac{\mathrm{d}\Phi}{\mathrm{d}t} \tag{8-3}$$

利用上式以及 $I = \frac{\mathrm{d}q}{\mathrm{d}t}$，可算出在时间间隔 $\Delta t = t_2 - t_1$ 内，由于电磁感应而通过回路的电量。设在时刻 t_1 穿过回路所围面积的磁感应通量为 Φ_1，在 t_2 时刻穿过回路所围面积的磁感应通量为 Φ_2，则在 Δt 时间内，通过回路的电量为

$$q = \int_{t_1}^{t_2} I\mathrm{d}t = -\frac{1}{R}\int_{\Phi_1}^{\Phi_2} \mathrm{d}\Phi = \frac{1}{R}(\Phi_1 - \Phi_2) \tag{8-4}$$

比较式(8-3)和(8-4)可以看出，感应电流与回路中的磁通量对时间的变化率有关，变化率越大，感应电流越强；但回路中的感应电量只与磁感应通量的变化量有关，而与磁感应通量的变化率无关。在计算感应电量时，式(8-4)取绝对值。

三、楞次定律

1833 年，物理学家楞次在概括了大量实验事实的基础上，总结出了一条判定感应电流方向的定律：闭合回路中产生的感应电流的方向，总是使得这电流在回路中所产生的磁感应通量要去补偿引起感应电流的磁感应通量的变化，这条定律称为**楞次定律**。根据这条定律可以确定各种情况下感应电流的方向，也可以说明式(8-2)中负号的物理意义。

如图 8-4 所示，当磁铁 N 极靠近线圈时，线圈中向左方向的磁感应通量增加（图中实线所示），根据楞次定律，感应电流的方向必须如图中箭头所示，因为由右手螺旋定则可知，这时感应电流所产生的磁感应通量方向向右（图中虚线所示），正好对向左方向的磁感应通量的增加起补偿作用。如果 N 极离开线圈，则线圈中向左方向的磁感应通量减少，为了使感应电流所产生的磁感应通量能补偿这个磁感应通量的减少，感应电流的方向恰好与图中所示的方向相反。

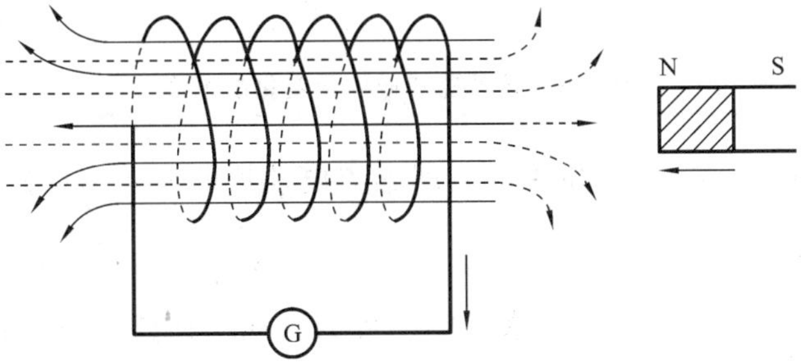

图 8-4　楞次定律

必须注意：(1) 感应电流所产生的磁感应通量要补偿的是磁感应通量的变化，而不是磁感应通量本身。(2) 补偿并不意味着抵消，因为如果磁感应通量的变化完全被抵消了，则感应电流也就不存在了。

楞次定律是符合能量守恒定律的。在上述例子中，如果磁铁靠近或远离线圈，则线圈回路中就有感应电流产生，那么电流在电路上就一定会消耗电能，放出焦耳热。这些能量是从哪里来的呢？事实上，当线圈中有感应电流流过时，它就相当于一个电磁铁，根据楞次定律，这时的线圈相当于N极在右边的电磁铁，它和磁铁的N极之间存在着相互排斥力，所以当磁铁靠近线圈时，外力必须克服斥力做功。同样，如果磁铁N极远离线圈，则线圈中的感应电流方向相反，这时的线圈相当于S极在右边的电磁铁，它和磁铁N极之间的作用力为吸引力，这时让磁铁做远离线圈的运动时，就必须克服引力做功。上述在磁铁运动过程中外力所做的功，就是回路中电流所消耗的能量的来源。

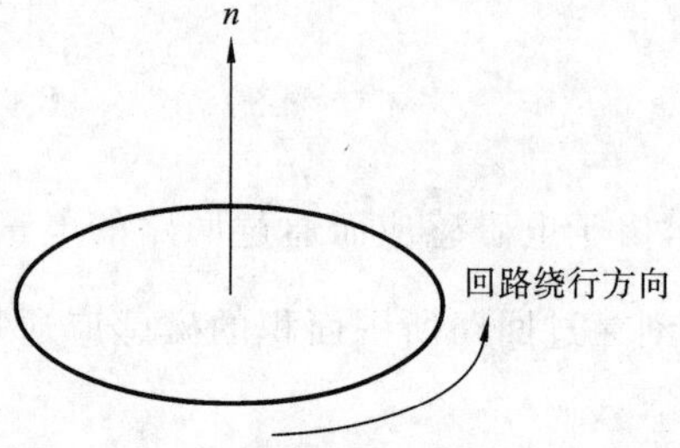

图 8-5　回路正法线 n 方向的确定

下面讨论感应电动势 ξ_i 的方向如何确定。首先我们规定回路中感应电动势的方向与回路的绕行方向一致时，感应电动势取正值；相反时取负值。同时，还规定回路的绕行方向与回路的正法线方向 $\boldsymbol{n}$ 遵守右手螺旋定则(见图 8-5)。

当 $\boldsymbol{B}$ 与 $\boldsymbol{n}$ 成锐角时，磁感应通量 Φ 为正；$\boldsymbol{B}$ 与 $\boldsymbol{n}$ 成钝角时，Φ 为负，于是 $\frac{\mathrm{d}\Phi}{\mathrm{d}t}$ 的符号和 ξ_i 的符号(即方向)就确定下来了。按这样的规定，楞次定律和法拉第电磁感应定律有如下统一的形式：

$$\xi_i=-\frac{\mathrm{d}\Phi}{\mathrm{d}t} \tag{8-5}$$

图 8-6 给出四种磁感应通量变化的情形，在这四种情形下，均选定回路的绕行方向为逆时针，即图中虚线箭头所示的方向。按右手螺旋定则，回路的正法线方向 $\boldsymbol{n}$ 向上。

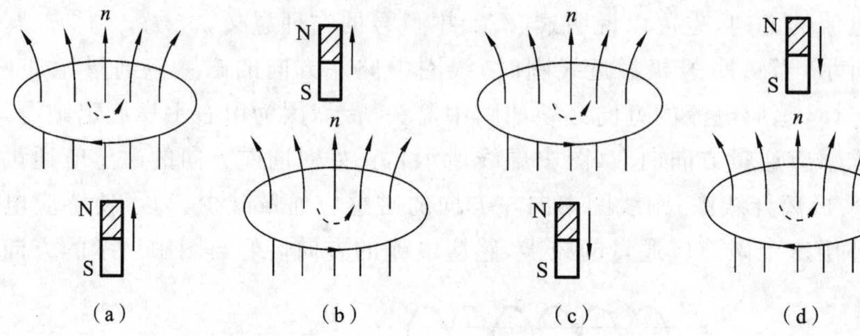

图 8-6　四种磁感应能量变化的情形

(1) $\Phi>0,\frac{\mathrm{d}\Phi}{\mathrm{d}t}>0$，由式(8-5)知 $\xi_i<0$，即感应电动势的方向与回路绕行方向相反(顺时针)，如图 8-6(a)所示。

(2) $\Phi>0,\frac{\mathrm{d}\Phi}{\mathrm{d}t}<0$，可知 $\xi_i>0$，即感应电动势的方向与回路绕行方向相同，如图 8-6(b)所示。

(3) $\Phi>0,\frac{\mathrm{d}\Phi}{\mathrm{d}t}<0$，可知 $\xi_i>0$，感应电动势的方向与回路绕行方向相同，如图8-6(c)所示。

(4) $\Phi>0,\frac{\mathrm{d}\Phi}{\mathrm{d}t}>0$，可知 $\xi_i<0$，感应电动势的方向与回路绕行方向相反，如图 8-6(d)所示。

按上述方法确定的感应电动势的方向，与楞次定律给出的结果完全一致，因此，我们可以认为：式(8-5)中的负号即为楞次定律的数学表示。

若回路是 N 匝密绕线圈，则有

$$\xi_i = -N\frac{d\Phi}{dt} = -\frac{d}{dt}(N\Phi) = -\frac{d\Psi}{dt} \tag{8-6}$$

式中，$\Psi = N\Phi$ 为磁链。

例 8-1　图 8-7 表示一空心螺绕环，设其每厘米长度的匝数为 $n=50\ \text{cm}^{-1}$，截面积为 $S=20\ \text{cm}^2$，其上套一线圈 A，共有匝数 $N=5$，线圈 A 与一电流计连成闭合回路，设回路的电阻 $R=5\ \Omega$。如果螺绕环中电流 I 按 $0.2\ \text{A}\cdot\text{s}^{-1}$ 的变化率增加，试求线圈 A 中的感应电动势和感应电流。

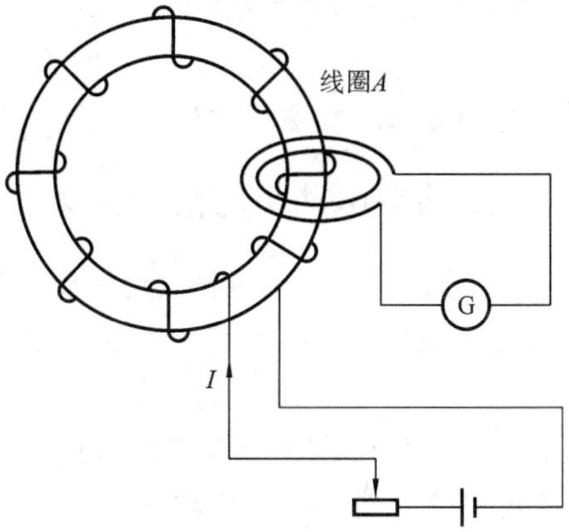

图 8-7　例 8-1 图

解　螺绕环内部的感应强度为

$$B = \mu_0 nI$$

因为磁场完全集中于环内，所以线圈 A 的磁感应通量为

$$\Phi = BS = \mu_0 nIS$$

整个线圈的全磁通为

$$\Psi = N\Phi = \mu_0 nISN$$

由此求得线圈 A 中的感应电动势为

$$\xi_i = -\frac{d\Phi}{dt} = -\mu_0 nSN\frac{dI}{dt}$$

已知 $\mu_0 = 4\pi\times10^{-7}\ \text{Wb}\cdot\text{A}^{-1}\cdot\text{m}^{-1}$，$n=50\times10^2\ \text{m}^{-1}$，$S=20\times10^{-4}\ \text{m}^2$，$N=5$，$\frac{dI}{dt}=0.2\ \text{A}\cdot\text{s}^{-1}$，代入上式有

$$\xi_i = -4\pi\times10^{-7}\times50\times10^2\times20\times10^{-4}\times5\times0.2\ \text{V} = -1.26\times10^{-5}\ \text{V}$$

回路的电阻 $R=5\ \Omega$，所以感应电流为

$$I_i = \frac{\xi}{R} = -\frac{1.26\times10^{-5}}{5}\ \text{A} = -2.5\times10^{-6}\ \text{A}$$

以上两式中的负号表示，感应电动势及感应电流的方向与螺绕环中电流的环绕方向相反。

8-2　动生电动势

由上一节知道，回路中磁感应通量发生变化时，会产生感应电动势，而磁感应通量发生变化的原因有两种：一是磁场不变而导体运动，二是导体不动而磁场变化。由前一种原因产生的感应电动势称为动生电动势，由后一种原因产生的感应电动势则称为感生电动势。本节讨论动生电动势。

一、动生电动势

如图 8-8 所示，均匀磁场垂直纸面向里，一矩形线圈 $ABCD$ 放置在纸面内，线圈平面与磁场方向垂直，回路的 AB 边可在 AD 和 BC 边上无摩擦地滑动。当导体 AB 向右运动时，回路面

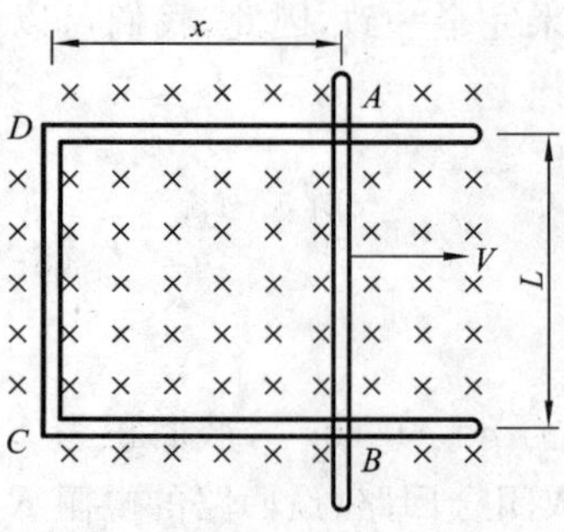

图 8-8 动生电动势的产生

积 S 发生变化,引起通过回路面积的磁感应通量发生变化,回路中产生感应电动势。设 AB 边在某一位置时,AD 边的长度为 x,并选回路正方向为逆时针方向,这时通过回路的磁感应通量是负值,即

$$\Phi=-BLx$$

由法拉第电磁感应定律,回路中的感应电动势为

$$\xi_i=-\frac{\mathrm{d}\Phi}{\mathrm{d}t}=BL\frac{\mathrm{d}x}{\mathrm{d}t}=BLv \tag{8-7}$$

式中,ξ_i 为正值表明感应电动势的方向与回路绕行方向相同,即感应电动势沿逆时针方向,即由 B 指向 A,由于电动势 $\xi_i=BLv$ 是导体 AB 在磁场中运动而产生的,所以称为动生电动势。

二、动生电动势与洛伦兹力

我们知道,运动电荷在磁场中要受到洛伦兹力的作用,当导线(导体)AB 在磁场中移动时,导线内的每个自由电子都受到洛伦兹力 $\boldsymbol{F}$ 的作用

$$\boldsymbol{F}=(-e)\boldsymbol{v}\times\boldsymbol{B}$$

式中,$(-e)$为电子的电量,$\boldsymbol{F}$ 的方向是由 A 指向 B,这个力驱使电子沿着导线由 A 向 B 移动。由于电流的方向与电子移动的方向相反,所以感应电流的方向是由 B 指向 A(见图 8-8)。

力 $\boldsymbol{F}$ 也可以看作某一等效电场 $\boldsymbol{E}_K$ 对自由电子的作用,即

$$\boldsymbol{F}=(-e)\boldsymbol{v}\times\boldsymbol{B}=(-e)\boldsymbol{E}_K$$

所以

$$\boldsymbol{E}_K=\boldsymbol{v}\times\boldsymbol{B} \tag{8-8}$$

这个非静电性电场 $\boldsymbol{E}_K$,其方向是由 B 指向 A,它驱使正电荷由 B 点移向电势较高的 A 点(因为在回路的其余部分 $ADCB$ 中,电势是逐渐下降的),即电场 $\boldsymbol{E}_K$ 产生了感应电动势 ξ_i,由电动势的定义,ξ_i 应等于 $\boldsymbol{E}_K$ 沿闭合回路的线积分,即

$$\xi_i=\oint_L\boldsymbol{E}_K\cdot\mathrm{d}\boldsymbol{l}$$

$\boldsymbol{E}_K$ 只是在运动的导线 AB 上不等于零,在其他静止导线上等于零,且在 AB 的全长上为一常量,因此

$$\xi_i=\oint_L\boldsymbol{E}_K\cdot\mathrm{d}\boldsymbol{l}=\int_B^A\boldsymbol{E}_K\cdot\mathrm{d}\boldsymbol{l}$$

将 $\boldsymbol{E}_K=\boldsymbol{v}\times\boldsymbol{B}$ 代入上式,得

$$\xi_i=\int_B^A(\boldsymbol{v}\times\boldsymbol{B})\cdot\mathrm{d}\boldsymbol{l} \tag{8-9}$$

但 $\boldsymbol{v}\perp\boldsymbol{B}$,所以矢积 $\boldsymbol{v}\times\boldsymbol{B}$ 的方向与 $\mathrm{d}\boldsymbol{l}$ 的方向一致,上式转化为

$$\xi_i=\int_B^A vB\,\mathrm{d}l=vBL$$

这就是式(8-7)。

由上面的讨论可知,动生电动势实质上是由运动电荷在磁场中受到洛伦兹力的作用引起的,只有运动的导体中才有可能产生动生电动势。动生电动势的大小不仅与导体相对于磁场的

运动速度 $\boldsymbol{v}$ 的大小有关，而且与 $\boldsymbol{v}$ 和 $\boldsymbol{B}$ 之间的夹角有关，当 $\boldsymbol{v}/\!/\boldsymbol{B}$ 时，$\boldsymbol{v}\times\boldsymbol{B}=0$，这时动生电动势为零，也就是说，只有导线做“切割”磁力线的运动时，才产生动生电动势。式(8-9)也可用来计算一般情况下，导线在磁场中运动时产生的感应电动势。

例 8-2　在磁感应强度为 B 的均匀磁场中，一根长度为 L 的铜棒，以角速度 ω 在与磁场方向垂直的平面内绕棒的一端 O 点做匀速转动，如图 8-9 所示，求这根铜棒两端的电势差 V_{OA}。

解　在铜棒上任取一小段线元 dL，设其与 O 点的距离为 L，则它相对于磁场的速度大小 $v=\omega L$，速度方向垂直于磁场和 OA，则这一小段铜棒上的动生电动势为

$$\mathrm{d}\xi_i=(\boldsymbol{v}\times\boldsymbol{B})\cdot\mathrm{d}\boldsymbol{L}=-Bv\mathrm{d}L=-B\omega l\mathrm{d}L$$

式中，负号表示($\boldsymbol{v}\times\boldsymbol{B}$)的方向正好与 d$\boldsymbol{L}$ 的方向相反，这表示电动势的方向(严格讲，是作用在单位正电荷上的非静电力的方向)与 d$\boldsymbol{L}$ 的方向相反，于是，铜棒两端的动生电动势为

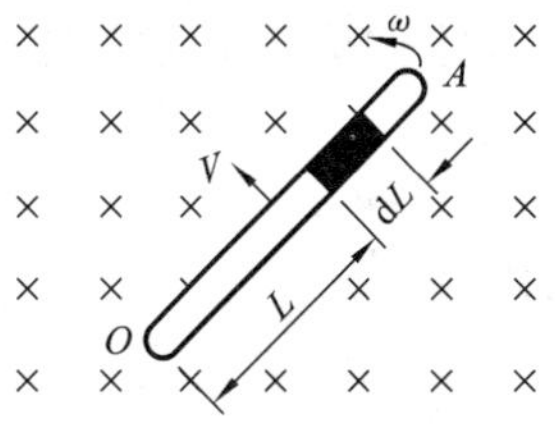

图 8-9　**例** 8-2 **图**

$$\xi_i=\int\mathrm{d}\xi_i=-\int_0^L B\omega L\,\mathrm{d}L=-\frac{1}{2}B\omega L^2$$

由于铜棒两端没有其他导线相连，因此铜棒两端的电势差即等于动生电动势，电动势的方向由 A 指向 O，这说明 O 点电动势比 A 点高，故

$$V_{OA}=V_O-V_A=-\xi=\frac{1}{2}B\omega L^2$$

8-3　感生电动势　涡旋电场

实验告诉我们，导体不动而磁场变化时，在回路中产生的感生电动势与导体的种类、性质，回路所处温度以及其他物理状态都无关，而只和磁感应通量的变化快慢有关，这说明感生电动势是由变化的磁场本身引起的。麦克斯韦在分析了电磁感应的这个性质之后，提出如下的看法：变化磁场在其周围空间产生涡旋状的电场，称为涡旋电场或感生磁场。我们将这种感生磁场记为 $\boldsymbol{E}_{感}$，感生电动势就是这种电场力作用的结果。

我们把由静止电荷激发的电场，称为静电场，记为 $\boldsymbol{E}_1$(它是势场)。

在一般情况下，空间的总电场 $\boldsymbol{E}$ 是静电场 $\boldsymbol{E}_1$ 和感生电场 $\boldsymbol{E}_{感}$ 的叠加，即

$$\boldsymbol{E}=\boldsymbol{E}_1+\boldsymbol{E}_{感}\tag{8-10}$$

涡旋电场与静电场有一个共同性质，即它们都对电荷有作用力，但它们又有区别，由于静电场是由电荷激发的，其电力线由正电荷出发，终止于负电荷，$\boldsymbol{E}_1$ 的环流为零，即

$$\oint_L\boldsymbol{E}_1\cdot\mathrm{d}\boldsymbol{l}=0$$

所以静电场是保守场，在静电场中可以引进电势差，它定义为

$$V_A-V_B=\frac{W_{AB}}{q}=\int_A^B\boldsymbol{E}_1\cdot\mathrm{d}\boldsymbol{l}$$

涡旋电场是由变化的磁场激发的，其电力线是无头无尾的闭合曲线，这种性质又称为涡旋性，正是它的涡旋性使得回路中引起感生电动势，若用 $\boldsymbol{E}_{感}$ 表示涡旋电场的场强，则 $\boldsymbol{E}_{感}$ 的环流不等于零，即

$$\oint \boldsymbol{E}_{感} \cdot \mathrm{d}\boldsymbol{l} \neq 0$$

所以涡旋电场是非保守场。在涡旋电场中,电势的概念是毫无意义的,如果将单位正电荷沿任意的闭合回路移动一周,涡旋电场所做的功即为该回路的感生电动势:

$$\xi_i = \oint_L \boldsymbol{E}_{感} \cdot \mathrm{d}\boldsymbol{l}$$

另一方面,由法拉第电磁感应定律可知:

$$\xi_i = -\frac{\mathrm{d}\Phi}{\mathrm{d}t}$$

所以

$$\oint_L \boldsymbol{E}_{感} \cdot \mathrm{d}\boldsymbol{l} = -\frac{\mathrm{d}\Phi}{\mathrm{d}t} \tag{8-11}$$

式中,$\frac{\mathrm{d}\Phi}{\mathrm{d}t}$是穿过 L 回路的磁感应通量对时间的变化率。穿过任意闭合回路 L 所围面积 $\boldsymbol{S}$ 的磁感应通量 Φ 为

$$\Phi = \int_S \boldsymbol{B} \cdot \mathrm{d}\boldsymbol{S}$$

故式(8-11)可表示为

$$\oint_L \boldsymbol{E}_{感} \cdot \mathrm{d}\boldsymbol{l} = -\frac{\mathrm{d}}{\mathrm{d}t}\int_S \boldsymbol{B} \cdot \mathrm{d}\boldsymbol{S} = -\int_S \frac{\partial \boldsymbol{B}}{\partial t} \cdot \mathrm{d}\boldsymbol{S} \tag{8-12}$$

式中,$\mathrm{d}\boldsymbol{S}$ 表示 $\boldsymbol{S}$ 面上的任一面积元,等式右边表示对闭合曲线 L 所围面积 $\boldsymbol{S}$ 求积分。

涡旋电场的存在已被许多实验证实,不论是否有导体存在,只要磁场在变化,空间就存在涡旋电场,回路中产生感生电动势只是这个电场作用的一种表现。

在既有静电场又有涡旋电场的空间,$\boldsymbol{E}$ 的环流为

$$\oint_L \boldsymbol{E} \cdot \mathrm{d}\boldsymbol{l} = \oint_L (\boldsymbol{E}_1 + \boldsymbol{E}_{感}) \cdot \mathrm{d}\boldsymbol{l} = 0 + \oint_L \boldsymbol{E}_{感} \cdot \mathrm{d}\boldsymbol{l} = -\frac{\mathrm{d}\Phi}{\mathrm{d}t} \tag{8-13}$$

或

$$\oint_L \boldsymbol{E} \cdot \mathrm{d}\boldsymbol{l} = -\int_S \frac{\partial \boldsymbol{B}}{\partial t} \cdot \mathrm{d}\boldsymbol{S} \tag{8-14}$$

以上两式称为法拉第电磁感应定律的积分形式,是电磁学的基本方程之一。

※由矢量分析中的斯托科斯定理可以得到

$$\oint_L \boldsymbol{E} \cdot \mathrm{d}\boldsymbol{l} = \int_S (\boldsymbol{\nabla} \times \boldsymbol{E}) \cdot \mathrm{d}\boldsymbol{S} \tag{8-15}$$

比较式(8-15)和式(8-14),有

$$\int_S (\boldsymbol{\nabla} \times \boldsymbol{E}) \cdot \mathrm{d}\boldsymbol{S} = -\int_S \frac{\partial \boldsymbol{B}}{\partial t} \cdot \mathrm{d}\boldsymbol{S}$$

该式对以 L 为周界的任意曲面都成立,因此有

$$\boldsymbol{\nabla} \times \boldsymbol{E} = -\frac{\partial \boldsymbol{B}}{\partial t} \tag{8-16}$$

式(8-16)说明了空间任意一点场强 $\boldsymbol{E}$ 的旋度与该点磁感应强度的变化率$\frac{\partial \boldsymbol{B}}{\partial t}$之间的关系,又称法拉第电磁感应定律的微分形式,它也是电磁学的基本方程之一。

从式(8-16)可以清楚地看到，只要空间内存在着随时间变化的磁场，则这空间的所有点都有涡旋电场存在。或者说，任何随时间变化的磁场都要产生电场，一般情况下，$\frac{\partial \boldsymbol{B}}{\partial t}$也是时间 t 的函数，所以涡旋电场 $\boldsymbol{E}$ 也将随时间发生变化，因此有如下结论：充满变化磁场的空间同时也充满着变化电场。

例 8-3　在一长螺线管内通以电流，其内部就会产生一轴向均匀磁场 $\boldsymbol{B}$。若使螺线管内的电流以一定规律变化，则磁感应强度 $\boldsymbol{B}$ 也随之变化，这样，空间各点将产生涡旋电场 $\boldsymbol{E}_{感}$。设空间有磁场存在的圆柱形区域的半径 $R=5\ \mathrm{cm}$，磁感应强度对时间的变化率$\frac{\mathrm{d}B}{\mathrm{d}l}=0.2\ \mathrm{Wb\cdot m^{-2}\cdot s^{-1}}$，试求：离开轴线的距离 r 等于 2 cm、5 cm 以及 10 cm 处涡旋电场的场强大小 $E_{感}$。

解　图 8-10(a)表示上述磁场的一个截面，以 r 为半径作一圆形闭合回路 L，根据对称性，感生电场 $\boldsymbol{E}_{感}$ 必然与回路相切，并且两者大小相等，于是沿 L 取 $\boldsymbol{E}_{感}$ 的线积分，有

$$\oint_L \boldsymbol{E}_{感}\cdot \mathrm{d}\boldsymbol{l}=E_{感}\cdot 2\pi r$$

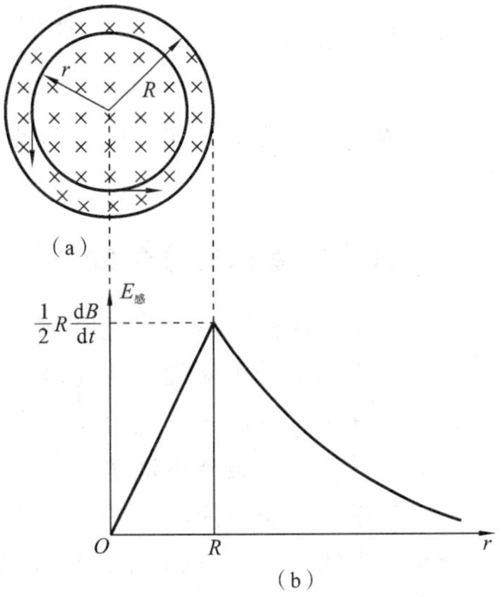

图 8-10　通电螺线管内涡旋电场

(1) 若 $r<R$，则

$$\Phi=B\cdot\pi r^2$$

将以上两式代入式(8-11)，得

$$E_{感}\cdot 2\pi r=-\pi r^2\frac{\mathrm{d}B}{\mathrm{d}t}$$

所以

$$E_{感}=-\frac{1}{2}r\frac{\mathrm{d}B}{\mathrm{d}t}\qquad(8\text{-}17)$$

式(8-17)中负号表示感生电场 $\boldsymbol{E}_{感}$ 有反抗磁场变化的作用。由式(8-17)可见，当 $r<R$ 时，感生电场的场强大小 $E_{感}$ 与 r 成正比。

(2) 若 $r>R$，则螺线管外部的磁感应强度为零，故对于任意的 r，磁感应通量的大小总是为

$$\Phi=B\pi R^2$$

代入式(8-11)，得

$$E_{感}\cdot 2\pi r=-\pi R^2\frac{\mathrm{d}B}{\mathrm{d}t}$$

即

$$E_{感}=-\frac{R^2}{2r}\frac{\mathrm{d}B}{\mathrm{d}t}\qquad(8\text{-}18)$$

由此可见，当 $r>R$ 时，$E_{感}$ 的大小与 r 成反比。

(3) 若 $r=R$，式(8-17)与式(8-18)取相同的值，得

$$E_{感}=-\frac{1}{2}R\frac{\mathrm{d}B}{\mathrm{d}t}\qquad(8\text{-}19)$$

图 8-10(b)表示了 $E_{感}$ 的大小随 r 的变化关系。

现 $R=5\ \mathrm{cm}=0.05\ \mathrm{m}$，$\frac{\mathrm{d}B}{\mathrm{d}t}=0.2\ \mathrm{Wb\cdot m^{-2}\cdot s^{-1}}$，则

当 $r=2$ cm 时,

$$E_{感}=\frac{1}{2}r\frac{dB}{dt}=\frac{1}{2}\times 2\times 10^{-2}\times 0.2\ \text{V}\cdot\text{m}^{-1}=2\times 10^{-3}\ \text{V}\cdot\text{m}^{-1}$$

当 $r=5$ cm 时,

$$E_{感}=\frac{1}{2}R\frac{dB}{dt}=\frac{1}{2}\times 5\times 10^{-2}\times 0.2\ \text{V}\cdot\text{m}^{-1}=5\times 10^{-3}\ \text{V}\cdot\text{m}^{-1}$$

当 $r=10$ cm 时,

$$E_{感}=\frac{1}{2}\frac{R^2}{r}\frac{dB}{dt}=\frac{(5\times 10^{-2})^2}{2\times 10\times 10^{-2}}\times 0.2\ \text{V}\cdot\text{m}^{-1}=2.5\times 10^{-3}\ \text{V}\cdot\text{m}^{-1}$$

8-4 自感和互感

产生感生电动势的方式一般有两种,即自感和互感,自感和互感在电工和无线电技术中均有着广泛的应用。

一、自感现象和自感系数

任意一个线圈中有电流流过时,它所产生的磁感应线必有一部分穿过该线圈本身所围的面积,所以,当线圈中的电流发生变化时,线圈内磁感应通量也会发生变化,从而在线圈中产生感应电动势。这种因线圈中的电流发生变化而在线圈本身产生感应电动势的现象称作**自感现象**,所产生的电动势叫作**自感电动势**。

自感现象是电磁感应现象的一种特例,它服从电磁感应的一般规律。

分析一个闭合回路,设其中的电流为 I,由毕奥-萨伐尔定律可知,这个电流在空间任意一点所产生的磁感应强度都与 I 成正比,因此,穿过回路本身所围面积的磁感应通量也与 I 成正比,因此有

$$\Phi=LI \tag{8-20}$$

式中,L 为比例系数,叫作自感系数,简称自感。L 的数值与回路的形状、大小以及周围介质的磁导率有关。根据式(8-20)可知,若 I 为单位电流,则 $L=\Phi$,因此,某回路的自感系数在数值上等于当回路中的电流为一个单位时,穿过该回路所围面积的磁感应通量。

根据电磁感应定律,由式(8-5)可得自感电动势:

$$\xi_L=-\frac{d\Phi}{dt}=-\left(L\frac{dI}{dt}+I\frac{dL}{dt}\right)$$

假如回路的形状、大小和周围介质的磁导率都不随时间变化,则 L 为一常量,$\frac{dL}{dt}=0$,因此

$$\xi_L=-L\frac{dI}{dt} \tag{8-21}$$

式中,负号表示自感电动势将反抗回路中电流的改变。我们规定电流的正方向为 ξ_L 的正方向,若 $\xi_L>0$,则真实方向与规定的正方向相同;若 $\xi_L<0$,则真实方向与规定的正方向相反。

对于有 N 匝线圈的回路,上式同样成立,这时 $\Phi=N\Phi_1=LI$,可见线圈的自感系数 L 在数值上等于通有单位电流时穿过线圈的磁感应通量或磁链。自感系数的单位为亨[利],代号为

H，1 H＝1 Wb・A^{-1}。

二、互感现象和互感系数

设有两个邻近的载流回路 1 和 2，分别通过强度为 I_1 和 I_2 的电流，如图 8-11 所示。那么 I_1 产生的磁场的部分磁力线将通过回路 2 所包围的面积，磁感应通量以 Φ_{21} 表示，当 I_1 变化时，Φ_{21} 也变化，因而在回路 2 内激起感应电动势 ξ_{21}。

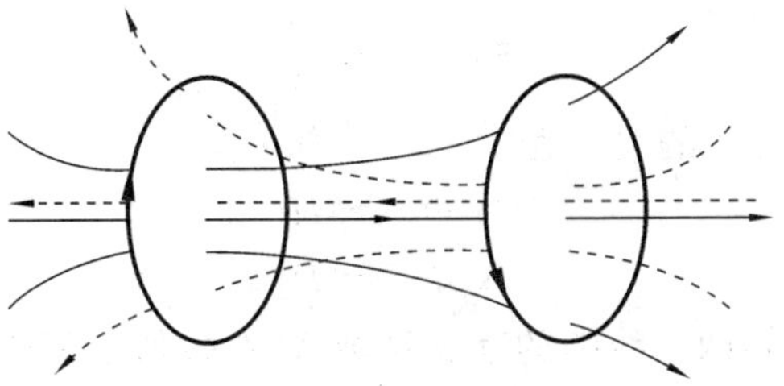

图 8-11　互感现象

类似地，I_2 所产生的磁场的部分磁力线也将通过回路 1 所包围的面积，磁感应通量以 Φ_{12} 表示。当 I_2 变化时，Φ_{12} 也变化，因而在回路 1 内激起感应电动势 ξ_{12}。上述两个载流回路相互激起感应电动势的现象叫作**互感现象**。

根据毕奥-萨伐尔定律，在 I_1 所产生的磁场中，任何一点的磁感应强度都和 I_1 有关，所以通过回路 2 的磁感应通量 Φ_{21} 也一定和 I_1 有关。

即

$$\Phi_{21}=M_{21}I_1$$

同理

$$\Phi_{12}=M_{12}I_2$$

比例系数 M_{21} 和 M_{12} 只与两线圈的形状、大小、相对位置有关，实验和理论都证明：

$$M_{21}=M_{12}=M$$

我们把 M 叫作互感系数或互感，上式可简化为

$$\Phi_{21}=MI_1 \tag{8-22a}$$

$$\Phi_{12}=MI_2 \tag{8-22b}$$

也就是说，两个线圈的互感系数在数值上等于当其中一个线圈中的电流为一个单位时，穿过另一个线圈所围面积的磁感应通量。

应用法拉第电磁感应定律，可以计算出由互感产生的电动势，由于回路 1 中电流强度的变化，在回路 2 中激起的电动势为

$$\xi_{21}=-\frac{\mathrm{d}\Phi_{21}}{\mathrm{d}t}=-M\frac{\mathrm{d}I_1}{\mathrm{d}t} \tag{8-23a}$$

同理

$$\xi_{12}=-\frac{\mathrm{d}\Phi_{12}}{\mathrm{d}t}=-M\frac{\mathrm{d}I_2}{\mathrm{d}t} \tag{8-23b}$$

如果前面考虑的回路是匝数分别为 N_1 和 N_2 的两个载流线圈 1 和 2，在其他符号含义不变的情况下有

$$\xi_{21}=-N_2\frac{\mathrm{d}\Phi_{21}}{\mathrm{d}t} \tag{8-24a}$$

$$\xi_{12}=-N_1\frac{\mathrm{d}\Phi_{12}}{\mathrm{d}t} \tag{8-24b}$$

其感应电动势仍可表示为

$$\xi_{21}=-M\frac{\mathrm{d}I_1}{\mathrm{d}t} \tag{8-25a}$$

$$\xi_{12}=-M\frac{\mathrm{d}I_2}{\mathrm{d}t} \tag{8-25b}$$

Φ_{21}、Φ_{12}与M、I_1及I_2之间的关系为

$$N_2\Phi_{21}=MI_1 \tag{8-26a}$$

$$N_1\Phi_{12}=MI_2 \tag{8-26b}$$

由式(8-22)和式(8-26),可知两个线圈的互感系数M在数值上等于当其中一个线圈通有单位电流时,穿过另一个线圈的磁感应通量或磁链。若$\Phi_{21}=1\ \mathrm{Wb}$,$I_1=1\ \mathrm{A}$,则$M=1\ \mathrm{H}$。

例 8-4 设一电缆由两个无限长的同轴圆筒状的导体所组成,其间充满磁导率为μ的磁介质。电缆中沿内圆筒和外圆筒流过的电流方向相反,大小相等。设内、外圆筒的半径分别为R_1和R_2,如图 8-12(a)所示,求单位长度电缆的自感系数。

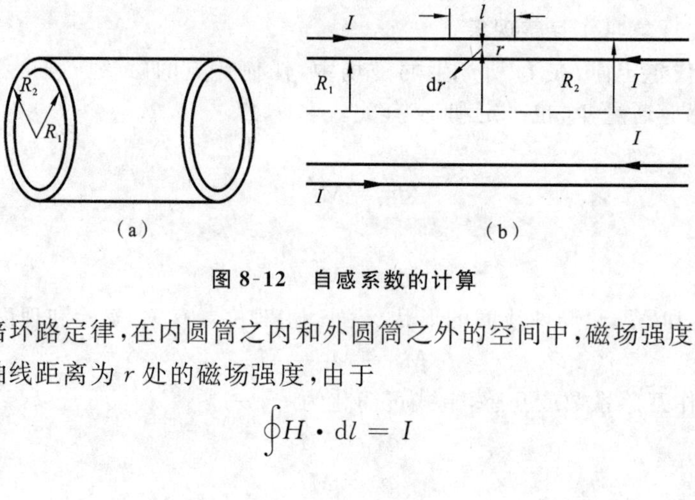

图 8-12 自感系数的计算

解 根据安培环路定律,在内圆筒之内和外圆筒之外的空间中,磁场强度都为零。

首先求离开轴线距离为r处的磁场强度,由于

$$\oint H\cdot\mathrm{d}l=I$$

即

$$H\cdot 2\pi r=I$$

所以

$$H=\frac{I}{2\pi r},\quad B=\frac{\mu I}{2\pi r}$$

如图 8-12(b)所示,现取电缆长度为l,则通过面积元$l\mathrm{d}r$的磁感应通量为

$$\mathrm{d}\Phi=B\mathrm{d}S=Bl\mathrm{d}r=\frac{\mu I}{2\pi r}l\,\mathrm{d}r$$

所以

$$\Phi=\int\mathrm{d}\Phi=\int_{R_1}^{R_2}\frac{\mu Il}{2\pi}\frac{\mathrm{d}r}{r}=\frac{\mu Il}{2\pi}\ln\frac{R_2}{R_1}$$

又$\Phi=LI$,可知长度为l的电缆的自感系数为

$$L=\frac{\Phi}{I}=\frac{\mu l}{2\pi}\ln\frac{R_2}{R_1}$$

所以单位长度电缆的自感系数为$\frac{\mu}{2\pi}\ln\frac{R_2}{R_1}$。

例 8-5　在真空中有两个绕得非常紧密的同轴螺线管 L_1 和 L_2，如图 8-13 所示，截面积为 S，其中 L_1（称为原线圈）共 N_1 匝，L_2（称为副线圈）共 N_2 匝。试求两线圈的互感系数 M 以及 M 与两线圈的自感系数 L_1 和 L_2 的关系。

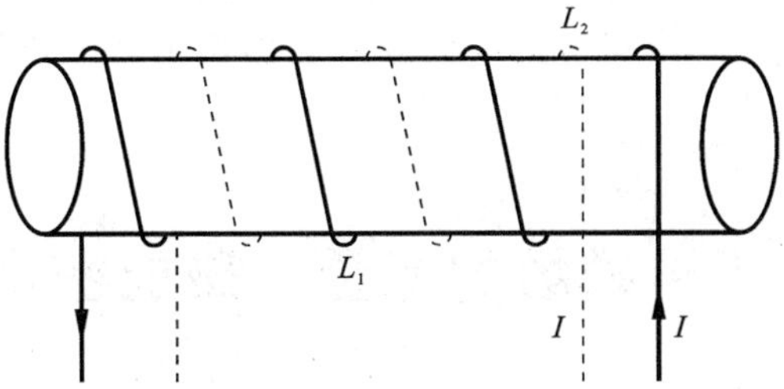

图 8-13　两个同轴长螺线管

解　设线圈的长度 l 比其直径大很多，可近似看成长螺线管。当 L_1 中有电流 I_1 通过时，管内的磁感应强度为

$$B_1=\mu_0 n_1 I_1=\mu_0\frac{N_1}{l}I_1$$

通过每匝线圈的磁感应通量为

$$\Phi_1=\mu_0\frac{N_1}{l}I_1 S$$

副线圈 L_2 共 N_2 匝，所以通过它的磁链为

$$\Psi_{21}=N_2\Phi_1=\mu_0\frac{N_1N_2}{l}SI_1$$

所以互感系数 M 为

$$M=\frac{\Psi_{21}}{I_1}=\frac{N_2\Phi_1}{I_1}=\mu_0\frac{N_1N_2}{l}S$$

又 I_1 在原线圈本身产生的磁链为

$$\Psi_{11}=N_1\Phi_1=\mu_0\frac{N_1^2}{l}SI_1$$

所以原线圈的自感系数 L_1 为

$$L_1=\frac{\Psi_{11}}{I_1}=\mu_0\frac{N_1^2}{l}S$$

同理，可求得副线圈的自感系数 L_2 为

$$L_2=\mu_0\frac{N_2^2}{l}S$$

取 L_1 和 L_2 的乘积的算术平方根，得

$$\sqrt{L_1L_2}=\sqrt{\mu_0^2\frac{N_1^2N_2^2}{l^2}S^2}=\mu_0\frac{N_1N_2}{l}S$$

即有

$$\sqrt{L_1L_2}=M$$

但必须注意,上式的成立条件是:一个线圈所产生的磁感应通量全部穿过另一线圈的每一匝。这样的两个线圈称为共轭线圈,这时两线圈之间的耦合最紧密,称为理想耦合。

在一般情况下,互感系数和自感系数的关系为

$$M=K\sqrt{L_1L_2}$$

式中,K 称为耦合系数,其取值范围为 $0\leqslant K\leqslant 1$,其大小取决于线圈的相对位置和绕法。

在电工和无线电技术中,有时希望 K 越大越好,例如在一些变压器中,K 的值可达到 0.98 以上。但在有些情况下,导线间或器件之间的互感会影响正常工作,因此希望减小 K 值,以避免互感引起的干扰。

8-5 磁场的能量 磁能密度

大家知道,当电容器充电至电压 U 后,所储存的电场能量为 $W_e=\frac{1}{2}CU^2$,其电场能量密度为 $\omega_e=\frac{1}{2}\varepsilon_0\varepsilon_r E^2=\frac{1}{2}\varepsilon E^2=\frac{1}{2}DE$。

现在要问:磁场的能量等于多少?磁能密度又为多少?

一、自感储能

设有自感为 L 的线圈,在线圈中电流由零增加到稳定值 I_0 的过程中,线圈中产生自感电动势为

$$\xi_L=-L\frac{\mathrm{d}I}{\mathrm{d}t}$$

I 是线圈中某瞬时的电流,在 $\mathrm{d}t$ 时间内,电源电动势反抗自感电动势做功为

$$\mathrm{d}A=-\varepsilon_L I\,\mathrm{d}t$$

将 ξ_L 的表达式代入:

$$\mathrm{d}A=LI\frac{\mathrm{d}I}{\mathrm{d}t}\mathrm{d}t=LI\mathrm{d}I$$

当回路中的电流由零增加到某值 I_0 时,电源克服自感电动势所做的总功为

$$A=\int\mathrm{d}A=\int_0^{I_0}LI\,\mathrm{d}I=\frac{1}{2}LI_0^2$$

根据能量守恒与转移定律,电源克服自感电动势做的功应转变为线圈中电流所具有的能量。即

$$W=A=\frac{1}{2}LI_0^2 \tag{8-27}$$

上式说明,自感线圈中所储存的能量与自感系数和电流强度有关,在国际单位制中,L 的单位是亨(H),I 的单位是安(A),W 的单位是焦(J)。

二、磁场能量和磁能密度

磁场与电场一样,也是物质存在的一种形式,它具有物质的各种属性,也具有能量,其能量

定域在磁场中，所以磁场能量也可用描述磁场的物理量来表示，为简单起见，我们以长直螺线管为例进行讨论。

设长直螺线管中通有电流 I_0，管内充满磁导率为 μ 的磁介质，则螺线管中的磁感应强度 $B=\mu nI_0=\mu\dfrac{N}{l}I_0$，自感系数 $L=\mu\dfrac{N^2}{l}S$，即 $I_0=\dfrac{Bl}{\mu N}$。将 I_0、L 代入式(8-27)中，得到磁场能量的另一表示式：

$$W_m=\frac{1}{2}LI_0^2=\frac{1}{2}\frac{B^2}{\mu}SL=\frac{1}{2}\frac{B^2}{\mu}V \tag{8-28}$$

式中，$V=SL$ 是长直螺线管的体积。

单位体积的磁场能量叫作磁能密度，即

$$w_m=\frac{W_m}{V}=\frac{1}{2}\frac{B^2}{\mu}=\frac{1}{2}BH=\frac{1}{2}\mu H^2 \tag{8-29}$$

上述公式虽是从螺线管均匀磁场的特例中求出的，但它适用于所有磁场。若磁场不均匀，则可以把磁场划分为无数个小体积元 $\mathrm{d}V$，在这个体积元内，磁场可以视为均匀的，式(8-29)则表示体积 $\mathrm{d}V$ 内的磁能密度。在 $\mathrm{d}V$ 内的磁场能量为

$$\mathrm{d}W_m=w_m\mathrm{d}V=\frac{1}{2}BH\mathrm{d}V$$

有限体积内总的磁场能量为

$$W_m=\frac{1}{2}\int BH\,\mathrm{d}V \tag{8-30}$$

对于长直螺线管，式(8-29)和式(8-30)是相等的，所以有

$$\frac{1}{2}LI^2=\frac{1}{2}\int BH\,\mathrm{d}V \tag{8-31}$$

此式亦可用来求自感系数 L，故叫磁能法。

例 8-6　一根很长的同轴电缆，如图 8-14 所示，由半径为 R_1 与 R_2 的两根同心圆柱组成，电缆中央的导体上载有稳定电流 I_0，经外层导体返回形成闭合回路。试求其单位长度的自感系数。

解　由安培环路定律可知，在内外导体间的区域内磁感应强度为

$$B=\frac{\mu_0 I_0}{2\pi r}$$

在电缆外面，$B=0$；在内外导体的内部存在磁场，可由安培环路定律求得。适当选择电缆尺寸，使绝大部分磁能储存在两个导体之间的空间，则磁能密度为

$$w_m=\frac{1}{2}\frac{B^2}{\mu_0}=\frac{(\mu_0 I_0)^2}{2\times(2\pi r)^2\times\mu_0}=\frac{\mu_0 I_0^2}{8\pi^2 r^2}$$

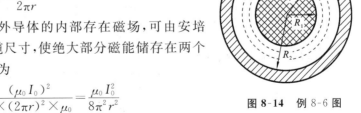

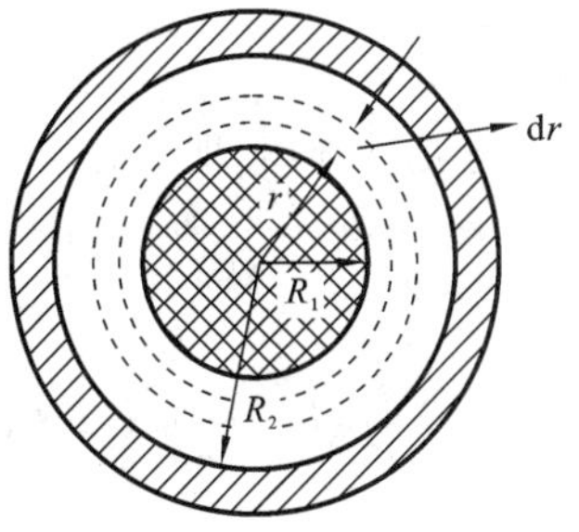

图 8-14　例 8-6 图

在半径为 r 与 $r+\mathrm{d}r$、长为 l 的圆柱壳体积之内的磁能为

$$\mathrm{d}W_m=w_m\mathrm{d}V=\frac{\mu_0 I_0^2}{8\pi^2 r^2}2\pi rl\,\mathrm{d}r=\frac{\mu_0 I_0^2 l}{4\pi}\frac{\mathrm{d}r}{r}$$

积分得

$$W_m = \int_V w_m \mathrm{d}V = \frac{\mu_0 I_0^2 l}{4\pi}\int_{R_1}^{R_2}\frac{\mathrm{d}r}{r} = \frac{\mu_0 I_0^2 l}{4\pi}\ln\frac{R_2}{R_1}$$

总磁能也可以用 $W_m=\frac{1}{2}LI^2$ 计算，与上式比较，得一段长为 l 的电缆的自感系数为

$$L=\frac{\mu_0 l}{2\pi}\ln\frac{R_2}{R_1} \tag{8-32}$$

所以，单位长度同轴电缆的自感系数为 $\frac{\mu_0 l}{2\pi}\ln\frac{R_2}{R_1}$。

*8-6 RL 电路

一、电流的增长

RL 电路的电路图如图 8-15 所示。自感线圈存在，使得当开关 K 闭合时，电路中电流不能马上达到最大值 $\frac{\xi}{R}$，而是逐渐达到最大值(见图 8-16)。

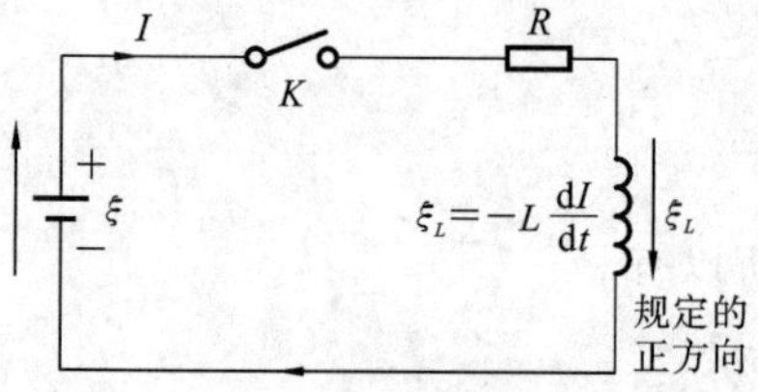

图 8-15　RL 电路 1

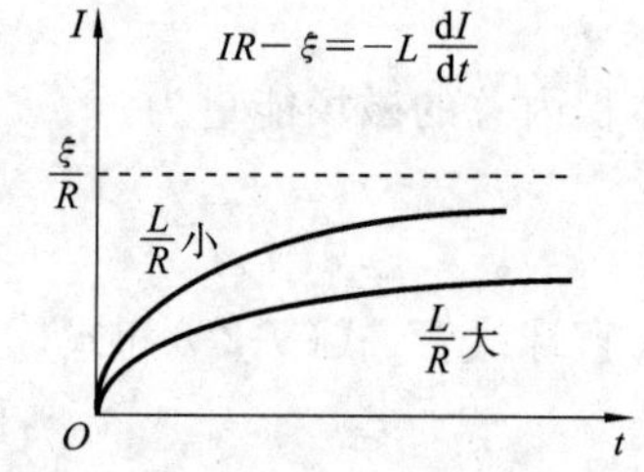

图 8-16　RL 电路与电源接通后电流的变化情况

根据欧姆定律，对该回路有

$$\xi - L\frac{\mathrm{d}I}{\mathrm{d}t}=IR$$

即

$$IR-\xi=-L\frac{\mathrm{d}I}{\mathrm{d}t}$$

将变量分离，即 I 和 t 分别处于等式两边，即

$$\frac{\mathrm{d}I}{I-\frac{\xi}{R}}=-\frac{R}{L}\mathrm{d}t$$

$t=0$ 时，$I=0$，对上式积分得

$$\int_0^I\frac{\mathrm{d}I}{1-\frac{\xi}{R}}=-\frac{R}{L}\int_0^t\mathrm{d}t$$

所以

$$\ln\frac{1-\frac{\xi}{R}}{-\frac{\xi}{R}}=-\frac{R}{L}t$$

去掉对数，有

$$I=\frac{\xi}{R}(1-e^{-\frac{R}{L}t}) \tag{8-33}$$

上式括号里第二项 $e^{-\frac{R}{L}t}$ 随时间 t 呈指数衰减。当 $t\to\infty$ 时，$e^{-\frac{R}{L}t}\to 0$，这时 $I=\frac{\xi}{R}$ 为最大，当 $t=\tau=\frac{L}{R}$ 时，$e^{-\frac{R}{L}\frac{L}{R}}=e^{-1}=0.37$，$I=(1-0.37)\frac{\xi}{R}=0.63\frac{\xi}{R}$。

$\tau=\frac{L}{R}$ 称为 RL 电路的时间常数或弛豫时间，也就是说，当 $t=\tau$ 时，电流可达到最大值（稳定值）的 63%。一般认为 $t=(3\sim5)\tau$ 时，电流已稳定为 $\frac{\xi}{R}$。

二、电流的衰减

将图 8-15 所示电路改为图 8-17 所示电路。当开关 K 闭合在“1”相当长时间以后再迅速放在“2”处，这时，电路中仅仅只有自感电动势。

由欧姆定律可得

$$\xi_L=IR$$

即

$$-L\frac{dI}{dt}=IR$$

分离变量后得

$$\frac{dI}{I}=-\frac{R}{L}dt$$

令初始条件为 $t=0$，$I_0=\frac{\xi}{R}$，对上式积分，则有

$$I=\frac{\xi}{R}e^{-\frac{R}{L}t}=I_0e^{-\frac{R}{L}t} \tag{8-34}$$

这说明 I 是逐步衰减到零的。

当 $t=\tau=\frac{L}{R}$ 时，$I=I_0\frac{1}{e}=0.37I_0=0.37\frac{\xi}{R}$。

一般认为 $t=(3\sim5)\tau$ 时，电流 I 已下降为零，电流衰减曲线如图 8-18 所示。

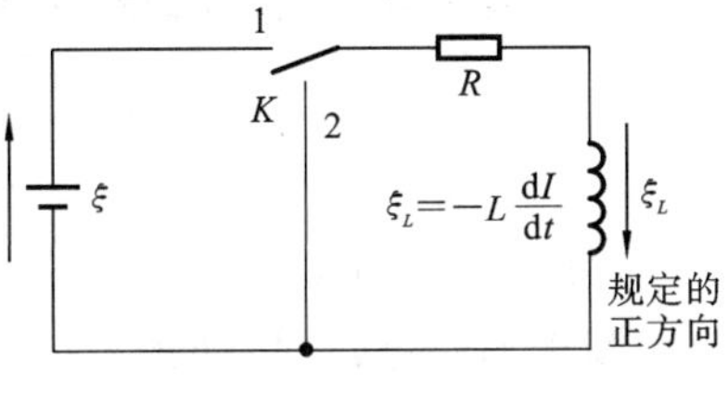

图 8-17　RL 电路 2

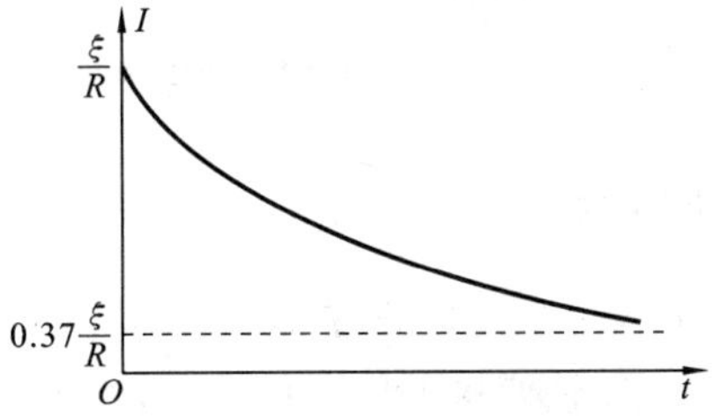

图 8-18　通电的 RL 电路短接后电流的衰减情况

8-7 电磁感应现象的应用

电磁感应现象在电工、电子技术以及电磁测量等方面应用得非常广泛。此外,加热用的感应电炉、电子感应加速器等,也都运用了电磁感应原理。下面我们仅举几例加以说明。

一、涡流及其应用

把大块金属导体放到变化的磁场中,或者使导体在非均匀的磁场中运动时,由于通过金属块的磁感应通量发生变化,金属块中也要产生感应电动势,而且由于大块的金属为电流提供了通路,其电阻特别小,因此往往可以产生极大的电流强度,这些电流在金属内部形成一个个闭合回路,故将这些电流称作涡电流,又叫涡流。

如图 8-19(a)所示,在一个绕有线圈的铁芯上端,放置一个盛有冷水的铜杯,把线圈的两端接在交流电源上,过几分钟,杯内的冷水就变热了,甚至水被加热得沸腾起来。

为了说明这个实验,我们把铜看成是由一层一层的金属圆筒套在一起构成的[图 8-19(b)],每层圆筒都相当于一个回路。当绕在铁芯上的线圈中通有交流电时,穿过铜杯中每一个回路面积的磁感应通量都在不断地变化,所以,这些回路中便产生感应电动势,并形成环形感应电流。因为铜的电阻很小,所以涡电流很大,能够产生大量热量,足以使杯中的冷水变热,以至沸腾起来。工厂中冶炼有色金属与半导体外延法生长硅外延片时都广泛应用电炉,其主要结构是一个与大功率高频交流电源相接的线圈,如图 8-20 所示。感应加热还为真空加热提供了极大的方便,在真空技术中常利用这种方法来加热真空系统内部的部件,以除去所吸附的气体。利用感应加热的方法具有加热速度快、温度均匀、易控制、材料不受污染等优点。

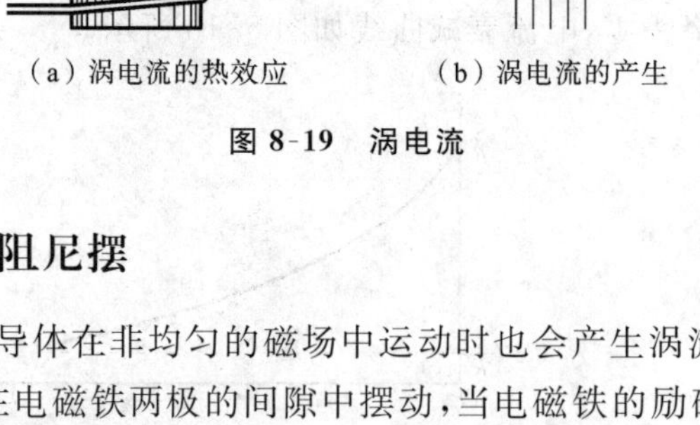

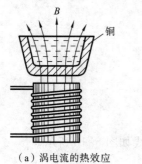

(a) 涡电流的热效应 (b) 涡电流的产生

图 8-19 涡电流

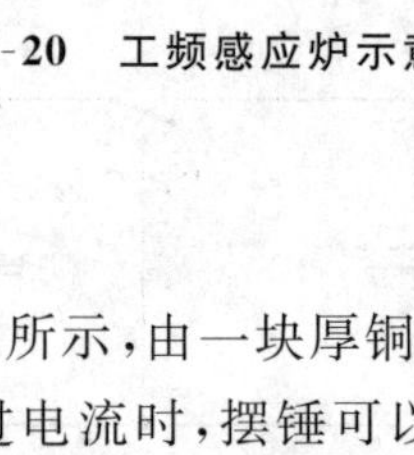

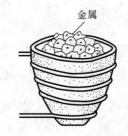

图 8-20 工频感应炉示意图

二、阻尼摆

金属导体在非均匀的磁场中运动时也会产生涡流,如图 8-21 所示,由一块厚铜片做成的摆锤,可以在电磁铁两极的间隙中摆动,当电磁铁的励磁线圈未通过电流时,摆锤可以自由摆动;电磁铁的励磁线圈一接通电流,摆锤就会很快停止下来,好像是在某种黏性很大的液体中运动似的,这种现象叫作电磁阻尼。电磁阻尼的原理,就是导体在非均匀磁场中运动引起涡流,根据楞次定律,这种涡流的作用总是阻碍产生涡流的运动,即阻碍导体和磁场间的相对运动。

在电磁仪表中经常利用电磁阻尼使指针的摆动迅速停止下来。例如，电气火车的电磁制动器就是根据电磁阻尼的原理设计的。

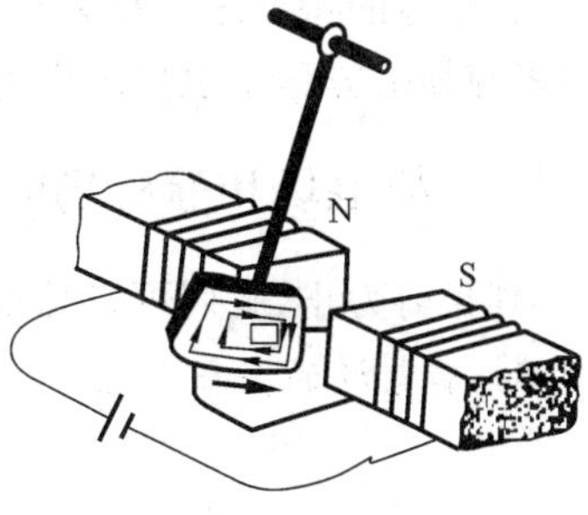

图 8-21　阻尼摆

三、电子感应加速器

在 8-3 节中已经知道，即使空间不存在导体，变化的磁场也要在空间产生涡旋电场 $E_{感}$。电子感应加速器就是利用涡旋电场来加速电子的，图 8-22 是电子感应加速器主要部分的示意图。

在电磁铁的两磁极之间安放一个环形真空室，在电磁铁中通以强大的交变电流（频率约数十至数百赫兹），两极间便产生交变的磁场，从而在环形室内产生很强的感应涡旋电场。用电子枪将电子注入环形室内，则电子在涡旋电场作用下被加速，同时在磁场的磁力作用下沿环形室旋转，使磁场按一定的规律增强，就能使电子在速度不断增加的过程中，仍然能绕一稳定的圆形轨道运动，并不断受到涡旋电场的加速而获得越来越大的能量，最后由偏转系统引出，射到试验靶上。

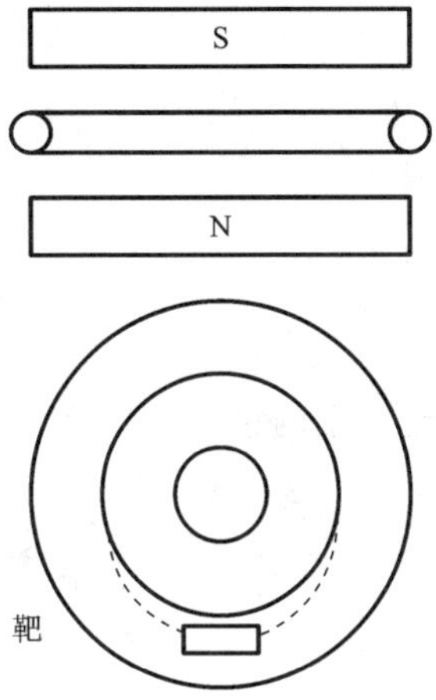

图 8-22　电子感应加速器的示意图

由于电子质量很小，速度很大，所以在极短的时间（如 10^{-4} s）内，被加速的电子可以在环形管内回旋数十万至数百万次，走过的路程达到几百到几千千米，所以尽管绕行一周所得能量不大，但是在这么多次回旋过程中，电子能量将变得很大。目前采用的电子感应加速器，可将电子能量增加到数十万电子伏，甚至数百兆电子伏，这种高能电子的速率可达到 $0.99998c$ 以上（c 为光速）。

电子感应加速器主要用于核物理研究，经加速的电子束（人工 β 射线）轰击各种靶时，将发出穿透力很强的电磁辐射（人工 γ 射线）。此外，由于电子感应加速器的结构较简单，造价较低，因此在工业及医疗等方面常用来做无损探伤、射线治疗等。

8-8　位移电流

在奥斯特和法拉第等人大量实验工作的基础上，麦克斯韦提出了涡旋电场和位移电流这两个概念和假设，总结出了反映电磁场基本规律的一组完整的方程式——麦克斯韦方程组，从而为电磁理论奠定了坚实的基础，它系统地反映了电场和磁场的本质及其内在联系，它们的关系可用图 8-23 来表示。

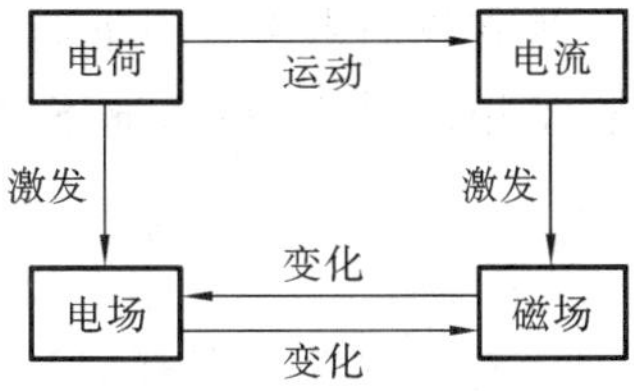

图 8-23　电场与磁场的关系

相对论指出，电磁场是一个统一体，电场、磁场是统一的电磁场的两个特殊方面；电磁场有能量、质量和动量，因而电磁场是一种特殊物质。

自然界的特征之一是具有对称性,因而反映自然规律的物理定律也必然具有其内在的对称性,麦克斯韦方程组也反映出电磁场具有明显的对称性。

一、静电场和静磁场的基本规律

到目前为止,我们可以总结静电场和静磁场的四条重要定理:

1. 静电场的高斯定理

$$\oint\!\!\!\oint_S \boldsymbol{D}_{(1)} \cdot \mathrm{d}\boldsymbol{S} = \sum q$$

2. 静电场的环路定理

$$\oint_L \boldsymbol{E}_{(1)} \cdot \mathrm{d}\boldsymbol{l} = 0$$

3. 静磁场的高斯定理

$$\oint\!\!\!\oint_S \boldsymbol{B}_{(1)} \cdot \mathrm{d}\boldsymbol{S} = 0$$

4. 静磁场的环路定理

$$\oint_L \boldsymbol{H}_{(1)} \cdot \mathrm{d}\boldsymbol{l} = \sum I$$

上述公式中,$\boldsymbol{D}_{(1)}$、$\boldsymbol{E}_{(1)}$、$\boldsymbol{B}_{(1)}$和$\boldsymbol{H}_{(1)}$分别表示由静止电荷和恒定电流产生的场。

法拉第电磁感应定律可表示为

$$\xi_i = -\frac{\mathrm{d}\Phi}{\mathrm{d}t}$$

涡旋电场的环流和变化磁场的关系可表示为

$$\oint_L \boldsymbol{E}_{(2)} \cdot \mathrm{d}\boldsymbol{l} = -\frac{\mathrm{d}\Phi}{\mathrm{d}t} = -\int_S \frac{\partial \boldsymbol{B}}{\partial t} \cdot \mathrm{d}\boldsymbol{S}$$

式中,$\boldsymbol{E}_{(2)}$表示变化磁场所产生的涡旋电场的场强。

既然变化的磁场可以产生涡旋电场,那么我们自然会产生这样的疑问:变化的电场能否产生磁场?为此麦克斯韦提出了“位移电流”的假说,认为变化的电场也可以像电流一样,在周围空间产生磁场,从而建立了完整的电磁理论。

二、位移电流的概念

对于恒定电流的磁场,有安培环路定律:

$$\oint_L \boldsymbol{H} \cdot \mathrm{d}\boldsymbol{l} = \sum I$$

式中,I为穿过以L为边线的任意曲面的传导电流强度。

现在我们来考查一下图8-24(a)含有电容器C的非恒定电路的情形,假如我们把安培环路定律应用于图8-24(a)的S_1面,可得到

$$\oint_L \boldsymbol{H} \cdot \mathrm{d}\boldsymbol{l} = I$$

但对于S_2面,则有$\oint_L \boldsymbol{H} \cdot \mathrm{d}\boldsymbol{l} = \int_{S_2} \boldsymbol{j} \cdot \mathrm{d}\boldsymbol{S} = 0$。显而易见,两者是互相矛盾的,这个矛盾的产生,是由含电容器的非稳恒电路引起的。为了修正安培环路定律,麦克斯韦提出了位移电流

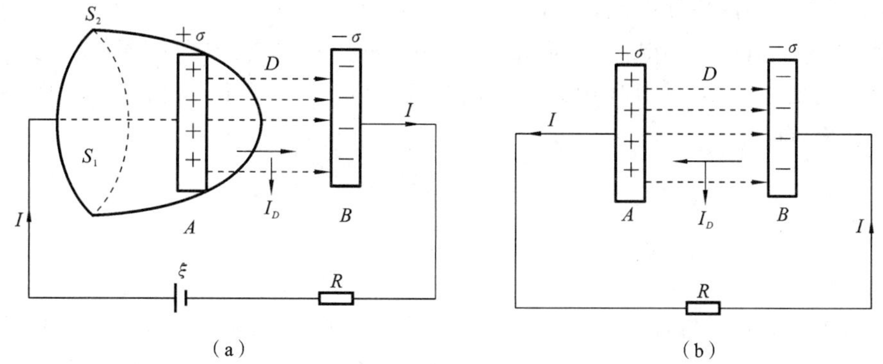

图 8-24　电容器的充放电电路

的假设。

在电容器的充放电电路中，假若在某一时刻，电容器的 A 板带上电荷 $+q$，其电荷面密度为 $+\sigma$；B 板上有电荷 $-q$，其电荷面密度为 $-\sigma$，如图 8-24(b)所示。很容易看出，不论是电容器充电，还是放电，电路中的电流都是变化的；导体中的传导电流都在极板处中断并导致回路中传导电流不连续。电容器极板上累积的电荷不能跨越两极板的空间形成传导电流，但它们仍对极板间空间的场和介质产生影响。平行板电容器间的电位移矢量的大小为

$$D=\sigma=\frac{q}{S}$$

式中，σ 为极板上自由电荷面密度，q 为极板上自由电荷的电量，S 为极板面积。

对上式两边同乘面积 S，则得极板间的电位移通量为

$$\Phi_D=DS=q$$

在充放电的非恒定过程中，q、D 和 Φ_D 都随时间 t 变化，其变化率为

$$\frac{\mathrm{d}D}{\mathrm{d}t}=\frac{\mathrm{d}\sigma}{\mathrm{d}t}$$

$$\frac{\mathrm{d}\Phi_D}{\mathrm{d}t}=\frac{\mathrm{d}q}{\mathrm{d}t}$$

根据电荷守恒定律，电容器极板上自由电荷对时间的变化率应等于导线中的传导电流 I，即

$$\frac{\mathrm{d}q}{\mathrm{d}t}=I$$

所以，极板间的电位移通量对时间的变化率和导线中的传导电流 I 在数值上应相等，即

$$\frac{\mathrm{d}\Phi_D}{\mathrm{d}t}=I$$

这就是说，虽然极板之间没有传导电流 I，但其中存在变化的电位移通量 Φ_D，而 Φ_D 的变化率 $\frac{\mathrm{d}\Phi_D}{\mathrm{d}t}$ 在任何时刻都和导线中的传导电流 I 相等，而且 I 和 $\frac{\mathrm{d}\Phi_D}{\mathrm{d}t}$ 的方向也始终相同。因为当电容器充电时，电容器两极板间的电场增加，$\frac{\mathrm{d}\boldsymbol{D}}{\mathrm{d}t}$ 的方向（即 $\frac{\mathrm{d}\Phi_D}{\mathrm{d}t}$ 的方向）和 $\boldsymbol{D}$ 的方向相同，与导体中传导电流的方向相同；同样，当电容器放电时，电容器两板之间的电场减小，$\frac{\mathrm{d}\boldsymbol{D}}{\mathrm{d}t}$ 的方向与 $\boldsymbol{D}$ 的

方向相反,但仍和导体内传导电流的方向一致。

所以,麦克斯韦引进位移电流,并定义:电场中某一点位移电流密度矢量 $\boldsymbol{j}_D$ 等于该点电位移矢量对时间的变化率;通过电场中某一截面的位移电流 I_D 等于通过该截面电位移通量 Φ_D 对时间的变化率,即

$$\boldsymbol{j}_D=\frac{\partial \boldsymbol{D}}{\partial t}$$

$$I_D=\frac{\mathrm{d}\Phi_D}{\mathrm{d}t}$$

假设位移电流和传导电流一样,其周围空间存在磁场,这样假设以后,在有电容器的电路中,在电容器极板表面被中断的传导电流 I,可以由位移电流 I_D 代替,从而构成了电流的连续性。

如果电路中既有传导电流又有位移电流,则它们的总和为

$$I_S=I+I_D$$

式中,I_S 称为全电流。

这样,就可以将安培环路定律修改为

$$\oint_L \boldsymbol{H}\cdot \mathrm{d}\boldsymbol{l}=I_S=I+\frac{\mathrm{d}\Phi_D}{\mathrm{d}t}=I+I_D \tag{8-35a}$$

或

$$\oint_L \boldsymbol{H}\cdot \mathrm{d}\boldsymbol{l}=\int_S\left(\boldsymbol{j}+\frac{\partial \boldsymbol{D}}{\partial t}\right)\cdot \mathrm{d}\boldsymbol{S} \tag{8-35b}$$

该式说明,磁场强度 $\boldsymbol{H}$ 沿任意闭合回路的环流等于通过此闭合回路所谓曲面的全电流,这就是**全电流安培定律**,简称**全电流定律**。式(8-35)右边第一项为传导电流对磁场的贡献,第二项为位移电流对磁场的贡献,两者都产生涡旋磁场。

由以上讨论可知,全电流永远是连续的,电磁波的存在为麦克斯韦的位移电流的假说提供了有力的证据。

※根据斯托科斯定理,则有

$$\oint_L \boldsymbol{H}\cdot \mathrm{d}\boldsymbol{l}=\int_S(\nabla\times\boldsymbol{H})\cdot \mathrm{d}\boldsymbol{S}$$

上式和式(8-35b)比较可得

$$\int_S(\nabla\times\boldsymbol{H})\cdot \mathrm{d}\boldsymbol{S}=\int_S\left(\boldsymbol{j}+\frac{\partial \boldsymbol{D}}{\partial t}\right)\cdot \mathrm{d}\boldsymbol{S}$$

该式对以 L 为边界的任意曲面都是成立的,得到

$$\nabla\times\boldsymbol{H}=\boldsymbol{j}+\frac{\partial \boldsymbol{D}}{\partial t} \tag{8-36}$$

式(8-36)表明,磁场中任意一点磁场强度的旋度等于该点全电流的电流密度,该式又称为全电流安培定律的微分形式,它是电磁学的基本方程之一。

假如空间不存在导体,则传导电流密度 $\boldsymbol{j}=0$,式(8-36)变成

$$\nabla\times\boldsymbol{H}=\frac{\partial \boldsymbol{D}}{\partial t} \tag{8-37}$$

这说明,任何一个随时间变化的电场,都要产生磁场,假如空间各点的$\frac{\partial \boldsymbol{D}}{\partial t}$都不随时间变化,则这

些点的磁场强度 $\boldsymbol{H}$ 也是不随时间变化的恒量。一般情况下，$\frac{\partial \boldsymbol{D}}{\partial t}$不是恒量，所以它产生的磁场也随时间而变化，所以说，充满变化电场的空间，同时充满着变化磁场。

8-9　麦克斯韦方程组

麦克斯韦引入了涡旋电场和位移电流的概念，揭示了电场和磁场的内在联系，即变化的电场要产生磁场，变化的磁场要产生电场。也就是说，变化的电场和变化的磁场总是相互联系的，并形成统一的电磁场，这就是麦克斯韦电磁理论的中心内容。

静电场和恒定电流的磁场有四个定律，即

1. 静电场的高斯定理

$$\oiint_S \boldsymbol{D}\cdot \mathrm{d}\boldsymbol{S} = \int_V \rho \mathrm{d}V = \sum q$$

2. 静电场的环路定理

$$\oint_L \boldsymbol{E}\cdot \mathrm{d}\boldsymbol{l} = 0$$

3. 静磁场的高斯定理

$$\oiint_S \boldsymbol{B}\cdot \mathrm{d}\boldsymbol{S} = 0$$

4. 静磁场的安培环路定律

$$\oint_L \boldsymbol{H}\cdot \mathrm{d}\boldsymbol{l} = \int_S \boldsymbol{j}\cdot \mathrm{d}\boldsymbol{S} = \sum I$$

但在一般情况下，可能既存在静电场，又存在涡旋电场，这时电场 $\boldsymbol{E}$ 的环流表示为

$$\oint_L \boldsymbol{E}\cdot \mathrm{d}\boldsymbol{l} = -\frac{\mathrm{d}\Phi}{\mathrm{d}t} = -\int \frac{\partial \boldsymbol{B}}{\partial t}\cdot \mathrm{d}\boldsymbol{S}$$

当既有传导电流产生的磁场，又有位移电流产生的磁场时，磁场 $\boldsymbol{H}$ 的环流为

$$\oint_L \boldsymbol{H}\cdot \mathrm{d}\boldsymbol{l} = \sum I + \frac{\mathrm{d}\Phi_D}{\mathrm{d}t} = \int_S \boldsymbol{j}\cdot \mathrm{d}\boldsymbol{S} + \int_S \frac{\partial \boldsymbol{D}}{\partial t}\cdot \mathrm{d}\boldsymbol{S}$$

在此基础上，麦克斯韦还假定了电场和磁场的高斯定理在一般情况下仍然成立，这样我们就得到了一般情况下电磁场必须满足的麦克斯韦方程组的积分形式：

$$\left.\begin{aligned}
&\oiint_S \boldsymbol{D}\cdot \mathrm{d}\boldsymbol{S} = \int_V \rho \mathrm{d}V = \sum q \\
&\oint_L \boldsymbol{E}\cdot \mathrm{d}\boldsymbol{l} = -\frac{\mathrm{d}\Phi}{\mathrm{d}t} = -\int_S \frac{\partial \boldsymbol{B}}{\partial t}\cdot \mathrm{d}\boldsymbol{S} \\
&\oiint_S \boldsymbol{B}\cdot \mathrm{d}\boldsymbol{S} = 0 \\
&\oint_L \boldsymbol{H}\cdot \mathrm{d}\boldsymbol{l} = \sum I + \frac{\mathrm{d}\Phi_D}{\mathrm{d}t} = \int_S \boldsymbol{j}\cdot \mathrm{d}\boldsymbol{S} + \int_S \frac{\partial \boldsymbol{D}}{\partial t}\cdot \mathrm{d}\boldsymbol{S}
\end{aligned}\right\} \tag{8-38}$$

※为了能够描述电磁场中各点的情况，我们给出其微分形式：

$$\left.\begin{aligned}&\nabla\cdot\boldsymbol{D}=\rho\\&\nabla\times\boldsymbol{E}=-\frac{\partial\boldsymbol{B}}{\partial t}\\&\nabla\cdot\boldsymbol{B}=0\\&\nabla\times\boldsymbol{H}=\boldsymbol{j}+\frac{\partial\boldsymbol{D}}{\partial t}\end{aligned}\right\}\tag{8-39}$$

由于 $\boldsymbol{D}$ 与 $\boldsymbol{E}$、$\boldsymbol{B}$ 与 $\boldsymbol{H}$、$\boldsymbol{j}$ 与 $\boldsymbol{E}$ 不是彼此独立的，都与介质的性质有关，故对于各向同性的介质有如下关系式：

$$\left.\begin{aligned}&\boldsymbol{D}=\varepsilon\boldsymbol{E}=\varepsilon_0\varepsilon_r\boldsymbol{E}\\&\boldsymbol{B}=\mu\boldsymbol{H}=\mu_0\mu_r\boldsymbol{H}\\&\boldsymbol{j}=\sigma\boldsymbol{E}\end{aligned}\right\}\tag{8-40}$$

在真空中，$\rho=0$，$\boldsymbol{j}=0$，则麦克斯韦方程组可以写成如下形式：

$$\left.\begin{aligned}&\nabla\cdot\boldsymbol{E}=0\\&\nabla\cdot\boldsymbol{B}=0\\&\nabla\times\boldsymbol{E}=\frac{\partial\boldsymbol{B}}{\partial t}\\&\nabla\times\boldsymbol{B}=\frac{1}{c^2}\frac{\partial\boldsymbol{E}}{\partial t}\end{aligned}\right\}\tag{8-41}$$

由此可知，麦克斯韦方程组中 $\boldsymbol{E}$ 和 $\boldsymbol{B}$ 具有明显的对称形式。

利用麦克斯韦方程组，再加上 $\boldsymbol{E}$ 和 $\boldsymbol{H}$ 所满足的边界条件以及初始条件，便可以确定空间某一点在某一时刻的电磁场。

习　题

8-1　一根无限长平行直导线载有电流 I，一矩形线圈位于导线平面内沿垂直于载流导线方向以恒定速率运动(如图 8-25 所示)，则(　　)。

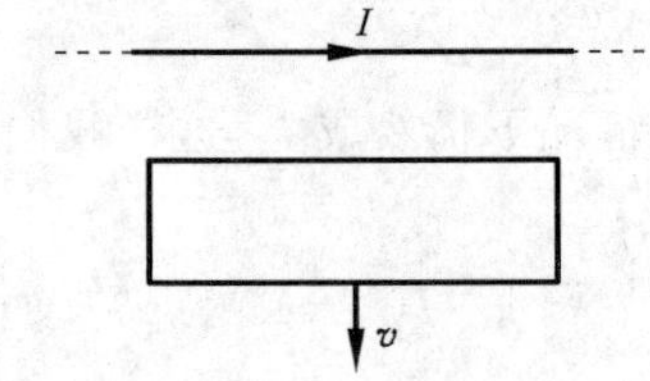

图 8-25　题 8-1 图

A. 线圈中无感应电流

B. 线圈中感应电流沿顺时针方向

C. 线圈中感应电流沿逆时针方向

D. 线圈中感应电流方向无法确定

8-2　将形状完全相同的铜环和木环静止放置在交变磁场中，并假设通过两环面的磁通量随时间的变化率相等，若不计自感时，则(　　)。

A. 铜环中有感应电流，木环中无感应电流

B. 铜环中有感应电流，木环中有感应电流

C. 铜环中感应电动势大，木环中感应电动势小

D. 铜环中感应电动势小，木环中感应电动势大

8-3　有两个线圈，线圈 1 对线圈 2 的互感系数为 M_{21}，而线圈 2 对线圈 1 的互感系数为

M_{12}。若它们分别流过 i_1 和 i_2 的变化电流，且 $\left|\frac{di_1}{dt}\right|<\left|\frac{di_2}{dt}\right|$，并设由 i_2 变化在线圈 1 中产生的互感电动势为 ξ_{12}，由 i_1 变化在线圈 2 中产生的互感电动势为 ξ_{21}，下述论断正确的是（　　）。

A. $M_{12}=M_{21}$，$\xi_{21}=\xi_{12}$

B. $M_{12}\neq M_{21}$，$\xi_{21}\neq\xi_{12}$

C. $M_{12}=M_{21}$，$\xi_{21}<\xi_{12}$

D. $M_{12}=M_{21}$，$\xi_{21}<\xi_{12}$

8-4 对位移电流，下述四种说法中正确的是（　　）。

A. 位移电流的实质是变化的电场

B. 位移电流和传导电流一样，都是定向运动的电荷

C. 位移电流服从传导电流遵循的所有定律

D. 位移电流的磁效应不服从安培环路定理

8-5 下列概念正确的是（　　）。

A. 感应电场是保守场

B. 感应电场的电场线是一组闭合曲线

C. $\Phi_m=LI$，因而线圈的自感系数与回路的电流成反比

D. $\Phi_m=LI$，回路的磁通量越大，回路的自感系数也一定大

8-6 地面上平放一根东西向的导线，现使导线垂直向上运动，导线上是否有感应电动势？导线内是否有电流产生？

8-7 如图 8-26 所示，一根条形磁铁在空中自由下落，途中穿过一个闭合的金属环，环中因此产生感生电流。有人认为：因感生电流的方向如图 8-26 所示，故当磁铁在金属环上方时，加速度比 g 小；而当磁铁运动至金属环下方时，加速度比 g 大。你同意他的判断吗？

8-8 如图 8-27 所示，两个闭合的金属环，穿在一根光滑的绝缘杆上，若条形磁铁自右向左移动，两个圆环将怎样移动？

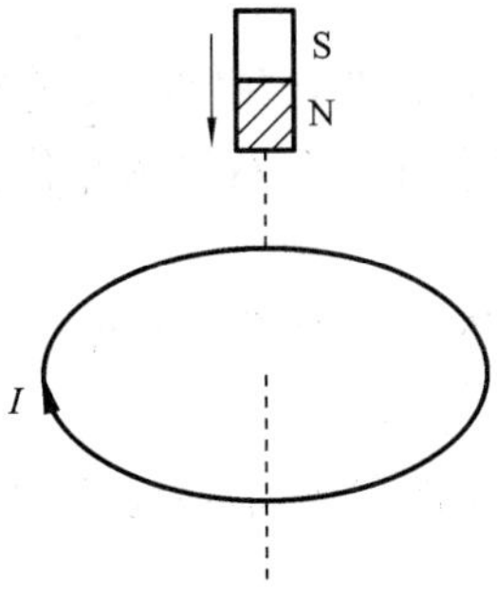

图 8-26　题 8-7 图

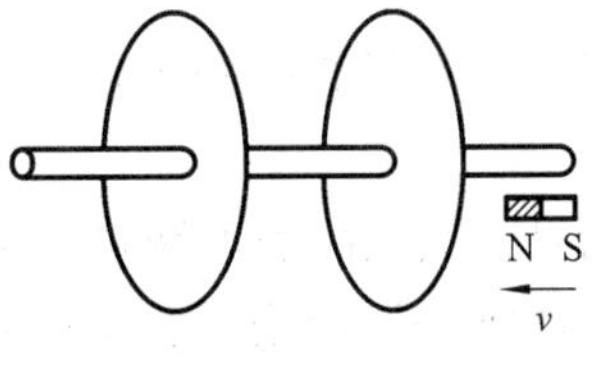

图 8-27　题 8-8 图

8-9 设有金属丝绕成的没有铁芯的螺绕环，每米匝数 $n=500\ \mathrm{m^{-1}}$，截面积为 $2\times10^{-3}\ \mathrm{m^2}$，金属丝的两端和电源 ξ 以及可变电阻串联成一闭合电路。在环上再绕一线圈 A，匝数为 $N=5$，电阻 $R=2.0\ \Omega$，如图 8-28 所示。调解可变电阻，使通过螺绕环的电流强度 I 每秒减小 20 A，试求：

（1）线圈 A 中产生的感应电动势 ξ_i 及感应电流 I_i；

（2）2 s 内通过线圈 A 的感应电量 q_i。

8-10 一螺绕环，横截面的半径为 a，中心线的半径为 R，且 $R \gg a$，其上由表面绝缘的导线均匀密绕两个线圈，一个为 N_1 匝，另一个为 N_2 匝。试求：两线圈的互感系数 M。

8-11 一截面为长方形的螺绕环，共有线圈 N 匝，内半径为 a，外半径为 b，厚度为 h，如图 8-29所示，求证此螺线管的自感系数为 $L=\frac{\mu_0 N^2}{2\pi}\ln\frac{b}{a}$。

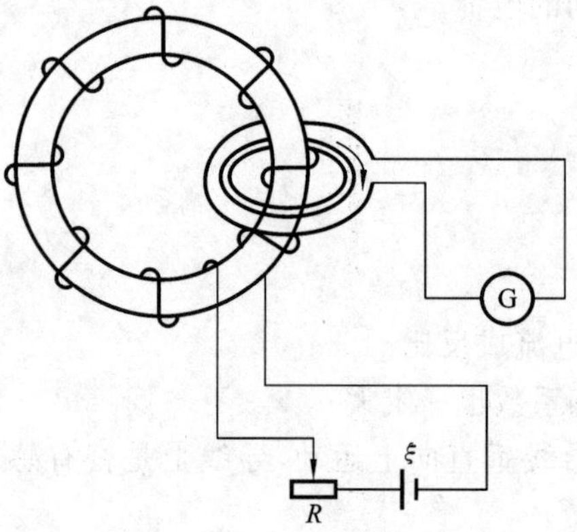

图 8-28 题 8-9 图

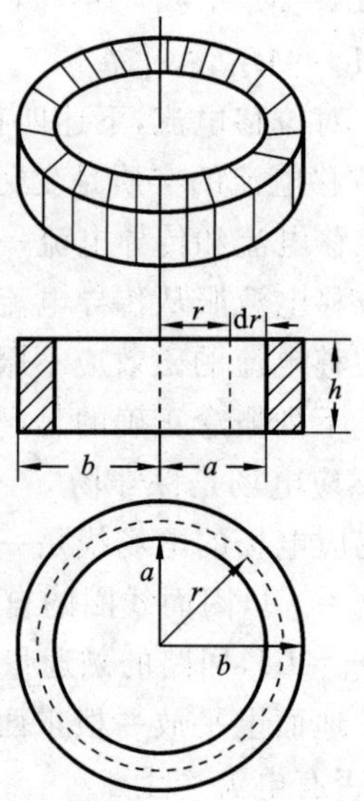

图 8-29 题 8-11 图

8-12 若要在边长为 10 cm 的立方体空间中产生 $E=1\times10^5$ V/m 的电场和 $B=1$ T 的磁场，试问所需的能量各为多少？

8-13 有一长直螺线管，长度为 l，横截面积为 S，线圈总匝数为 N，管中介质的磁导率为 μ，试求其自感系数。

8-14 一螺线管的 $L=0.01$ H，通过它的电流为 4 A，试求它存储的磁场能量。

8-15 一无限长直导线，截面各处的电流密度相等，总电流为 I，试求单位长度导线内所存储的磁能。

8-16 将磁铁插入非金属环中，环内有无感生电动势？有无感生电流？环内将发生何种现象？

8-17 将磁铁插入一闭合电路中，一次迅速插入，另一次缓慢插入，这两次的感生电流是否相同？手推磁铁的力所做的功是否相同？

8-18 如图 8-30 所示，一平行导轨上放置一根质量为 m、长为 L 的金属杆 AB，平行导轨连接一电阻 R，均匀磁场 B 垂直地通过导轨平面，当杆以速度 v_0 向右运动时，求：

(1) 金属杆能移动多少路程；

(2) 试用能量守恒定律分析上述结果(忽略金属杆的电阻、它与导轨的摩擦力以及回路的自感)。

8-19 如图 8-31 所示，在无限长直导线附近放置一长方形平面线圈，线圈的一边与导线平行，求其自感系数。

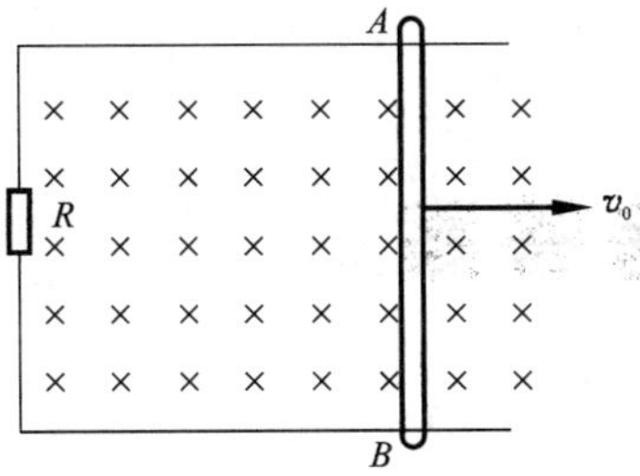

图 8-30　题 8-18 图

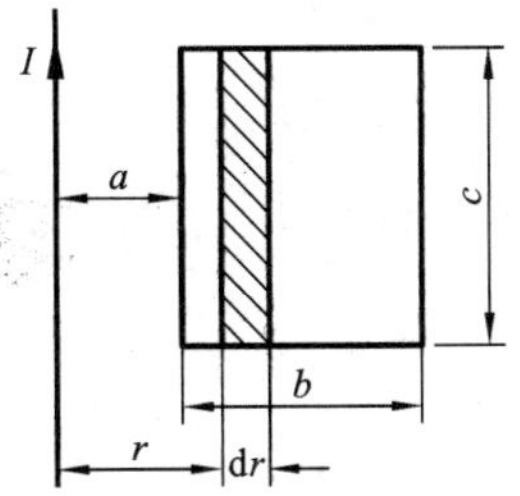

图 8-31　题 8-19 图

8-20　一纸筒，长为 30 cm，截面直径为 3.0 cm，筒上绕有 500 匝线圈。

(1) 求这线圈的自感；

(2) 如果在这线圈内放入 $\mu_r=5000$ 的铁芯，求这时线圈的自感。

8-21　有两根相距为 d 的无限长平行直导线，它们通以大小相等流向相反的电流，且电流均以 $\frac{dI}{dt}$ 的变化率增长。若有一边长为 d 的正方形线圈与两导线处于同一平面内，如图 8-32 所示。求线圈中的感应电动势。

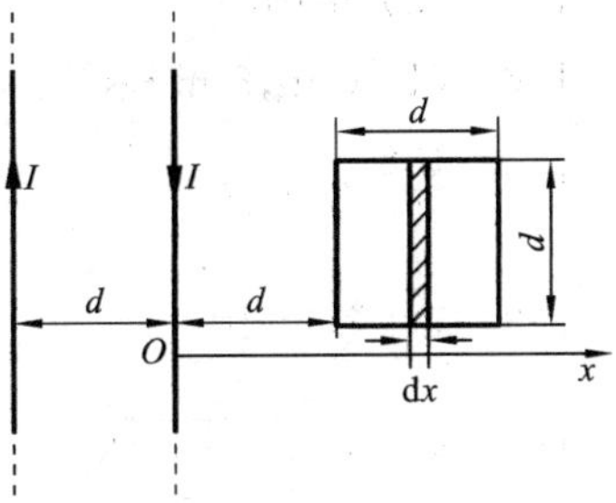

图 8-32　题 8-21 图

8-22　在波尔氢原子模型中，电子绕原子核做圆周运动，圆形轨道半径为 5.3×10^{-11} m，频率 $f=6.8\times10^{15}$ Hz，求这轨道中心的磁能密度。

8-23　利用高磁导率的铁磁体可在实验室产生 $B=0.5$ T的磁场。

(1) 求磁能密度 w_m；

(2) 要想产生能量密度等于这个值的电场，问电场强度 E 的值应为多少。这个值在实验室里容易做到吗？

8-24　一圆形圈由 50 匝表面绝缘的细导线绕成，其圆面积 $S=4.0\ \text{cm}^2$，将此线圈放在另一半径 $R=20$ cm 的圆形大线圈的中心，两者同轴，大线圈由 100 匝表面绝缘的导线绕成，求两线圈的互感 M。

8-25　试证明平行板电容器中的位移电流可以写为 $I_d=C\frac{dU}{dt}$，式中 U 为平行板电容器两板间的电压。

8-26　为什么要将麦克斯韦方程组写成积分与微分两种形式？

8-27　用两个半径 $R=0.10$ m 的圆板组成一个平行板电容器，置于真空中，今对电容器匀速充电，使两板间电场的变化率 $\frac{dE}{dt}=1.0\times10^{13}\ \text{V}\cdot\text{m}^{-1}\cdot\text{s}^{-1}$，求两板间的位移电流，并计算电容器内离两板中心连线 $r(<R)$ 处的磁感应强度 B_r，以及 $r=R$ 处的 B_R。

习题参考答案

第 1 章

1-1　(1) B；(2) C

1-2　D

1-3　B

1-4　A

1-5　(3) 正确

1-6　(1) 0 m, $8\ \mathrm{m\cdot s^{-1}}$；(2) $4\ \mathrm{m\cdot s^{-1}}$, $-4\ \mathrm{m\cdot s^{-1}}$；(3) 2 s, 4 s

1-7　$\dfrac{136}{3}$ m, $8\ \mathrm{m\cdot s^{-1}}$

1-8　$x=\dfrac{2t^3}{3}+10$

1-9　$v=\sqrt{(2x^3+2x)}$

1-10　(1) $y=19-\dfrac{1}{2}x^2$；(2) $\boldsymbol{r}_1=2\boldsymbol{i}-17\boldsymbol{j}, \boldsymbol{r}_2=4\boldsymbol{i}-11\boldsymbol{j}, \bar{\boldsymbol{v}}=2\boldsymbol{i}-6\boldsymbol{j}$；(3) $2\boldsymbol{i}-12\boldsymbol{j}, -4\boldsymbol{j}$

1-11　(1) $\boldsymbol{v}=\dfrac{5}{3}t^3\boldsymbol{i}+3t\boldsymbol{j}$；(2) $\boldsymbol{r}=\dfrac{5}{12}t^4\boldsymbol{i}+\dfrac{3}{2}t^2\boldsymbol{j}$；(3) $\boldsymbol{r}=\dfrac{20}{3}\boldsymbol{i}+6\boldsymbol{j}$；(4) $x=\dfrac{5}{27}y^2$

1-13　$\alpha=60°, t_{\min}=\sqrt{\dfrac{2l}{g\cos\alpha(\sin\alpha-\mu\cos\alpha)}}$

1-15　$v=6t^2+4t+6, x=2t^3+2t^2+6t+5$

1-16　$\dfrac{m_1-m_2}{m_1+m_2}g, \dfrac{2m_1m_2}{m_1+m_2}g$

1-17　$x=2t^2-\dfrac{1}{12}t^4+0.75$

1-18　$v=\dfrac{A}{B}(1-\mathrm{e}^{-Bt}), y=\dfrac{A}{B}t+\dfrac{A}{B^2}(\mathrm{e}^{-Bt}-1)$

1-19　(1) $\boldsymbol{v}=6t\boldsymbol{i}+4t\boldsymbol{j}, \boldsymbol{r}=(10+3t^2)\boldsymbol{i}+2t^2\boldsymbol{j}$；(2) $3y=2x-20$

1-20　(1) $y=19.0-0.50x^2$；

(2) $\bar{\boldsymbol{v}}=2.0\boldsymbol{i}-6.0\boldsymbol{j}$；

(3) $\boldsymbol{v}(t)|_{t=1.0\ \mathrm{s}}=2.0\boldsymbol{i}-4.0\boldsymbol{j}, a_t=3.58\ \mathrm{m\cdot s^{-2}}, a_n=1.79\ \mathrm{m\cdot s^{-2}}$；

(4) $\rho=11.17$ m

1-21　$69.92°\leqslant\theta_1\leqslant71.11°, 18.89°\leqslant\theta_2\leqslant27.92°$

第 2 章

2-1　D

2-2　A

2-3　C

2-4　B

2-5　A

2-6　$\alpha=49^\circ, t=\sqrt{\dfrac{2l}{g\cos\alpha(\sin\alpha-\mu\cos\alpha)}}=0.99\ \text{s}$

2-7　7.2 N

2-8　$s=\dfrac{m'v'^2}{2\mu g(m'+m)}$

2-9　$h=R-\dfrac{g}{\omega^2}$

2-10　(1) $v_0=\sqrt{gR\tan\theta}$；　(2) $F_2=m\left(g\sin\theta-\dfrac{v^2}{R}\cos\theta\right)$

2-11　$F_N=m\sqrt{g^2+\left(\dfrac{4\pi^2Rv^2}{4\pi^2R^2+h^2}\right)^2}$

2-12　$v_7=40\ \text{m/s}, x_7=142\ \text{m}$

2-13　$v=6.0+4.0t+6.0t^2, x=5.0+6.0t+2.0t^2+2.0t^3$

2-14　(1) 30 m/s；　(2) 467 m

2-15　(1) $v=v_0\text{e}^{-by/m}=\sqrt{2gh}\text{e}^{-by/m}$；　(2) $y=-\dfrac{m}{b}\ln\dfrac{v}{v_0}=5.76\ \text{m}$

2-16　(1) $v=v_0\text{e}^{-\frac{k}{m}t}$；　(2) $x=\dfrac{mv_0}{k}$

2-17　$v=\sqrt{2gl\sin\theta}, T=3mg\sin\theta$

2-18　$v=\sqrt{v_0^2+2lg(\cos\theta-1)}, T=m\left(\dfrac{v_0^2}{l}+3g\cos\theta-2g\right)$

2-19　$-3mg\cos\alpha$

2-20　(1) $v=\dfrac{Rv_0}{R+v_0\mu t}$；　(2) $t'=\dfrac{R}{\mu v_0}, s=\dfrac{R}{\mu}\ln 2$

2-21　(1) $t\approx6.12\ \text{s}$；　(2) $y\approx184\ \text{m}$

2-22　$t=\dfrac{mv_m}{2F}\ln3, x=\dfrac{mv_m^2}{2F}\ln\dfrac{4}{3}\approx0.144\dfrac{mv_m^2}{F}$

2-23　$v'=\sqrt{2(a-\mu g)L}=2.9\ \text{m}\cdot\text{s}^{-2}$

2-24　$a_1=\dfrac{(m_1-m_2)g-2m_2a}{m_1+m_2}, a_2=-\dfrac{2m_1a+(m_1-m_2)g}{m_1+m_2}, F_{T2}=\dfrac{2m_1m_2}{m_1+m_2}(g+a)$

第3章

3-1　C

3-2　D

3-3　C

3-4　D

3-5　C

3-6　(1) $\boldsymbol{I}=8\boldsymbol{i}+10\boldsymbol{j}$；(2) $\boldsymbol{p}=8\boldsymbol{i}+12\boldsymbol{j}$

3-7　$t=1$ s

3-8　(1) $F_{0.1}=30\sqrt{30}$ N；(2) $F_{0.2}=15\sqrt{0}$ N

3-9　$F=30$ N

3-10　$v=-\dfrac{m}{M+m}u\cos\alpha$

3-11　(1) $I=68$ N·s；(2) $t=6.86$ s；(3) $v_2=40\ \mathrm{m\cdot s^{-1}}$

3-12　$F=1.14\times10^3$ N

3-13　$W=67$ J

3-14　$v=\dfrac{m\sqrt{2gh}}{M+m}$，$H=\dfrac{m^2h}{M^2-m^2}$

3-15　$k=\dfrac{2mg}{R}$

3-16　$W=-600$ J

3-17　$v_3=0.3\sqrt{2}\ \mathrm{m\cdot s^{-1}}$，$\theta=45°$，$\alpha=135°$

3-18　$v_2=2.66\ \mathrm{m\cdot s^{-1}}$，$r_2=0.18$ m

3-19　$W=GmM\left(\dfrac{1}{R}-\dfrac{1}{H+R}\right)$

3-20　$W=54$ J

3-21　$v=3\ \mathrm{m\cdot s^{-1}}$

3-22　$W_f=\dfrac{1}{2}mv^2-mgR$

3-23　$v_1=m_2\sqrt{\dfrac{2G}{(m_1+m_2)l}}$，$v_2=m_1\sqrt{\dfrac{2G}{(m_1+m_2)l}}$

3-24　$v_{球}=\sqrt{\dfrac{2MgR}{M+m}}$，$v_{槽}=m\sqrt{\dfrac{2gR}{M(M+m)}}$

3-25　(1) $T=26.4$ N；(2) $I=-4.7\boldsymbol{i}$ N·s

第4章

4-1　C

4-2　D

4-3　C

4-4　C

4-5　C

4-6　B

4-7　B

4-8　B

4-9　(1) $\alpha=0.5\pi\ \mathrm{rad\cdot s^{-2}}$，$N=625$；(2) $\omega=25\pi\ \mathrm{rad\cdot s^{-1}}$；(3) $v=25\pi\ \mathrm{m\cdot s^{-1}}$，$a=-\pi\ \mathrm{m\cdot s^{-2}}$

4-10 (1) $J_1=\frac{15}{32}mR^2$； (2) $J_2=\frac{39}{32}mR^2$

4-11 $\omega=-4ct^3+3bt^2+a$，$\alpha=-12ct^2+6bt$

4-12 $t=10.8\ \text{s}$

4-13 $t=\frac{3\omega R}{4\mu g}$

4-14 $a=\frac{2Mg\sin\theta}{2M+m}$

4-15 (1) $a=\frac{m_2g-m_1g\sin\theta-\mu m_1g\cos\theta}{m_1+m_2+\frac{J}{r^2}}$；

(2) $F_{T1}=\frac{m_1m_2g(1+\sin\theta+\mu\cos\theta)+(\sin\theta+\mu\cos\theta)m_1gJ/r^2}{m_1+m_2+J/r^2}$，

$F_{T2}=\frac{m_1m_2g(1+\sin\theta+\mu\cos\theta)+m_2gJ/r^2}{m_1+m_2+J/r^2}$

4-16 $\omega=\frac{9mv_0}{4Ml}$

4-17 $v=\frac{1}{2}\sqrt{3gl\sin\theta}$

4-18 (1) $s=2.45\ \text{m}$； (2) $T=39.2\ \text{N}$

4-19 (1) $M=\frac{2}{3}\mu mgR$； (2) $\Delta t=\frac{3\omega R}{4\mu g}$

4-20 $v=\frac{7lg}{24v_0}\cos\left(\frac{12v_0}{7l}t\right)$

4-21 $h=\frac{\omega^2R^2}{2g}$，$L=\left(\frac{1}{2}m'-m\right)R^2\omega$

4-22 $\omega=\frac{6m_2v}{m_1+3m_2}=29.1\ \text{rad}\cdot\text{s}^{-1}$

4-23 $\omega=\frac{J_1\omega_0r_2^2}{J_1r_2^2+J_2\omega_0r_1^2}$

4-24 $-9.52\times10^{-2}\ \text{rad}\cdot\text{s}^{-1}$

4-25 $v_{\min}=\frac{4m'}{m}\sqrt{2gl}$

4-26 $t=\frac{J\omega}{2Qur}=2.67\ \text{s}$

4-27 (1) $\omega_B=\frac{m'}{m'+2m}\omega_A$； (2) $\omega_C=\frac{m'}{m'+2m\frac{r^2}{R^2}}\omega_A$

4-28 (1) $L=2.0\ \text{kg}\cdot\text{m}^2\cdot\text{s}^{-1}$； (2) $\theta_{\max}=88°38'$

4-29 $v_{近}=8.11\times10^3\ \text{m}\cdot\text{s}^{-1}$，$v_{远}=6.31\times10^3\ \text{m}\cdot\text{s}^{-1}$

4-30 (1) $E=2.12\times10^{29}\ \text{J}$； (2) $M=7.47\times10^{-2}\ \text{N}\cdot\text{m}$

4-31 (1) $\omega=4\omega_0$； (2) $\omega=\frac{3}{2}mr_0^2\omega_0^2$

第5章

5-1　B

5-2　B

5-3　D

5-4　B

5-6　4.57×10^{-7} C, 1.90×10^{-7} C, 2.86×10^{-7} C

5-9　$\dfrac{q^2}{2\varepsilon_0 S}$

5-10　1.89×10^{-5} N·C

5-11　$\boldsymbol{E}=\dfrac{\lambda L}{4\pi\varepsilon_0 R\sqrt{R^2+\dfrac{L^2}{4}}}\boldsymbol{j}$

5-12　$\dfrac{\lambda}{2\pi\varepsilon_0}\cdot\dfrac{a}{x(a-x)}$

5-14　$\dfrac{\delta}{4\varepsilon_0}$

5-15　$E\pi R^2$

5-16　0

5-19　$0, 2.25\times10^3\ \text{V}\cdot\text{m}^{-1}, 9\times10^{-2}\ \text{V}\cdot\text{m}^{-1}$

5-20　$0, \dfrac{1}{2\pi\varepsilon_0}\cdot\dfrac{\lambda}{r}, 0$

5-22　$E_{内}=\dfrac{\rho r}{2\varepsilon_0}, E_{外}=\dfrac{\rho R^2}{2\varepsilon_0 r}$

5-23　$V_1=1170$ V, $V_2=558$ V

5-24　-2.9×10^2 V

5-25　$V_1=36$ V, $V_2=57$ V

5-26　(1) $V_1=\dfrac{Q_1}{4\pi\varepsilon_0 R_1}+\dfrac{Q_2}{4\pi\varepsilon_0 R_2}, V_2=\dfrac{Q_1}{4\pi\varepsilon_0 r}+\dfrac{Q_2}{4\pi\varepsilon_0 R_2}, V_3=\dfrac{Q_1+Q_2}{4\pi\varepsilon_0 r}$;

(2) $V_{12}=\dfrac{Q_1}{4\pi\varepsilon_0 R_1}-\dfrac{Q_2}{4\pi\varepsilon_0 R_2}$

第6章

6-1　A

6-2　A

6-3　A

6-4　D

6-5　A

6-7　$q_A=\dfrac{R_A}{R_A+R_B}Q, q_B=\dfrac{R_B}{R_A+R_B}Q$

6-11　(1) $\sigma_A=\dfrac{q_A}{4\pi R_A^2}, \sigma_1=-\dfrac{q_A}{4\pi R_1^2}, \sigma_2=\dfrac{q_A+q_M}{4\pi R_2^2}$

6-12 $\sigma_1=\frac{q_A+q_B}{2S},\sigma_2=\frac{q_A-q_B}{2S}$

6-15 $E=0,D=0$; $\boldsymbol{E}=\frac{Q}{4\pi\varepsilon_0 r^2}\boldsymbol{r}_0,\boldsymbol{D}=\frac{Q}{4\pi r^2}\boldsymbol{r}_0;\boldsymbol{E}=\frac{Q}{4\pi\varepsilon_0\varepsilon_r r^2}\boldsymbol{r}_0,\boldsymbol{D}=\frac{Q}{4\pi r^2}\boldsymbol{r}_0$; $\boldsymbol{E}=\frac{Q}{4\pi\varepsilon r^2}\boldsymbol{r}_0$,

$\boldsymbol{D}=\frac{Q}{4\pi r^2}\boldsymbol{r}_0$

6-16 $\frac{Q}{4\pi\varepsilon_0}\left(\frac{1}{R}-\frac{\varepsilon_r-1}{\varepsilon_r a}-\frac{\varepsilon_r-1}{\varepsilon_r b}\right),\frac{Q}{4\pi\varepsilon_0}\left(\frac{1}{r}-\frac{\varepsilon_r-1}{\varepsilon_r a}-\frac{\varepsilon_r-1}{\varepsilon_r b}\right),\frac{Q}{4\pi\varepsilon_0\varepsilon_r}\left(\frac{1}{r}+\frac{\varepsilon_r-1}{b}\right),\frac{Q}{4\pi\varepsilon_0 b}$

6-17 (1) $C=1.53\times10^{-9}$ F;

(2) $Q=1.84\times10^{-8}$ C; $\sigma_0=1.84\times10^{-8}\ \mathrm{C\cdot m^{-2}}$; $\sigma'_0=1.83\times10^{-4}\ \mathrm{C\cdot m^{-2}}$;

(3) $E=1.2\times10^5\ \mathrm{V\cdot m^{-1}}$

6-18 (1) $D_1=0,E_1=0;D_2=\frac{Q}{4\pi r^2},E_2=\frac{Q}{4\pi\varepsilon_0\varepsilon_r r^2};D_3=\frac{Q}{4\pi r^2},E_3=\frac{Q}{4\pi\varepsilon_0\varepsilon_r r^2}$;

(2) $V_3=360$ V, $V_2=480$ V, $V_1=540$ V;

(3) $\sigma'=-6.4\times10^{-8}\ \mathrm{C\cdot m^{-2}}$

6-19 (1) 9.8×10^6 V/m; (2) 5.1×10^{-2} V

6-20 $4.5\times10^{-5}\ \mathrm{C\cdot m^{-2}}$, $2.5\times10^6\ \mathrm{V\cdot m^{-1}}$, $2.3\times10^{-5}\ \mathrm{C\cdot m^{-2}}$

6-21 $D=\frac{\lambda}{2\pi r},E=\frac{\lambda}{2\pi\varepsilon_0\varepsilon_r r},P=\frac{\left(1-\frac{1}{\varepsilon_r}\right)\lambda}{2\pi r}$

6-22 (1) $W'=\frac{W_0}{\varepsilon_r}$; (2) $W''=\varepsilon_r W_0$

6-23 (1) $\frac{Q^2}{8\pi\varepsilon r^2 L^2},\frac{Q^2}{4\pi\varepsilon L}\frac{\mathrm{d}r}{r}$; (2) $\frac{Q^2}{4\pi\varepsilon L}\ln\frac{b}{a}$; (3) $\frac{2\pi\varepsilon L}{\ln\frac{b}{a}}$

6-24 $D=\frac{\lambda}{2\pi r},E=\frac{\lambda}{2\pi\varepsilon_0\varepsilon_r r},P=\frac{\left(1-\frac{1}{\varepsilon_r}\right)\lambda}{2\pi r}$

第 7 章

7-1 C

7-2 D

7-3 B

7-4 C

7-5 B

7-7 0

7-8 $\frac{\mu_0 qv}{4\pi L}\left(\frac{1}{a}-\frac{1}{L+a}\right)$

7-9 $\frac{\mu_0 I}{4\pi}$

7-10 $\frac{\mu_0 Il}{2\pi}\ln\frac{d_2}{d_1}$

7-11　(1) $\dfrac{\mu_0 Ir}{2\pi R^2},\dfrac{\mu_0 I}{2\pi r}$；　(2) 5.6×10^{-3} T

7-12　$B_1=\dfrac{\mu_0 Ir}{2\pi R_1^2}$；$B_2=\dfrac{\mu_0 I}{2\pi r}$；$B_3=\dfrac{\mu_0 I}{2\pi r}\dfrac{R_3^2-r^2}{R_3^2-R_2^2}$；$B_4=0$

7-13　$\dfrac{\mu_0 NI}{2\pi r}$

7-14　$\dfrac{\mu_0 Il}{2\pi}\ln\dfrac{d_2}{d_1}$

7-15　(2) 3.2×10^{-16} N

7-16　(2) 3 mm

7-17　1.1×10^3 m，23 m

7-18　1.12×10^{-21} kg·m·s^{-1}，2.35 keV

7-20　1.28×10^{-3} N

7-21　$\dfrac{\mu_0 I_1 I_2}{2\pi}\ln\dfrac{l+a}{a}$

7-23　$M=4.33\times10^{-2}$ N·m

7-24　$\dfrac{1}{4}\sigma\omega\pi R^4$

7-25　(1) $B=1.06$ T；　(2) $B_0=2.5\times10^{-4}$ T，$B'=1.06$ T

第 8 章

8-1　B

8-2　A

8-3　D

8-4　A

8-5　B

8-9　(1) $\varepsilon_i=1.26\times10^{-3}$ V，$I_i=6.30\times10^{-4}$ A；　(2) $q_i=1.26\times10^{-3}$ C

8-10　$\mu_0 N_1 N_2 \dfrac{a^2}{2R}$

8-12　4.43×10^{-5} J，4×10^2 J

8-13　$\mu n^2 V$

8-14　8×10^{-2} J

8-15　$\dfrac{\mu_0}{16\pi}I^2$

8-18　(1) $\dfrac{mR}{B^2L^2}v_0$

8-19　$\dfrac{\mu_0 c}{2\pi}\ln\dfrac{a+b}{a}$

8-20　(1) 7.4×10^{-4} H；　(2) 3.7 H

8-21　$\left(\dfrac{\mu_0 d}{2\pi}\ln\dfrac{3}{4}\right)\dfrac{dI}{dt}$

8-22　$6.65\times10^{7}\ \mathrm{J\cdot m^{-2}}$

8-23　(1) $1\times10^{5}\ \mathrm{J\cdot m^{-3}}$；(2) $1.5\times10^{8}\ \mathrm{V\cdot m^{-1}}$

8-24　$6.3\times10^{-6}\ \mathrm{H}$

8-27　$D=2.8\ \mathrm{A}, B_r=\dfrac{\mu_0\varepsilon_0}{2}\dfrac{\mathrm{d}E}{\mathrm{d}t}r, B_R=5.6\times10^{-6}\ \mathrm{T}$

附录　物理量的量纲和单位

一、国际单位制中的单位词头

词头	符号	幂	词头	符号	幂
尧[它]yotta	Y	10^{24}	吉[咖]giga	G	10^{9}
泽[它]zetta	Z	10^{21}	兆 mega	M	10^{6}
艾[可萨]exa	E	10^{18}	千 kilo	K	10^{3}
拍[它]peta	P	10^{15}	百 hecto	H	10^{2}
太[拉]tera	T	10^{12}	十 deka	da	10
分 deci	d	10^{-1}	皮可 pico	p	10^{-12}
厘 milli	c	10^{-2}	飞母托 femto	f	10^{-15}
毫 micro	m	10^{-3}	阿托 atto	a	10^{-18}
微 micro	μ	10^{-6}	仄普托 zepto	Z	10^{-21}
纳[诺]nano	n	10^{-9}	幺科托 yocto	Y	10^{-24}

二、物理量的名称、符号和单位(SI)一览表

物理量名称	物理量符号	单位名称	单位符号
长度	l,L	米	m
面积	S,A	平方米	m^2
体积，容积	V	立方米	m^3
时间	t	秒	s
[平面]角	$\alpha,\beta,\gamma,\theta,\varphi$ 等	弧度	rad
立体角	Ω	球面度	sr
角速度	ω	弧度每秒	$rad \cdot s^{-1}$
角加速度	α	弧度每二次方秒	$rad \cdot s^{-2}$
速度	v,u,c	米每秒	$m \cdot s^{-1}$
加速度	a	米每二次方秒	$m \cdot s^{-2}$
周期	T	秒	$rad \cdot s^{-1}$
转速	n	每秒	s^{-1}

续表

物理量名称	物理量符号	单位名称	单位符号
频率	ν, f	赫[兹]	Hz
角频率	ω	弧度每秒	$\mathrm{rad \cdot s^{-1}}$
波长	λ	米	m
波数	K	每米	$\mathrm{m^{-1}}$
振幅	A	米	m
质量	M, m	千克	kg
密度	ρ	千克每立方米	$\mathrm{kg \cdot m^{-3}}$
面密度	σ	千克每平方米	$\mathrm{kg \cdot m^{-2}}$
线密度	λ	千克每米	$\mathrm{kg \cdot m^{-1}}$
动量	P，p	千克米每秒	$\mathrm{kg \cdot m \cdot s^{-1}}$
冲量	I	千克米每秒	$\mathrm{kg \cdot m \cdot s^{-1}}$
动量矩 角动量	L	千克二次方米每秒	$\mathrm{kg \cdot m^2 \cdot s^{-1}}$
转动惯量	I, J	千克二次方米	$\mathrm{kg \cdot m^2}$
力	F, f	牛[顿]	N
力矩	M	牛[顿]米	$\mathrm{N \cdot m}$
压强，压力	p	帕[斯卡]	$\mathrm{N \cdot m^{-2}}$，Pa
相[位]	φ	弧度	rad
功	W，A	焦[耳]，电子伏[特]	J，eV
能[量]	E, W	焦[耳]，电子伏[特]	J，eV
动能	E_k, T	焦[耳]，电子伏[特]	J，eV
势能	E_p, V	焦[耳]，电子伏[特]	J，eV
功率	P	瓦[特]	$\mathrm{J \cdot s^{-1}}$，W
热力学温度	T	开[尔文]	K
摄氏温度	t	摄氏度	℃
热量	Q	焦[耳]	$\mathrm{N \cdot m}$，J
热导率(导热系数)	κ, λ	瓦[特]每米开[尔文]	$\mathrm{W \cdot m^{-1} \cdot K^{-1}}$
热容[量]	C	焦[耳]每开[尔文]	$\mathrm{J \cdot K^{-1}}$
比热容	c	焦[耳]每千克开[尔文]	$\mathrm{J \cdot kg^{-1} \cdot K^{-1}}$
摩尔质量	μ	千克每摩[尔]	$\mathrm{kg \cdot mol^{-1}}$
摩尔定压热容	C_p	焦[耳]每摩[尔]开[尔文]	$\mathrm{J \cdot mol^{-1} \cdot K^{-1}}$
摩尔定容热容	C_V	焦[耳]每摩[尔]开[尔文]	$\mathrm{J \cdot mol^{-1} \cdot K^{-1}}$
内能	U, E	焦[耳]	J

续表

物理量名称	物理量符号	单位名称	单位符号
熵	S	焦[耳]每开[尔文]	$J \cdot K^{-1}$
平均自由程	λ	米	m
扩散系数	D	米二次方每秒	$m^2 \cdot s^{-1}$
电量	Q,q	库[仑]	C
电流	I,i	安[培]	A
电荷密度	ρ	库[仑]每立方米	$C \cdot m^{-3}$
电荷面密度	σ	库[仑]每平方米	$C \cdot m^{-2}$
电荷线密度	λ	库[仑]每米	$C \cdot m^{-1}$
电场强度	E	伏[特]每米	$V \cdot m^{-1}$
电势(电位)	U,V	伏[特]	V
电势差(电位差),电压	U_{12},U_1-U_2	伏[特]	V
电动势	ε	伏[特]	V
电位移	D	库[仑]每平方米	$C \cdot m^{-2}$
电通量	Φ_e	库[仑]	C
电容	C	法[拉]	$F(1\ F=1\ C \cdot V^{-1})$
电容率(介电常数)	ε	法[拉]每米	$F \cdot m^{-1}$
相对电容率(相对介电常数)	ε_r	量纲一	
电[偶极]矩	p	库[仑]米	$C \cdot m$
电流密度	j	安[培]每平方米	$A \cdot m^{-2}$
磁场强度	H	安[培]每米	$A \cdot m^{-1}$
磁感应强度	B	特[斯拉]	$T(1\ T=1\ Wb \cdot m^{-2})$
磁通量	Φ_m,ψ	韦[伯]	$Wb(1\ Wb=1\ V \cdot s)$
自感	L	亨[利]	$H(1\ H=1\ Wb \cdot A^{-1})$
互感	M	亨[利]	$H(1\ H=1\ Wb \cdot A^{-1})$
磁导率	μ	亨[利]每米	$H \cdot m^{-1}$
磁矩	p_m	安[培]平方米	$A \cdot m^2$
电磁能密度	w	焦[耳]每立方米	$J \cdot m^{-3}$
[直流]电阻	R	欧[姆]	$\Omega(1\ \Omega=1\ V \cdot A^{-1})$
电阻率	ρ	欧[姆]米	$\Omega \cdot m$
光强	I	瓦[特]每平方米	$W \cdot m^{-2}$
相对磁导率	μ_r	量纲一	

续表

物理量名称	物理量符号	单位名称	单位符号
折射率	n	量纲一	
发光强度	I	坎[德拉]	cd
辐[射]出[射]度	M	瓦[特]每平方米	$W \cdot m^{-2}$
辐[射]照度	I	瓦[特]每平方米	$W \cdot m^{-2}$
声强级	L_I	分贝	dB
核的结合能	E_B	焦[耳]	J
半衰期	τ	秒	s

三、基本物理常数表(2010 年国际推荐值)

物理量	符号	数值	单位	不确定度
真空光速	c	299 792 458	$m \cdot s^{-1}$	(精确)
真空磁导率	μ_0	$4\pi \times 10^{-7}$	$H \cdot m^{-1}$	(精确)
真空介电常数	ε_0	$8.854\ 187\ 817 \cdots \times 10^{-12}$	$F \cdot m^{-1}$	(精确)
牛顿引力常数	G	$6.673\ 84(80) \times 10^{-11}$	$m^3 \cdot kg^{-1} \cdot s^{-2}$	1.2×10^{-4}
普朗克常量	h	$6.626\ 069\ 57(29) \times 10^{-34}$	$J \cdot s$	4.4×10^{-8}
基本电荷	e	$1.602\ 176\ 565(35) \times 10^{-19}$	C	2.2×10^{-8}
里德伯常数	R_∞	10 973 731.568 539(55)	m^{-1}	5.0×10^{-12}
电子质量	m_e	$9.109\ 382\ 91(40) \times 10^{-31}$	kg	4.4×10^{-8}
质子质量	m_p	$1.672\ 621\ 777(74) \times 10^{-27}$	kg	4.4×10^{-8}
阿伏伽德罗常量	N_A, L	$6.022\ 141\ 29(27) \times 10^{23}$	mol^{-1}	4.4×10^{-8}
原子(统一)质量单位,原子质量常数 $1\ u = m_u = \frac{1}{12} m(^{12}C)$	m_u	$1.660\ 538\ 921(73) \times 10^{-27}$	kg	4.4×10^{-8}
气体常数	R	8.314 462 1(75)	$J \cdot mol^{-1} \cdot K^{-1}$	9.1×10^{-7}
玻尔兹曼常数	k	$1.380\ 648\ 8(13) \times 10^{-23}$	$J \cdot K^{-1}$	9.1×10^{-7}
摩尔体积(理想气体) $T=273.15$ K $p=101.325$ kPa	V_m	$22.413\ 968(20) \times 10^{-3}$	$m^3 \cdot mol^{-1}$	9.1×10^{-7}
斯特藩-玻尔兹曼常数	σ	$5.670\ 373(21) \times 10^{-8}$	$W \cdot m^{-2} \cdot K^{-4}$	3.6×10^{-6}